将春天变秋天

◆ 原始照片　　　◆ 最终效果

合成风景照片

◆ 原始照片　　　◆ 最终效果

制作日落的照片效果

◆ 原始照片

◆ 最终效果

本书精彩实例欣赏

单色风景照

◆ 原始照片　　　◆ 最终效果

添加蓝天白云

◆ 原始照片　　　◆ 最终效果

拼贴全景图

◆ 最终效果

下雪效果

◆ 最终效果

更改婚纱颜色

◆ 原始照片

◆ 最终效果

使照片的颜色更鲜艳

◆ 原始照片

◆ 最终效果

突出照片中的一种颜色

◆ 原始照片

◆ 最终效果

添加石刻文字效果

◆ 原始照片

◆ 最终效果

制作文身效果

◆ 原始照片

◆ 最终效果

为林荫小道添加光照

◆ 原始照片

◆ 最终效果

制作旧油画效果

◆原始照片

◆最终效果

制作褶皱的照片

◆原始照片

◆最终效果

制作素描效果的照片

◆原始照片

◆最终效果

制作蜡笔画效果

◆原始照片

◆最终效果

制作彩色版画效果

◆原始照片

◆最终效果

本书精彩实例欣赏

风景版画

◆原始照片

◆最终效果

制作自己的肖像喷绘

◆原始照片

◆最终效果

制作扎染效果

◆原始照片

◆最终效果

制作人物线描彩绘效果

◆原始照片

◆最终效果

制作玻璃渲染效果

◆原始照片

◆最终效果

制作下雨效果

◆ 原始照片　　　　◆ 最终效果

水粉画效果

◆ 原始照片　　　　◆ 最终效果

在文字内镶图效果

◆ 原始照片

◆ 最终效果

为版画添加梦幻背景

◆ 最终效果

制作立体照片

◆ 最终效果

制作宝宝拼图

◆ 原始照片

◆ 最终效果

制作胶片艺术照

◆ 原始照片

◆ 最终效果

制作点阵图效果

◆ 最终效果

制作模拟夜景的射灯效果

◆ 最终效果

制作逆光剪影效果

Presto

*We must be
in the presto
always
in my life*

◆ 最终效果

脸部合成效果

◆ 最终效果

使照片产生网点效果

◆ 原始照片

◆ 最终效果

制作梦幻艺术照

◆ 原始照片

◆ 最终效果

制作艺术相框效果

◆ 原始照片

◆ 最终效果

使人物舞动起来

◆ 最终效果

为人像添加梦幻效果

◆ 最终效果

本书精彩实例欣赏

制作人物影像效果

◆ 最终效果

制作艺术名片

◆ 最终效果

制作电影宣传海报效果

◆ 最终效果

人物照片单纯化

◆ 最终效果

制作个人明信片

◆ 最终效果

制作杂志封面

◆ 最终效果

将照片制作成证件照

◆ 最终效果

制作梦幻数码艺术照

◆ 最终效果

影像圣典

Photoshop CS3 数码照片
修饰 与 拍摄技巧

新知互动 编著

中国铁道出版社
CHINA RAILWAY PUBLISHING HOUSE

内 容 简 介

本书通过对照片修饰和拍摄技巧的讲解，介绍了应用 Photoshop CS3 软件进行数码照片后期修饰的方法和在实际拍摄数码照片时所必需的一些拍摄技巧。

本书主要按照数码照片修饰的类型分章节介绍，并在相应的章节中插入摄影知识。主要包括：数码风景照片修饰、数码人像照片修饰、数码照片怀旧修饰、数码照片特殊效果、数码照片艺术设计、数码照片个性应用。

本书知识内容丰富、实用，制作过程的讲解层次清晰、深入浅出，适用于广大数码摄影的初学者和摄影师，是摄影爱好者必备的工具书。

图书在版编目（CIP）数据

Photoshop CS3 数码照片修饰与拍摄技巧/新知互动编
著.—北京：中国铁道出版社，2009.3
（影像圣典）
ISBN 978-7-113-09858-2

Ⅰ.P...　Ⅱ.新...　Ⅲ.①图形软件，Photoshop CS3 ②数字照相机
—摄影技术 Ⅳ.TP391.41　TB86

中国版本图书馆 CIP 数据核字（2009）第 043315 号

书　　名：Photoshop CS3 数码照片修饰与拍摄技巧
作　　者：新知互动　编著

策划编辑：严晓舟　张雁芳
责任编辑：张雁芳　　　　　　　　　编辑部电话：(010)63583215
编辑助理：惠　敏
封面设计：新知互动　　　　　　　　封面制作：白　雪
责任印制：李　佳

出版发行：中国铁道出版社（北京市宣武区右安门西街 8 号　邮政编码：100054）
印　　刷：北京佳信达欣艺术印刷有限公司印刷
版　　次：2009 年 7 月第 1 版　　　　　　2009 年 7 月第 1 次印刷
开　　本：850mm×1092mm　1/16　　印张：23.25　　插页：4　　字数：546 千
书　　号：ISBN 978-7-113-09858-2/TP·3199
印　　数：5 000 册
定　　价：68.00 元（附赠光盘）

随着数码应用技术的飞速发展，数码照相机的使用日益普及。数码摄影给百余年的传统摄影带来了极大的冲击，它远离了繁复的传统摄影操作，因其简单便捷的特点而被广大用户接受。随之而来的是与计算机（俗称电脑）密切相关的操作——使用图像处理软件对数码照片进行编辑和修改。当前，处理数码照片最好的软件则当属 Photoshop 了，本书将通过使用 Photoshop 对数码照片进行具体的实例操作，使读者一步步掌握电脑图像修饰的各种实用技术，制作出自己想要得到的效果。

本书的编写兼顾了数码照片修饰和拍摄技巧的讲解。双栏排版将两大知识点巧妙地融合在一起。全书共分为 6 章，主要内容如下：

第 1 章主要讲述如何制作数码风景照片的简单效果和一些特殊效果，如：裁切和校正风景照片、制作柔焦效果、梦幻艺术风景效果、负片冲洗效果等。其中加入了多个摄影技巧的知识讲解。

第 2 章主要介绍如何处理数码人像照片中的不足之处，如改变眼睛颜色、修饰完美身材、人物面部美容、制作文身效果等。其中加入了多个摄影技巧的知识讲解。

第 3 章主要讲解如何使数码照片具有怀旧效果。因为许多具有怀旧效果的照片是使用数码照相机所拍摄不出来的，所以有时候就需要通过进行处理来得到。如褶皱的照片、旧照片效果、烧焦效果等。其中加入了多个摄影技巧的知识讲解。

第 4 章主要介绍如何制作数码照片的特殊效果，如扎染效果、双胞胎效果、宝宝拼图、线描彩绘效果、玻璃渲染效果、彩色版画效果、点阵图效果等。其中加入了多个摄影技巧的知识讲解。

第 5 章讲解了对照片依其风格的不同做一些艺术性的添加，来增强视觉效果。如艺术照的漫画表现技法、逆光剪影效果、朦胧艺术效果、插画效果等。其中加入了多个摄影技巧的知识讲解。

第 6 章以实际应用为主，介绍了怎样将生活中的小用品如名片、明信片、电影海报、肖像邮票等制作得更加个性化、更加漂亮。其中加入了多个摄影技巧的知识讲解。

本书的主要特点：

通俗易懂，不需要读者有多么丰富的计算机知识，只要喜欢就可以进行照片处理。

实例丰富，所选的照片涵盖了人像、实物、风景等，最终效果精美。

光盘提供了所有实例所用到的素材照片以及各种效果的 PSD 文件，更方便读者学习。

结构合理、由浅入深、由易到难，适用于广大数码摄影的初学者和摄影师，是摄影爱好者及数码照片处理爱好者必备的工具书。

由于编者水平有限、时间仓促，书中难免存在错误和疏漏之处，希望读者予以批评指正，共同提高我们的照片修饰技术和摄影水平。

编　者

2009 年 4 月

特效实例 ⬇

第1章　数码风景照片修饰

本章知识缩影

第2章　数码人像照片修饰

本章知识缩影

Contents / 目录

第3章　数码照片怀旧修饰

本章知识缩影

第4章　数码照片特殊效果

本章知识缩影

Contents / 目录

第5章　数码照片艺术设计

本章知识缩影

第6章 数码照片个性应用

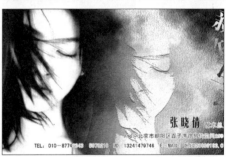

本章知识缩影

Contents / 目录

第1章

数码风景照片修饰

在拍摄风景照片的过程中，由于拍摄技术和拍摄器材的原因，使拍摄出来的风景照片不能达到理想的效果。本章将介绍如何制作数码风景照片的简单效果和一些特殊效果，如裁切和校正风景照片，以及制作柔焦效果、梦幻艺术风景效果、负片冲洗效果等。

01 裁切和校正风景照片

制作时间：2 分钟
难易度：＊＊＊＊＊

原图片

修改后的效果

这一实例拍摄了一张风景照片，可是对照片的构图不是很满意。我们要学习利用 Photoshop 的裁切工具，通过调节裁切点对照片进行裁切，使照片更具艺术效果。

Photoshop CS3 数码照片修饰与拍摄技巧

📷 认识数码照相机

数码照相机学名叫做 DC，它的英文名字是 Digital Still Camera。数码照相机可以直接将拍摄到的景物转换为数字图像文件，舍弃了传统照相机所使用的胶片，只需要用一个固定的或者可以拆卸的存储器来保存拍摄到的景物的数字图像，并且可以随时查看所拍的景物。对于不满意的图像可以删掉重拍，完全不用考虑成本问题；对于满意的作品可以连接上电脑保存起来或直接打印出来，不用拿到冲洗店，就可以看到自己的作品。

▲ 家用数码照相机

▲ 专业单反数码照相机

① 打开文件。执行"文件"/"打开"命令，在弹出的对话框中选择随书光盘中的"01 章 /01 裁切和校正风景照片 / 素材"文件，如图 1-1 所示。此时的"图层"面板如图 1-2 所示。这张照片拍摄了一条景深很长的路。但是在拍摄的过程中没有注意到构图，这样就使照片的美感降低了。下面可以通过 Photoshop 软件中的"裁切工具"解决这个问题。

图 1-1

图 1-2

② 建立裁切框。在工具箱中选择"裁切工具"，在照片上按住鼠标左键在图像中主要景色部分进行拖动，如图 1-3 所示。

③ 调整裁切框角度。由于照片的取景在角度上有一些倾斜，所以须要调整裁切框的角度，将鼠标移动到裁切框外顺时针或逆时针拖动，可以旋转裁切框，如图 1-4 所示。

图 1-3

图 1-4

④ 调整好裁切框的位置后确认裁切。将鼠标分别放在八个裁切点上拖动进行调节，如图 1-5 所示。按【Enter】键可以确认裁切，或在裁切框中双击也可以确认裁切。通过以上操作，裁切掉了多余的部分，使照片看起来构图更加完美，更具有艺术感，效果如图 1-6 所示。

图 1-5

图 1-6

技巧提示 ● ● ● ● ●

在拖动裁切点的同时按住【Shift】键，可以使裁切框等比例地进行缩放。将鼠标放在裁切框的外边时，可以看到鼠标指针变成双向旋转箭头标志，这时按住鼠标左键拖动可以旋转裁切框。

⑤ 进行曲线调整。裁切完成后，将这张照片的明暗对比进行调整，执行"图像"/"调整"/"曲线"命令，在弹出的"曲线"对话框中调整曲线，如图 1-7 所示。设置完成后单击"确定"按钮，确认操作，得到最终的照片效果如图 1-8 所示。

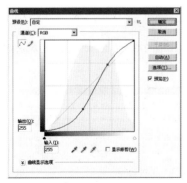

图 1-7

图 1-8

数码照相机与传统照相机的比较

与传统照相机的胶片相比，数码照相机的存储卡可以反复使用，而胶片则不行，这大大降低了拍摄的成本。数码照相机可以随时查看拍摄的结果，发现问题，随时处理；传输也比较方便，连上电脑网络马上就可以传输到世界各地；对于满意的作品可以无限制地复制、备份，想要多少就要多少。同时数码照相机所拍摄出来的作品更容易通过后期软件来加以处理，扩展摄影师的创作空间。但是目前在一些要求图片成像质量较高的领域，数码照相机发展技术的限制使其拍摄效果比不上高端传统照相机，另外，数码照相机的光灵敏度低，反应速度比较迟缓。由于数码照相机及其相关影像技术发展迅速，以上这些缺点正在不断得到改善。

▲　存储卡

▲　可输出照片的打印

原图片

修改后的效果

这一实例是将普通的春天照片制作成秋天的照片。主要应用了图像调整中的"色相/饱和度"命令调整图像的色彩，使春天的绿树变为秋天的树。

数码照相机是否会取代传统照相机

近几年来数码照相机突飞猛进地发展，在一些传统照相机低端使用市场占据了大半江山，已经基本上取代了传统家庭型傻瓜照相机。虽然如此，在短时期内，传统的高档照相机还是不会被数码照相机取代。

▲ 传统傻瓜照相机

▲ 1964 年生产的老式照相机

① 打开文件。执行"文件"/"打开"命令，在弹出的对话框中选择随书光盘中的"01 章/02 将春天变秋天/素材"文件，如图 2-1 所示。此时的"图层"面板如图 2-2 所示。这张照片是春天的树林，可以通过 Photoshop 软件中的调色命令将它变成秋天的树林。

图 2-1

图 2-2

② 建立颜色调整图层，改变树林的颜色。单击"创建新的填充或调整图层"按钮，在弹出的菜单中执行"色相/饱和度"命令，在对话框中的"编辑"下拉列表框中分别选择"绿色"、"黄色"选项进行参数调整，如图 2-3、图 2-4 所示。建立调整图层的好处是可以随时对所调整的图像颜色进行修改。

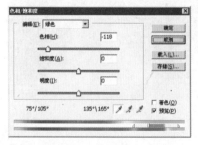
图 2-3

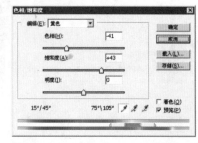
图 2-4

③ 确认颜色调整。设置完"色相/饱和度"对话框中的参数后，单击"确定"按钮，得到图层"色相/饱和度1"，此时图像中的绿树就变为了黄色，效果如图2-5所示。"图层"面板如图2-6所示。

图 2-5

图 2-6

④ 盖印图层后进行高斯模糊制作朦胧效果。按快捷键【Ctrl+Shift+Alt+E】，执行"盖印"操作，得到"图层1"，执行"滤镜"/"模糊"/"高斯模糊"命令，设置弹出的对话框，如图2-7所示。得到图2-8所示的效果。

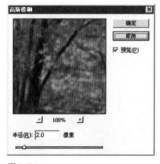

图 2-7

图 2-8

⑤ 对图像颜色进行细节调整。设置"图层1"的图层混合模式为"柔光"，得到图2-9所示的朦胧效果，此时的"图层"面板如图2-10所示。由于图像整体较暗，所以要将其调亮，按快捷键【Ctrl+J】，复制"图层1"得到"图层1副本"，将"图层1副本"的图层混合模式改为"滤色"，设置其不透明度为"50%"，可以看出照片的整体颜色就显得更加鲜亮了，如图2-11所示。此时的"图层"面板如图2-12所示。

图 2-9

图 2-10

图 2-11

图 2-12

数码照相机的种类

到目前为止，数码照相机的种类已经非常多了，为满足顾客的不同需求，各个品牌厂商都在积极开发新的品种。从消费者的角度来看，数码照相机主要有普通家庭型数码照相机、普通准专业数码单反照相机、专业数码照相机三种类型。

▲ 家庭型数码照相机

▲ 中档数码照相机

▲ 专业数码照相机

如何选购数码照相机

1. 心理定位

数码照相机更新速度非常快，没有一款照相机可以永远站在数码照相

原图片

修改后的效果

本例利用 Photoshop 中的"色彩范围"、"图层混合模式"等技术，将照片中黄色的草地变为绿色的草地，使照片更富有生机，本例中运用到的"色彩范围"命令，可以将颜色相近的像素转换为选区，是一个创建选区的好方法。

Photoshop CS3 数码照片修饰与拍摄技巧

机的发展前沿。所以，消费者在购买照相机之前首先要清楚自己的购买目的，不要盲目地追求高档次和新产品。这样才能根据自己的需要购买一款物美价廉而又适合自己的照相机。

2. 价格定位

在确定了自己的购买目的以后，就可以根据消费水平来确定一个价格区间，在这个价格区间里面列出符合自己要求的各种照相机。通过在互联网上进行对比分析最后确定一款。

3. 确定购买途径

目前数码照相机的购买途径主要分为商场、摄影器材市场、专营店和网上购物。

各大商场和专营店销售的数码照相机质量比较可靠，售后服务也很完善。但是存在着价格比较高的问题。摄影器材市场相对商场来说价格要更合理一些，但有一些商户存在着掺杂使假的伎俩。虽然如此市场里一些生产厂家的直接代理商还是值得信赖的。另外网上购物风险系数较高，大宗的器材不建议网上购买。

4.购买过程中应注意的事项

首先要货比三家，不要被一些商户低价营销而迷惑。照相机拿到手里

① 打开文件。执行"文件"/"打开"命令，在弹出的对话框中选择随书光盘中的"01章/03将草原变为绿色/素材"文件，如图3-1所示，下面要将照片中的草原调整为绿色。

② 制作选区。执行"选择"/"色彩范围"命令，在弹出的对话框中选择"吸管工具"，在人物图像左侧的草原上单击，如图3-2所示。设置"色彩范围"命令对话框中的参数，如图3-3所示。单击"确定"按钮，得到图3-4所示的选区效果。

图 3-1

图 3-2

图 3-3

图 3-4

③ 新建图层。新建一个图层，得到"图层1"，设置前景色的颜色值为"9fe052"按快捷键【Alt+Delete】用前景色填充选区，按快捷键【Ctrl+D】取消选区，得到图3-5所示的效果，此时的"图层"面板如图3-6所示。

图 3-5

图 3-6

④ "设置"图层混合模式。设置"图层 1"的图层混合模式为"颜色",设置其不透明度为"65%",得到图 3-7 所示的绿色草地效果,此时的"图层"面板如图 3-8 所示。

图 3-7

图 3-8

⑤ 添加图层蒙版。单击"添加图层蒙版"按钮,为"图层 1"添加图层蒙版,设置前景色为黑色,选择"画笔工具",设置适当的画笔大小和透明度后,在图层蒙版中涂抹,将人物图像上的绿色遮住,得到图 3-9 所示的效果,此时的涂抹状态和"图层"面板如图 3-10 所示。

图 3-9

图 3-10

以后首先观察外包装盒有没有销售标识和防伪标签。打开包装盒的时候要注意查看包装盒开口处的封条有没有被拆开过的痕迹。按照包装盒标签上的 800 电话验证照相机的真伪,确认之后打开包装,按照装机清单检查照相机的各种附件,核对机身编号和保修卡编号以及外包装盒编号是否一致。试机的时候拍摄一张全黑的照片,通过光影魔术手等软件的检测功能来检查照相机 CCD 或者 COMS 有无坏点和热噪。检查完毕以后使用 OPAND 等第三方软件检查照相机快门的释放次数和自己所拍摄的张数是否一致,遗憾的是佳能照相机除 1 系列照相机以外其他系列照相机都还没有检查快门次数的专用软件,但是我们也可以通过查看文件编号来估计快门次数。在和销售人员交流过程中要看好机器的附件以免被调换,最后再次检查一遍各种附件是否齐全,付款索取发票,整个交易过程结束。

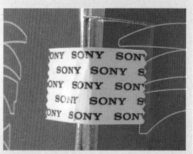

▲ SONY 照相机封条

▲ 带有 800 电话的防伪标签

04 添加蓝天白云

原图片

修改后的效果

通过对本例的学习我们可以在拍摄的风景照片中添加蓝天白云效果，来丰富照片的内容。本例运用了 Photoshop 中的"图层蒙版"、"色彩平衡"、"自由变换"等技术。

📷 数码照相机的售后服务

无论是采购新照相机还是购买二手照相机，都要考虑到所购照相机的售后服务措施。这些服务措施既包括生产厂家的售后服务政策，同时也包括经销商的售后服务措施。

照相机在保修期内出现问题后一般可以按照以下程序来获得售后服务。

（1）照相机出现问题后，应及时停止使用，以免造成更大的损失。

（2）按照保修卡电话与生产厂家客户服务部门取得联系，获得最佳的指导方案。在与客户服务人员联系过程中要注意记录服务人员的工号，以免造成误会。

（3）由于很多经销商本身并不具备维修能力，因此，照相机在出现问题后可直接联系当地的客户服务部门送修，这样还能节约一些时间。

⚠ 注意电池和存储卡，小心偷梁换柱

① 打开文件。执行"文件"/"打开"命令，在弹出的对话框中选择随书光盘中的"01 章 /04 添加蓝天白云 / 素材 1"文件，如图 4-1 所示。使用"磁性套索工具"沿主题图像边缘绘制选区，如图 4-2 所示。

图 4-1

图 4-2

② 打开文件。执行"文件"/"打开"命令，在弹出的对话框中选择随书光盘中的"01 章 /04 添加蓝天白云 / 素材 2"文件，如图 4-3 所示。按快捷键【Ctrl+A】，执行"全选"操作，如图 4-4 所示。按快捷键【Ctrl+C】，执行"复制"操作。

图 4-3

图 4-4

③ 为风景照片添加蓝天白云。返回到第1步打开的文件，按快捷键【Ctrl+Shift+V】，执行"贴入"操作，得到"图层1"，图像效果如图4-5所示，此时将自动为"图层1"生成图层面板，"图层"面板如图4-6所示。

图 4-5

图 4-6

④ 调整图像大小。由于蓝天白云的图像太大所以要将其缩小，按快捷键【Ctrl+T】，调出自由变换控制框，将图像缩小移动到图4-7所示的状态，用自由变换控制框调整好图像后，按【Enter】键确认操作，得到图4-8所示的效果。

图 4-7

图 4-8

⑤ 调整蓝天的色调，与原始照片的色调一致。单击"创建新的填充或调整图层"按钮，在弹出的菜单中执行"色彩平衡"命令，设置弹出的对话框，如图4-9所示。

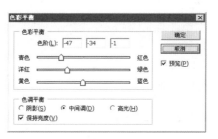

图 4-9

⑥ 确认颜色调整。设置完"色彩平衡"对话框中的参数后，单击"确定"按钮，得到图层"色彩平衡1"，得到图4-10所示的图像效果，此时的"图层"面板如图4-11所示。

图 4-10

图 4-11

▲ 注意电池和存储卡，小心偷梁换柱

目前主要数码照相机生产商客户服务电话及网址：

佳能：95177178
www.canon.com
尼康：010-85151230
www.nikon.com
索尼：800-820-9000
www.sony.com
松下：800-810-0781
www.panasonic.com
三星：800-810-5858
www.samsung.com
理光：800-830-2586
www.ricoh.com

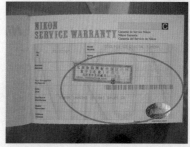

▲ 数码照相机的保修卡

都准备好以后，让我们带着心爱的数码照相机开始艺术之旅吧！

▲ 携带照相机,随时拍摄壮丽景色

05 单色风景照

制作时间：5 分钟
难易度：＊＊＊＊＊

原图片

┄┄┄▶

修改后的效果

将彩色照片变成单色照片，可以产生一种特殊的艺术效果，学习本例后，读者可以将彩色照片转换成任意颜色的单色照片，在本例中我们要学习 Photoshop 的"通道混合器"、"图层混合模式"等技术。

📷 关于 CCD 和 CMOS

　　CCD 和 CMOS 都是数码照相机的图像传感装置，它们的工作原理差不多，都是将光信号转变为电信号，但是制造过程、机械结构和成本却各不相同。CCD 在 20 世纪 70 年代就已发明、应用，目前此项技术已经相当成熟。它成像质量好，信噪比高，但制造过程复杂、成本高，制造后的感光芯片和电路分体，使照相机体积增加。相比之下 CMOS 技术要"年轻"得多，一直以来它的图像质量都不如CCD，主要表现为芯片容易过热、噪点多，另外，其影像锐利度和动态范围也都不如 CCD 好。目前 CMOS 技术在成像质量上已经取得了重大突破，可以预见在未来的几年里，这种技术将在数码照相机行业得到广泛的发展。对用户来说，所购的机型使用什么类型的感光体已越来越不用去关注了。

▲ CCD 感光元件

① 打开文件。执行"文件"/"打开"命令，在弹出的对话框中选择随书光盘中的"01 章 /05 单色风景照 / 素材"文件，如图 5-1 所示。

② 建立颜色调整图层。单击"创建新的填充或调整图层"按钮，在弹出的菜单中执行"通道混合器"命令，设置弹出的对话框，如图 5-2 所示。

图 5-1

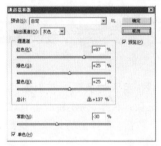

图 5-2

③ 确认颜色调整。设置完"通道混合器"对话框中的参数后，单击"确定"按钮，得到图层"通道混合器 1"，图像效果如图 5-3 所示，此时的"图层"面板如图 5-4 所示。

图 5-3

图 5-4

④ 新建图层。新建一个图层，得到"图层 1"，设置前景色的颜色值为"f4ba0e"，按快捷键【Alt+Delete】用前景色填充图层，得到图 5-5 所示的效果，此时的"图层"面板如图 5-6 所示。设置"图层 1"的图层混合模式为"颜色"，得到图 5-7 所示的效果，此时的"图层"面板如图 5-8 所示。

图 5-5

图 5-6

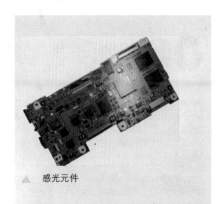

⚠ 感光元件

📷 多少像素的照相机适合你

　　建议用户按自己的需求购买。如果是家用，500万像素左右就够用了；如果是想拍摄一些摄影作品发表或者用于简单的广告印刷，就应该选择800万像素以上的照相机；专业的摄影机构则需要更高像素的照相机。

图 5-7

图 5-8

⑤　盖印图层并对其进行"高斯模糊"。按快捷键【Ctrl+Shift+Alt+E】，执行"盖印"操作，得到"图层 2"，执行"滤镜"/"模糊"/"高斯模糊"命令，设置弹出的对话框，如图 5-9 所示。得到图 5-10 所示的效果，此时的"图层"面板如图 5-11 所示。

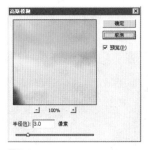

图 5-9

⚠ 300 万像素照相机拍摄的效果

图 5-10

图 5-11

⑥　设置图层属性。设置"图层 2"的图层混合模式为"滤色"，图层不透明度为"50%"，得到图 5-12 所示的效果，此时的"图层"面板如图 5-13 所示。

图 5-12

图 5-13

⚠ 500 万像素照相机拍摄的效果

第 1 章　**数码风景照片修饰**

原图片

修改后的效果

柔焦效果可以为照片增加一种朦胧感，使照片更具特色。本例主要介绍使用 Photoshop 制作照片的柔焦效果，主要运用了"高斯模糊"、"图层混合模式"等技术。

Photoshop CS3 数码照片修饰与拍摄技巧

▲ 1100 万像素照相机拍摄的效果

📷 数码照相机的保养工具

1. 镜头笔

镜头笔是用于清除照相机镜头上的灰尘的最好工具。它分为两头，一头是带有专用镜头清洗液的镜头擦，另一头是毛刷。使用前最好先用吹气球吹去颗粒较大的灰尘。注意不要用布或纸巾去擦拭镜头，长期这样擦拭镜头会损伤镜头上的镀膜。

2. 擦镜纸和擦镜布

擦镜纸一般是棉制的，质地细密，适合擦拭镜头。但是，镜头不能擦就尽量别擦，因为每擦拭一次，镜头上的镀膜就会变薄一些。

擦镜布分两种，一种是皮布，一种是吸油布。

3. 吹气球

吹气球用于吹去镜头、机身、取

① 打开文件。执行"文件"/"打开"命令，在弹出的对话框中选择随书光盘中的"01 章 /06 制作柔焦效果 / 素材"文件，如图 6-1 所示。在"图层"面板中拖动"背景"到"创建新图层"按钮上，释放鼠标得到"背景 副本"，此时的"图层"面板如图 6-2 所示。

图 6-1

图 6-2

② 模糊图像。执行"滤镜"/"模糊"/"高斯模糊"命令，设置弹出的对话框，如图 6-3 所示。得到图 6-4 所示的效果。

图 6-3

图 6-4

③ 使照片产生柔和的效果。将"背景 副本"的图层混合模式改为"柔光"，设置其图层不透明度为"50%"，得到图 6-5 所示的效果，此时的"图层"面板如图 6-6 所示。

图 6-5

▲ 吹气球

④ 复制图层。在图层面板中拖动"背景 副本"到"创建新图层"按钮上，释放鼠标得到"背景 副本 2"，得到图 6-7 所示的效果，此时的"图层"面板如图 6-8 所示。

图 6-7

图 6-8

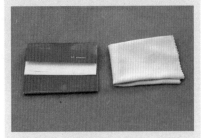

▲ 清洁机身用的麂皮

⑤ 增加图像亮度。将"背景 副本 2"的图层混合模式改为"滤色"，设置其图层不透明度为"100%"，得到图 6-9 所示的效果，此时的"图层"面板如图 6-10 所示。

图 6-9

图 6-10

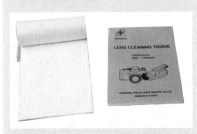

▲ 清洁镜头专用的擦镜纸

第 1 章　数码风景照片修饰

📷 保养照相机应注意的方面

1. 防潮

防潮就是防止照相机受潮湿。空气中总是含有一定比例的水分，有时呈现饱和状态，这对照相机十分不利，在此期间，就得做好防潮准备。

2. 防震

防震就是防止数码照相机受到剧烈震动。剧烈震动会使数码照相机的内部零件移位、松动、脱落。

3. 防尘

照相机总得在空气中工作，而空气中有许多灰尘。特别是在北方，气候干燥，风沙较多，因此在这些地方拍摄时，防尘尤为重要。

07 下雪效果

制作时间：15分钟

难易度：＊＊＊＊＊

原图片

修改后的效果

如果拍摄了一张风景照片，想在照片上显现出下雪的景色，利用Photoshop就可以轻松实现。本例将运用"铜版雕刻"、"动感模糊"、"阈值"等技术。

Photoshop CS3 数码照片修饰与拍摄技巧

▲ 北方的秋天比较干燥，所以要做好照相机的防尘工作

另外，防污、防冷热、防霉、防液漏、防静电等也是大家使用照相机时必须注意的方面。

① 打开文件。执行"文件"/"打开"命令，在弹出的对话框中选择随书光盘中的"01章/07下雪效果/素材"文件，如图7-1所示。单击工具栏中的前景色块，在弹出的对话框中进行前景色的设置，如图7-2所示。

图 7-1

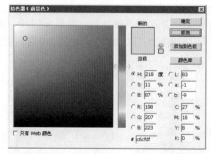

图 7-2

② 新建图层。新建一个图层，得到"图层1"，选择"画笔工具"，设置适当的画笔大小和透明度，在图像的天空和水面进行涂抹，为照片添加一些冷色调，得到图7-3所示的效果，此时的"图层"面板如图7-4所示。

图 7-3

图 7-4

③ 新建通道。制作飘雪的选区，切换到"通道"面板，新建一个通道，得到Alpha 1，如图7-5所示，"通道"面板如图7-6所示。

图 7-5

图 7-6

④ 添加铜版雕刻效果。执行"滤镜"/"像素化"/"铜版雕刻"命令,设置弹出对话框中的"类型"为"粗网点",如图 7-7 所示。得到图 7-8 所示的效果。

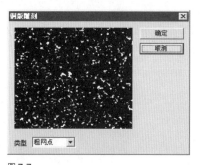

图 7-7

图 7-8

⑤ 模糊图像。执行"滤镜"/"模糊"/"高斯模糊"命令,设置弹出的对话框中的参数,如图 7-9 所示。得到图 7-10 所示的效果。

图 7-9

图 7-10

⑥ 用"阈值"调整通道。执行"图像"/"调整"/"阈值"命令,设置弹出的对话框中的参数,如图 7-11 所示。得到图 7-12 所示的效果,此时飘雪的选区就制作完毕了。

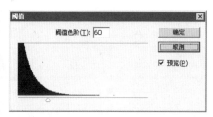

图 7-11

图 7-12

📷 携带照相机的建议

现在购买数码照相机一般都会附赠相机包,有的还会赠送皮套。若没有附赠,建议最好买一个大小合适的皮套来保护。外出拍摄时,许多人为了方便不带相机包,直接把照相机挂在胸前,这时候皮套就派上了用场。另外,须要拍摄时,最好将挽带拴在手腕上,这样照相机就不会"亲吻"地面了。

▲ 挂绳挂在脖子上保护照相机不会坠地

▲ 结实的相机包

📷 照相机附件:三脚架

三脚架是用来固定照相机的。在拍摄时,使用慢速度曝光、二次曝光、多次曝光、自拍等情况,都必须使照相机稳定在一定位置上。否则,因为震动或移动会使影像模糊。三脚架一般用金属制造,由三根支柱构成,每根支柱有三节至七八节不等,可以伸缩。

第 1 章 **数码风景照片修饰**

三脚架上部是一个活动架头，也叫做云台，用来承接照相机。架头中心有一个连接照相机的固定螺钮。旋松手柄和架头下部的螺丝，可任意调节拍摄角度。拍摄角度调好以后，旋紧手柄和固定螺丝，架头就稳定不动了。

▲　连接照相机的云台

▲　调节螺钮

▲　三脚架

⑦ 为图像添加飘雪效果。按住【Ctrl】键单击 Alpha 1 通道载入选区，切换到"图层"面板，新建一个图层，得到"图层2"，设置前景色为白色，按快捷键【Alt+Delete】用前景色填充选区，按快捷键【Ctrl+D】取消选区，得到图7-13所示的效果，此时的"图层"面板如图7-14所示。

图 7-13

图 7-14

⑧ 添加动感模糊效果。执行"滤镜"/"模糊"/"动感模糊"命令，设置弹出的对话框中的参数，如图7-15所示。得到图7-16所示的最终效果。

图 7-15

图 7-16

08 拼贴全景图

制作时间：5 分钟
难易度：✱✱✱✱✱

原图片　　修改后的效果

利用 Photoshop 可以将分别拍摄的照片拼接到一起，成为一张全景图。本例主要学习"文件" / "自动" / "Photomerge"命令，使用此命令可以更为快速地将多张照片拼合到一起。

① 打开文件。执行"文件" / "打开"命令，在弹出的对话框中选择随书光盘中的"01 章 /08 拼贴全景图 / 素材 1、2、3"文件。如图 8-1 所示。

图 8-1

② 开始拼合照片。执行"文件" / "自动" / "Photomerge"命令，弹出图 8-2 所示的对话框，在对话框中选择"互动版面"单选按钮，单击"添加打开的文件"按钮添加要拼合的照片，如图 8-3 所示。

图 8-2

图 8-3

技巧提示 ● ● ● ●

　　在执行"文件" / "自动" / "Photomerge"命令时，对打开的照片是有一定要求的，就是照片和照片之间要有一定的重合部分，不然使用此命令将不会得到理想的效果。

📷 照相机附件：闪光灯

　　除了摄影室灯光外，电子闪光灯是最主要的人造光源。它具有发光强烈、携带方便、寿命长等优点。电子闪光灯的灯管一般可闪光近万次，所以有人称为"万次闪光灯"。更为重要的是，电子闪光灯的闪光色温与日光近似，在 5600K 和 7500K 之间。闪光灯根据其是否内置照相机，分为独立式闪光灯和内置式闪光灯。一般情况下，如果照相机有热靴插座，闪光灯可直接插在热靴插座上，如果照相机没有热靴插座，闪光灯可通过连接架和短连接线与照相机连接。如果闪光灯在离照相机很远的地方闪光，可使用较长的闪光灯连接线。

▲ 内置式闪光灯

▲ 外置式闪光灯

第 1 章　**数码风景照片修饰**

17

▲ 闪光灯通过连接架和连接线与照相机连接

📷 照相机附件：遮光罩

遮光罩是装在镜头上防止杂光射入镜头的罩子。在拍摄时如有杂光射入镜头，底片上就会产生灰雾或光晕现象，加用遮光罩后就可以防止该现象的产生。一般在拍摄逆光时要用遮光罩。在下雨或下雪时使用可以防止雨点或雪花的侵入，起到保护镜头的作用。遮光罩的前口有圆形的、方形的、花瓣形的等。遮光罩口径的大小和深浅都有一定规格，不能乱用。罩口太小或太深就会影响镜头视角，罩口太大或过浅，就起不到遮光的作用。应当根据镜头情况灵活选用。

▲ 圆形遮光罩

▲ 套上遮光罩的镜头

③ 应用命令拼合后的效果。设置完"照片合并"对话框后，单击"确定"按钮，弹出"Photomerge"对话框，在对话框中调整图像到图 8-4 所示的状态，单击"确定"按钮，得到图 8-5 所示的效果，此时的"图层"面板图 8-6 所示。

图 8-4

图 8-5

图 8-6

④ 裁切图像。在工具箱中选择"裁切工具"，在照片上按住鼠标左键对图像中的景色部分进行拖动，如图 8-7 所示。

图 8-7

⑤ 调整好裁切框的位置后确认裁切。按【Enter】键可以确认裁切，或在裁切框中双击也可以确认裁切，得到图 8-8 所示的最终效果。

图 8-8

09 合成风景照片

原图片

修改后的效果

在本范例中将把用数码照相机拍摄的三张风景照片合成在一起并进行润色,创造出全新的图像。通过对本例的学习读者可以将自己拍摄的风景照片合成为自己理想中的效果。

在本例中我们要学习利用 Photoshop 的图层蒙版、选区、调色命令等技术。

① 新建文档。按快捷键【Ctrl+N】,设置弹出的"新建"命令对话框,如图9-1所示。单击"确定"按钮即可创建一个新的空白文档。

② 打开文件。执行"文件"/"打开"命令,在弹出的对话框中选择随书光盘中的"01 章 /09 合成风景照片 / 素材 1"文件,如图 9-2 所示。

▲ 配置有遮光罩的照相机

📷 照相机附件:滤光镜

滤光镜是常用的照相机附件,它的主要作用是真实地反映和表现被摄物体原来的色彩和层次,或根据摄影者的主观愿望对被摄物体的色彩、影调的气氛渲染等进行创造性的表现。滤光镜的种类很多,性能和用途也各不相同。常用的有黑白摄影滤光镜、彩色摄影滤光镜、黑白 / 彩色通用滤光镜和特殊效果滤光镜。其中 UV 滤光镜也称紫外线滤光镜,它除了有吸收或减弱光源中紫外线的作用外,对黑白摄影和彩色摄影均没有任何副作用,可以让它长期"站岗",保护镜头。

图 9-1

图 9-2

③ 调整照片图像位置。使用"移动工具"将其拖动到第 1 步新建的文件中,得到"图层 1",将"图层 1"图像调整到文件的最上方,如图 9-3 所示,此时的"图层"面板如图 9-4 所示。

图 9-3

图 9-4

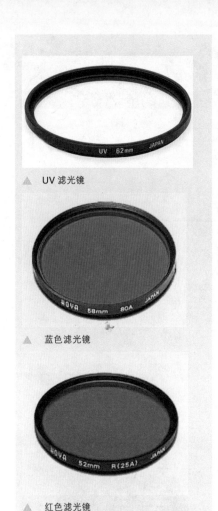

▲ UV 滤光镜

▲ 蓝色滤光镜

▲ 红色滤光镜

📷 存储卡的分类

存储卡对数码照相机而言是必不可少的配件之一。目前的存储卡主要有：SD/MMC/CF/Miero Drive/MS/MS Pro/MS DUO/MS Pro DUC/xD/SM等几种，这里分别介绍CF卡、SD卡、和SM卡。

1. CF 卡

CF（Compact Flash）格式由来已久，它采用了闪存技术，一种不需要电池的、固态的、没有移动部件的、能够保证数据完整的存储解决方案。通用性好、兼容性强、容量大、性价比高是CF卡最大的特点。目前主要应用在高端消费机、单反数码照相机以及手持设备上。但随着数码产品的外

④ 打开文件。执行"文件"/"打开"命令，在弹出的对话框中选择随书光盘中的"01章/09合成风景照片/素材2"文件，如图9-5所示。使用"磁性套索工具"沿长城边缘绘制选区，如图9-6所示。

图 9-5

图 9-6

⑤ 调整照片图像位置。使用"移动工具"将选区内的图像拖动到第1步新建的文件中，得到"图层2"，将"图层2"图像调整到图9-7所示的位置。

⑥ 下面将要利用图层蒙版将两幅照片融合在一起。单击"添加图层蒙版"按钮，为"图层2"添加图层蒙版，设置前景色为黑色，选择"画笔工具"，设置适当的画笔大小和透明度后，在图层蒙版中涂抹，此时两张照片过渡生硬的地方已经融合到了一起，如图9-8所示。此时的涂抹状态和"图层"面板如图9-9所示。

图 9-7

图 9-8

图 9-9

⑦ 打开文件。执行"文件"/"打开"命令，在弹出的对话框中选择随书光盘中的"01章/09合成风景照片/素材3"文件，如图9-10所示。下面将要用这张照片来丰富画面。

⑧ 调整照片图像位置。使用"移动工具"将其拖动到第1步新建的文件中，得到"图层3"，将"图层3"图像调整到文件下方，如图9-11所示。此时的"图层"面板如图9-12所示。

图 9-10

图 9-11

图 9-12

⑨ 利用图层蒙版将沙漠照片和长城图像融合到一起。单击"添加图层蒙版"按钮，为"图层3"添加图层蒙版，设置前景色为黑色，选择"画笔工具"，设置适当的画笔大小和透明度后，在图层蒙版中涂抹，得到图9-13所示的效果，此时的涂抹状态和"图层"面板如图9-14所示。

图 9-13

图 9-14

⑩ 因为"图层1"中云彩图像的颜色对比度和色调都很平淡，所以要对其进行调整。选择"图层1"，单击"创建新的填充或调整图层"按钮，在弹出的菜单中执行"色相/饱和度"命令，在对话框中的"编辑"下拉列表框中分别选择"黄色"、"红色"选项进行参数调整，如图9-15、图9-16所示。

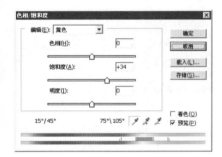

图 9-15

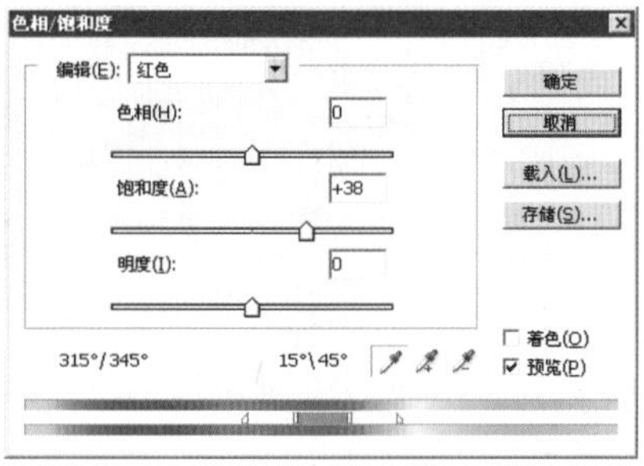

图 9-16

⑪ 确认颜色调整。设置完"色相/饱和度"对话框中的参数后，单击"确定"按钮，得到图层"色相/饱和度1"，此时的云彩图像颜色对比强烈，色彩度也鲜亮许多，图像效果如图9-17所示，此时的"图层"面板如图9-18所示。

图 9-17

图 9-18

⑫ 因为"图层2"中的长城图像颜色和周围环境的颜色不是很协调，所以要对其进行调整。选择"图层2"，单击"创建新的填充或调整图层"按钮，在弹出的菜单中执行"色相/饱和度"命令，设置弹出的对话框，如图9-19所示。单击"确定"按钮，得到图层"色相/饱和度2"，按快捷键【Ctrl+Shift+G】，执行"创建剪贴蒙

观日益小巧轻便，CF卡过大的体积和重量限制了其今后的发展。

2. SD 卡

SD卡（Secure Digital Card）是目前存储卡市场上的绝对王者。它精巧、超薄、读写速度较快、重量仅2g，十分适合小型数字设备使用。

3. SM 卡

SM卡的尺寸为37mm × 45mm × 0.76mm，由于本身没有控制电路，只是封装存储芯片，因此可以做得非常轻薄。但正是由于SM卡的控制电路是集成在数码产品当中的（比如数码照相机），这就使得该卡的兼容性受到影响，很多早期的数码照相机设备不能够读取新型号的SM卡，并且各个设备之间的数据格式也互不兼容，现在该卡几乎已经退出市场。

◉ 存储卡的选购技巧

在选择存储卡的时候，建议用户尽量选择原厂或知名品牌的存储卡，如Sandisk、Kinston、SONY、Lexer等。数码照相机同品牌的原厂存储卡，一般都经过了严格的兼容性测试，质量上有保证，但是价格较高。而品牌存储卡厂商和数码照相机厂商合作较为密切，其产品的兼容性也很好。

尽量选择正规代理的行货。行货存储卡均经过严格测试，在质量上能有保证，并可开具正规发票及三包卡。

最好携带数码照相机当场测试，以免发生兼容性不好的问题。

不要追求最大容量，但同时也不要因为便宜，购买容量很小的存储卡。一般购买存储卡要和数码照相机的电池性能做一个很好的协调。如果选购的存储卡超过4GB，建议用户考虑配备数码伴侣。一来方便数据存储，二来降低数据存储的风险，避免一张卡出现错误就会导致数据全毁的事情发生。

▲ 各种存储卡

1. 按需选购

一般采用锂离子电池的数码照相机，随照相机都会附带一块原厂电池，虽然容量不可能很大，但是优秀的兼容性能是其他兼容型锂电池所不能比的。如果该电池续航能力强，或者该数码照相机非常省电，则大可不必购买第二块电池。如果想追求百分之百的兼容性，那么一块比较贵的原厂电池是很好的选择。

2. 选择大厂产品

有些小品牌的镍氢充电电池是以牺牲充放电循环次数来达到一定的容量的，这样的电池寿命很短。

3. 尽量不选购速充电套装

快速充电是以牺牲镍氢电池的寿命和充放电循环次数为代价的。

4. 镍氢充电电池为首选

采用 AA/AAA 电池供电的数码照相机，尽量选择镍氢充电电池。普通碱性电池由于设计的原因，很难满足数码照相机这样高耗电的设备。

▲ 镍氢充电电池

版"操作，此时的长城颜色和周围协调了许多，如图 9-20 所示。此时的"图层"面板如图 9-21 所示。

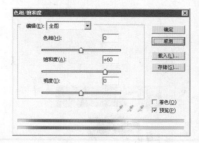

图 9-19　　　　　　　　图 9-20　　　　图 9-21

⑬ 调整沙漠图像亮度。选择"图层 3"，单击"创建新的填充或调整图层"按钮，在弹出的菜单中执行"亮度/对比度"命令，设置弹出的对话框，如图 9-22 所示。单击"确定"按钮，得到图层"亮度/对比度 1"，按快捷键【Ctrl+Shift+G】，执行"创建剪贴蒙版"操作，得到图 9-23 所示的图像效果，此时的"图层"面板如图 9-24 所示。

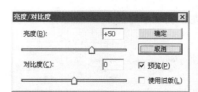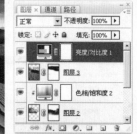

图 9-22　　　　　　　　图 9-23　　　　图 9-24

⑭ 单击"亮度/对比度 1"的图层蒙版缩略图，设置前景色为黑色，背景色为白色，使用"渐变工具"设置渐变类型为从前景色到背景色，如图 9-25 所示。在图层蒙版中从上往下绘制渐变，得到图 9-26 所示的效果，此时的图层蒙版中的状态和"图层"面板如图 9-27 所示。

图 9-25

图 9-26

图 9-27

10 制作日落的照片效果

原图片

┈┈┈┈➡

修改后的效果

白天拍摄的景物在黄昏时会呈现一种什么效果呢？利用 Photoshop 可以给白天拍摄的照片添加日落黄昏的效果。本例中我们要学习 Photoshop 中的色相／饱和度、色阶等工具的运用。

① 打开文件。执行"文件"／"打开"命令，在弹出的对话框中选择随书光盘中的"01章／10制作日落的照片效果／素材"文件，如图10-1所示。此时的"图层"面板如图10-2所示。

图 10-1

图 10-2

② 新建图层。单击"图层"面板底部的"创建新图层"按钮，创建"图层1"。选定"图层1"，在工具箱中单击设置前景色，在弹出的拾色器中设置颜色为"e15a17"，如图10-3所示。按【Alt+Delete】快捷键填充前景色，设置图层的混合模式为"叠加"，图像效果如图10-4所示。

图 10-3

图 10-4

③ 添加图层渐变。选择"图层1"，执行"图层"／"新填充图层"／"渐变"命令，在弹出的"新图层"对话框中单击"确定"按钮。单击"图层"面板中的"创建新的填充或调整图层"按钮，选择"渐变"在"渐变填充"对话框中将"样式"设置为"线性"，"角度"为"－90°"，"缩放"为"100"，选择"与图层对齐"复选框。

📷 数码照相机的保管

照相机不用的时候，应该把照相机与皮套分开（因为皮套很容易发霉）。镜头光圈要设定在最大挡位，调焦距离应设定在无限远。若是双焦距镜头或变焦距镜头的照相机，还应该把伸出的镜头退缩回原来的位置。长期不用的情况下最好把电池取出，以免电池漏液对照相机造成损坏。照相机最好放在密封容器（如摄影器材专用的干燥箱等）内，容器中放入干燥剂。

▲　照相机的原包装盒

▲　保护照相机器材的相机包

23

何谓像素

在数码的世界里，像素是记录图案的基本单位。如果一张图只有很少的像素，当然不足以描绘出一张照片，但是当像素数变多的时候渐渐就能够让一张照片变得与我们日常生活中看到的照片差不多。

像素数是衡量数码照相机质量的关键技术数据。总像素指的是一个画面上像素的总数。大家都知道像素数越多画面记录的信息就越多，图像分辨率就越高。我们可以很容易地知道像素越多照片就越细腻，并且拥有更多的细节和信息。目前数码照相机的主流在600万像素和800万像素之间，已经足够日常生活摄影所需。虽然数码照相机的像素数决定了图像的分辨率，但像素数并不是决定数码照相机成像质量的唯一指标。CCD或CMOS的尺寸大小以及制造工艺都与成像紧密相关。购买照相机的时候不要只是一味地关心像素，而要考虑照相机的综合素质。

▲ 中等像素的照片，虽然画质不是很好，但已经可以把一张照片表现清楚了

认识分辨率

分辨率分扫描分辨率、显示分辨率和打印分辨率等。分辨率对于数码摄影初学者来说是非常重要也相当头痛的问题，因为它与图像质量和尺寸大小都紧密相关。在概念上扫描分辨率的计量单位应为spi，显示分辨率和内在分辨率的计量单位是ppi，而打印分辨率的计量单位是dpi，这些

然后选择工具箱中的"渐变工具"，单击渐变图层中的图层蒙版缩览图，按【Shift】键绘制一条渐变带，渐变填充后的图像如图10-5所示，此时的"图层"面板如图10-6所示。

图 10-5

图 10-6

④ 调节图层的色相/饱和度。按【Ctrl】键的同时单击"渐变"图层蒙版缩览图，可以得到一个选区，单击"图层"面板中的"创建新的填充或调整图层"按钮，执行"色相/饱和度"命令，在弹出的"色相/饱和度"对话框中进行参数设置，如图10-7所示。单击"色相/饱和度"图层中的图层蒙版缩览图，使用"渐变工具"进行拖动，按【Ctrl+D】快捷键取消选区，调整"色相/饱和度"后的效果如图10-8所示，此时的"图层"面板如图10-9所示。

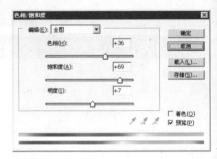

图 10-7

图 10-8

图 10-9

⑤ 调整图层的色阶。选择"渐变"图层，按【Ctrl】键的同时单击渐变图层蒙版缩览图，得到刚才渐变转化的选区。单击"图层"面板中的"创建新的填充或调整图层"按钮，执行"色阶"命令，在弹出的对话框中输入色阶的数值为"80"，"1.00"，"191"，如图10-10所示。按【Ctrl+D】快捷键取消选区。调整色阶后的效果如图10-11所示。

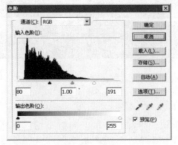

图 10-10

图 10-11

⑥ 设置图层混合模式。设置"色阶 1"的图层混合模式为"颜色减淡"，将图像颜色调亮，得到图 10-12 所示的效果，此时的"图层"面板如图 10-13 所示。

图 10-12

图 10-13

⑦ 调整图像色调。单击"色相/饱和度"图层中的图层蒙版缩览图，设置前景色为黑色，选择"画笔工具"，设置适当的画笔大小和透明度后，在图层蒙版中涂抹，其涂抹后的效果如图 10-14 所示，此时的"图层"面板如图 10-15 所示。

图 10-14

图 10-15

名词的区分有助于概念上的明确。但在实际操作过程中，一旦扫描的照片存盘后，扫描分辨率变成了内在分辨率，而在打印时，内在分辨率又变成了打印分辨率，加上像素、显示器色点和打印机打印点都很小，所以就统称 dpi 了。

▲ 分辨率在 75dpi 时的效果

▲ 分辨率在 150dpi 时的效果

▲ 分辨率在 300dpi 时的效果

📷 什么是曝光

摄影的原意就是以光线来作画。从以前的针孔照相机发展到现在的数码照相机，其技术不断地进步，但是其中的光学成像原理并没有改变。通过镜头或是针孔之后的影像如何保留下来呢？针对数码照相机来说，就是要借助光在 CCD 或 CMOS 感应元件

11 制作薄雾效果

制作时间：15 分钟

难易度：＊＊＊＊＊

原图片

修改后的效果

在拍摄照片时很难遇到水面上出现薄雾的景色。在Photoshop中可以简单地给照片添加薄雾效果。本例中我们要学习利用Photoshop的云彩滤镜在照片中添加神秘的薄雾效果。

上转换成电荷的过程留下影像。光越强或照射时间越久，则电荷越多，记录下来的影像就越亮，反之则越暗，影像就因此而形成，这就是所谓的曝光过程。

▲ 正常曝光下的饰物

▲ 正常曝光下的饰物

①打开文件。执行"文件"/"打开"命令，在弹出的对话框中选择随书光盘中的"01章/11制作薄雾效果/素材"文件，如图11-1所示。"图层"面板如图11-2所示。这张风景照片有溪流森林，给照片添加薄雾效果之后将使照片具有神秘、诱人的感觉，照片将表现出截然不同的效果。

图 11-1

图 11-2

②创建新的图层。在"图层"面板中单击"创建新图层"按钮，创建新的"图层1"。在"图层1"中进行操作可以使原图像不发生改变，如图11-3所示。"图层"面板如图11-4所示。

③制作云彩效果。首先将前景色与背景色设置为默认的黑白色，接着在"图层"面板中选择"图层1"，执行"滤镜"/"渲染"/"云彩"命令，景色和背景色间发生变化，随机生成柔和的云彩图案，效果如图11-5所示。

Photoshop CS3 数码照片修饰与拍摄技巧

图 11-3

图 11-4

④ 改变图层的混合模式为照片添加薄雾效果。在"图层"面板中将"图层1"的混合模式设置为"滤色",使用这种混合模式的照片颜色通常比较浅,具有漂白效果,效果如图 11-6 所示。此时的"图层"面板如图 11-7 所示。

图 11-5

图 11-6

图 11-7

⑤ 为了使薄雾效果更逼真,单击"添加图层蒙版"按钮,为"图层1"添加图层蒙版,设置前景色为黑色,选择"画笔工具",设置适当的画笔大小和透明度后,在要修改的位置进行涂抹,擦掉不需要的薄雾,效果如图 11-8 所示。"图层"面板和涂抹的状态如图 11-9 所示。

图 11-8

图 11-9

⑥ 复制图层,加深雾效果。选择"图层1"为当前操作图层,按快捷键【Ctrl+J】,复制"图层1"得到"图层1副本",设置其图层不透明度为"50%",得到图 11-10 所示的效果,"图层"面板如图 11-11 所示。

影响曝光的因素

要想保证曝光的正确,就要先了解影响曝光的相关因素。对于数码照相机来说,有三个因素影响曝光:

光圈:大光圈会增加曝光量,小光圈会减少曝光量。

快门:慢速的快门会增加曝光量,快速的快门则会减小曝光量。

感光度(ISO):感光度设置越高,在成像元件上激活的像素点就越多,在相同入光量的条件下曝光量就越大,反之曝光量就越小。一般情况下,在较暗的光线环境中,可以通过提高ISO感光度以保证正确曝光。

在实际操作中,为了保证曝光量的正确,须要综合运用上述几种控制方法。不过由于感光度的增加也会导致图像噪点的增加,因此在通过提高ISO值获取正确曝光的时候要注意噪点允许的控制范围。

▲ 曝光过度

▲ 曝光正常

▲ 曝光不足

📷 什么是光圈

　　光圈是用来控制光线通过镜头进入机身内感光面的光量的装置。它通常是在镜头内。我们用F值表达光圈的大小，F系数指光圈的大小，是焦距与光孔直径的比值。如F2.8、F4、F5.6、F8、F11、F16、F22等。光圈F值=镜头的焦距/镜头口径的直径。光圈F值愈小，在同一单位时间内的进光量便愈多，而且上一级的进光量是下一级的一倍，例如光圈从F8调整到F5.6进光量便多一倍。

　　光圈的第一个作用是调节通光量。光圈能开大，能缩小。拍摄同一个对象，光线强时，应将光圈缩小，光线弱时，应将光圈开大。第二个作用是改变景深范围大小。光圈越大，景深越小，光圈越小，景深越大。

▲ 用光圈调节景深的效果

⑦ 编辑图层蒙版。单击"图层1副本"的图层蒙版缩览图，编辑"图层1副本"的图层蒙版，设置前景色为黑色，选择"画笔工具"，设置适当的画笔大小和透明度后，在要修改的位置进行涂抹，擦掉不需要的薄雾，效果如图11-12所示。"图层"面板和涂抹的状态如图11-13所示。

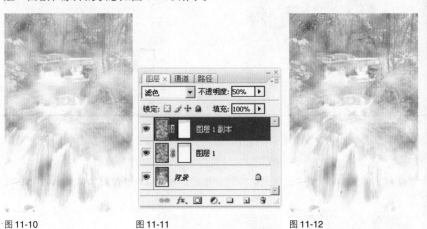

图11-10　　　　　　　图11-11　　　　　　　图11-12

⑧ 建立调整图层。单击"创建新的填充或调整图层"按钮，在弹出的菜单中执行"曲线"命令，设置弹出的对话框，如图11-14所示。

⑨ 设置完"曲线"对话框中的参数后，单击"确定"按钮，得到图层"曲线1"，此时的效果如图11-15所示。"图层"面板如图11-16所示。

图11-13

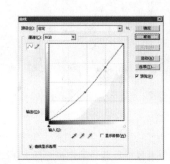

图11-14

图11-15

图11-16

12　为林荫小道添加光照

制作时间：12分钟
难易度：＊＊＊＊＊

原图片

━━━▶

修改后的效果

本实例带领大家利用Photoshop的工具为照片添加林荫照射的光线效果。本例中我们要学习利用Photoshop的径向模糊对图层模式进行绘制，制作出光照的效果。

① 打开文件。执行"文件"/"打开"命令，在弹出的对话框中选择随书光盘中的"01章/12为林荫小道添加光照/素材"文件，如图12-1所示。"图层"面板如图12-2所示。照片中的明暗部明显，树影婆娑，形成了斑驳的倒影，正适合阳光穿透的效果。

图12-1

图12-2

② 载入选区。选择阳光亮部的区域，在"通道"面板中按住【Ctrl】键单击"蓝"通道，如图12-3所示。生成亮部的选区，如图12-4所示。

图12-3

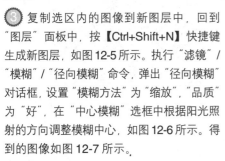

图12-4

③ 复制选区内的图像到新图层中，回到"图层"面板中，按【Ctrl+Shift+N】快捷键生成新图层，如图12-5所示。执行"滤镜"/"模糊"/"径向模糊"命令，弹出"径向模糊"对话框，设置"模糊方法"为"缩放"，"品质"为"好"，在"中心模糊"选框中根据阳光照射的方向调整模糊中心，如图12-6所示。得到的图像如图12-7所示。

图12-5

▲　光圈值大小

◉ **什么是快门**

快门是镜头前阻挡光线进来的装置。一般而言快门的时间范围越大越好。照相机上通常在快门速度盘上刻有一系列标志：1、2、4、8、15、30、60、125、250、500、1000、2000、B等。它们的实际值是标定值的倒数，即1、1/2、1/4、1/8、1/15、1/30、1/60/、1/125等。B门俗成"慢门"，在须要长时间曝光时使用。使用B门要有三脚架和快门线与之配合。较短时间的快门适合运动中的物体，可轻松抓住急速移动的目标。不过如果要拍的是夜晚的车水马龙，快门时间就要拉长，常见照片

▲　慢速快门拍出的夜景

中丝绢般的流水效果也要用慢速快门才能拍出来。

▲ 需要三脚架配合慢门

📷 光圈与快门、曝光的关系

来举例子说明：光线好比水流。我们把水龙头拧开，放水到水桶里，就像光线照在胶片上。若是装满水表示曝光完成，那拧开水龙头的大小就像是光圈的大或小，而装满水所需的时间就像快门打开的时间，若是拧开大水龙头（光圈大），那所需的时间就短（快门速度快），反过来，拧小水龙头（光圈小）则所需时间就长（快门慢）。

控制光圈与快门都可以控制曝光量。在照相机的设计上，光圈的数字越小，代表光圈越大。例如F2的光圈比F2.8来得大，而且F2的进光面积是F2.8的两倍，这是因为照相机光圈上标的数字与光圈直径成反比，而进光量则与光圈面积成正比。许多初学者往往会误以为光圈数值越大，就代表光圈越大，其实这是错的。要记住这是相反的关系，并且光圈数字每增加两倍，代表的是进光量减少四倍。

例如，光圈快门组合为F2、1/1000s与光圈快门组合F2.8、1/500s，F4、1/250s有相同的曝光量。

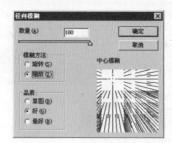

图 12-6

图 12-7

④ 图像中的光线效果不是特别明显，为了让效果更加明显，复制光线图层，在"图层"面板中拖动"图层 1"到"创建新图层"按钮上，生成"图层 1 副本"，得到的图像如图 12-8 所示。按【Ctrl+E】快捷键向下合并图层，将混合模式设置为"线性光"，得到的图像如图 12-9 所示。

图 12-8

图 12-9

⑤ 调整色相饱和度。执行"图像"/"调整"/"色相／饱和度"命令，在弹出的"色相／饱和度"对话框中进行设置，如图 12-10 所示。执行后的效果如图 12-11 所示。

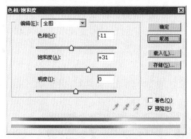

图 12-10

图 12-11

⑥ 添加蒙版。在"图层"面板中单击"添加图层蒙版"按钮，为"图层 1"添加图层蒙版。在工具箱中设置前景色为黑色，并选择"画笔工具"，对图像中局部的光线进行涂抹，如图 12-12 所示。最后得到的图像如图 12-13 所示。

图 12-12

图 12-13

13 负片冲洗效果

制作时间：15分钟
难易度：＊＊＊＊＊

原图片

修改后的效果

负片冲洗可以使照片达到普通照片达不到的色彩效果。可以令普通照片色彩变得比较饱满，使照片看起来更加漂亮。在本例中我们要学习利用Photoshop的"应用图像"、"图层蒙版"、"调整图层"等技术。

① 打开文件。执行"文件"/"打开"命令，在弹出的对话框中选择随书光盘中的"01章/13负片冲洗效果/素材"文件，如图13-1所示。

② 增加图像的颜色对比度。在"图层"面板中拖动"背景"到"创建新图层"按钮上，释放鼠标得到"背景 副本"，将"背景 副本"的图层混合模式改为"叠加"，得到图13-2所示的效果，此时的"图层"面板如图13-3所示。

图 13-1

图 13-2

图 13-3

③ 添加图层蒙版显示图像细节。单击"添加图层蒙版"按钮，为"背景 副本"添加图层蒙版，设置前景色为黑色，选择"画笔工具"，设置适当的画笔大小和透明度后，在图层蒙版中涂抹，得到图13-4所示的效果，此时的涂抹状态和"图层"面板如图13-5所示。

④ 提高图像的亮度。继续复制"背景"得到"背景 副本2"，将"背景 副本2"调整到"图层"面板的最上方，将图层混合模式改为"滤色"，得到图13-6所示的效果，此时的"图层"面板如图13-7所示。

▲ 光圈快门组合 1/500s、F5.6

📷 曝光补偿设置

一张照片质量的好坏，曝光量的正确与否起决定作用。为了拍出理想的照片，就要有适度的曝光量。当数码照相机设置成自动曝光时，通常情况下都可以让照相机正常曝光。但在有一些特定或有特殊需求时，仅依赖自动曝光是不够的，还需要曝光补偿设置。

1. 应减少曝光量的情况

拍摄大面积的暗色调景物时，如果被摄主题比较亮，则应减少数码照相机的曝光量。

2. 应增加曝光量的情况

如果拍摄雪景，为了获得整体的层次，应增加曝光量，否则拍摄的白雪会呈灰色。

拍摄大面积的亮色调景物，当被摄主体处在逆光状态下时，应增加数码照相机的曝光量，如以天空为背景的人物摄影。

▲ 拍摄天空为背景的人物应增加曝光量

▲ 雪景摄影应增加曝光量

📷 什么是安全快门

这是一个避免手持晃动而造成影像模糊的最慢快门值，通常是焦距的倒数，例如使用标准镜头，焦距是50mm，安全快门约为1/50s，也就是为了避免照相机震动产生图像的晃动或模糊，那快门应该具有1/50s的速度或是更快。如果使用焦距200mm的镜头来拍照，那么安全快门约为1/200s。

但公式不是绝对的，有些人经过练习就能以较低的速度拍摄，而有些人可能比较不稳，所以就要用比较高的速度来拍摄。数码照相机会用一个手的符号来提醒用户，目前的快门可能会造成手震。

最后建议用户要保持正确操作照相机的姿势，这样可以增加稳定度。

图 13-4

图 13-5

图.13-6

⑤ 添加图层蒙版。单击"添加图层蒙版"按钮，为"背景 副本"添加图层蒙版，设置前景色为黑色，选择"画笔工具"，设置适当的画笔大小和透明度后，在图层蒙版中图像过亮的部分涂抹，将图像中过亮部分的亮度降低，得到图13-8所示的效果，此时的涂抹状态和"图层"面板如图13-9所示。

图 13-7

图 13-8

图 13-9

⑥ 使用"亮度/对比度"命令调整图像暗部细节。单击"创建新的填充或调整图层"按钮，在弹出的菜单中执行"亮度/对比度"命令，设置弹出的对话框，如图13-10所示。单击"确定"按钮，得到"亮度/对比度1"，此时，图像暗部的细节就显现出来了，效果如图13-11所示。"图层"面板如图13-12所示。

⑦ 降低部分图像的亮度。单击"亮度/对比度1"图层蒙版缩览图，使其处于可编辑状态，设置前景色为黑色，选择"画笔工具"，设置适当的画笔大小和透明度后，在图层蒙版中涂抹，得到图13-13所示的效果，此时的涂抹状态和"图层"面板如图13-14所示。按快捷键【Ctrl+Shift+Alt+E】两次，执行"盖印"操作，得到"图层1"，如图13-15所示。

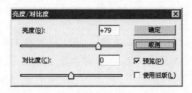

图 13-10

图 13-11

图 13-12

图 13-13

图 13-14

图 13-15

▲ 快门速度较慢时行驶中汽车的效果

▲ 快门速度较快时行驶中汽车的效果

⑧ 修改"红"通道。在"通道"面板中单击"红"通道，如图 13-16 所示。执行"图像"/"应用图像"命令，设置弹出的对话框，如图 13-17 所示。单击"确定"按钮，得到图 13-18 所示的效果。

⑨ 修改"绿"通道。在"通道"面板中单击"绿"通道，如图 13-19 所示。执行"图像"/"应用图像"命令，设置弹出的对话框，如图 13-20 所示，单击"确定"按钮，得到图 13-21 所示的效果。

图 13-16

图 13-17

图 13-18

图 13-19

什么是焦距

　　焦距是指镜头中心到光线会聚点（焦点）的距离。简单地说就是对角在无限远处时，镜头后侧主点与底片或是 CCD 的距离。镜头的焦距越短，底片所看到的视野（视角）就越大；反之，镜头的焦距越长，底片所看到的视野（视角）就越小。数码照相机的 CCD 通常较传统 135 照相机系统的底片小。135 照相机底片的大小为 24mm × 36mm，对角线长度约为 43.3mm（1.7in），然而消费型数码照相机所用的 CCD 对角线大小在 1/2.8in 和 2/3in 之间，因此相同焦距的镜头在数码照相机上面所得到的视角远较 135 系统来得小。

▲ 长焦距拍摄，视野范围较小

▲ 短焦距拍摄，视野范围较大

◎ 数码变焦与光学变焦

　　如果看到数码照相机的规格有光学变焦，就是说它所配备的镜头焦距可以变化。镜头焦距可以变化在照相机上的结果就是照相机的视角可以变化。焦距变长，视角变小，也就相当于看到的东西变少了；反之，焦距变短，视角变大，从镜头看过去的东西变多了。一个镜头可以变焦，则称之为变焦镜头，反之，称之为定焦镜头。然而照相机在做数码变焦的时候，镜头的实际焦距并没有改变，是数码照相机拿影像当中的一块做软件的补点，数码变焦使人感到我们在数码照相机的图像中变大了不少，但事实上，这会导致画质下降，因为数码变焦的倍率越大，画质也就下降得越多。

▲ 不使用变焦拍摄

▲ 使用变焦拍摄

图 13-20

⑩ 修改"蓝"通道。在"通道"面板中单击"蓝"通道，如图 13-22 所示。执行"图像"/"应用图像"命令，设置弹出的对话框，如图 13-23 所示。单击"确定"按钮，得到图 13-24 所示的效果。

图 13-23

⑪ 调整"红"通道色阶。在"通道"面板中单击"红"通道。按快捷键【Ctrl+L】，设置弹出的"色阶"对话框，如图 13-25 所示。单击"确定"按钮，得到图 13-26 所示的效果。

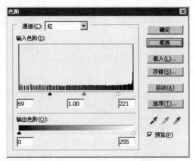

图 13-25

⑫ 调整"绿"通道色阶。在"通道"面板中单击"绿"通道。按快捷键【Ctrl+L】，设置弹出的"色阶"对话框，如图 13-27 所示。单击"确定"按钮，得到图 13-28 所示的效果。

图 13-21

图 13-22

图 13-24

图 13-26

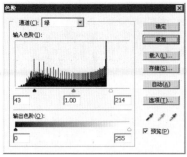

图 13-27

图 13-28

　　快门速度直接影响拍摄的速度和成像的质量。快门速度越高，越容易拍摄到清晰的图片。不同的照相机对焦的速度不一样。一般的数码照相机对焦速度可能跟不上较快的主体。就算最高的快门速度也很难做到迅速对焦实现拍摄，这个时候就必须使用预先对焦了。大家可以先预计主体的运动路线，预先对焦在路线中的某一点，等主体到达就按下快门。（按下快门以后需要一个过程，所以对于高速运动的主体，预先对焦以后，还需要有一个预先按下快门的动作。如果在看到主体的时候再按快门，往往拍摄不到主体，就是说要有一个提前量）。

　　学习预先对焦，可以拍摄一些昆虫做实验，尤以蜻蜓最方便。另一方面，拍摄不断进行重复动作的主体，通常都可以找到某些位置是速度最慢的。例如跳高运动员飞过横杆的一瞬间，女孩荡秋千时，秋千到达顶点时等。在这些点上，速度是最慢的，摄影师应该在这个时候按下快门。如果拍摄赛车的话，赛车入弯道的速度也肯定比在直道上低。

▲ 利用预先对焦获得精彩瞬间

🔲 如何精确对焦

　　精确对焦是使画面达到高质量的重要环节，整个画面都模糊的照片很难称得上是一张好的照片。要做到这一点，下面有一些建议。

　　（1）是否对焦成功，数码照相机一般都会有一个提示，例如液晶显示屏（LCD）右下角显示红色表示没有正确

⑬　调整"蓝"通道色阶。在"通道"面板中单击"蓝"通道。按快捷键【Ctrl+L】，设置弹出的"色阶"对话框，如图 13-29 所示。单击"确定"按钮，得到图 13-30 所示的效果。

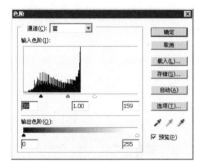

图 13-29

图 13-30

⑭　建立颜色调整图层。单击"创建新的填充或调整图层"按钮，在弹出的菜单中执行"色彩平衡"命令，设置弹出的对话框，如图 13-31、图 13-32 所示。

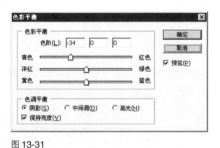

图 13-31　　　　　　　　　　　　图 13-32

⑮　确认颜色调整。设置完"色彩平衡"对话框中的参数后，单击"确定"按钮，得到图层"色彩平衡 1"，得到图 13-33 所示的负片冲洗图像效果，此时的"图层"面板如图 13-34 所示。

图 13-33

图 13-34

数码风景照片修饰

第 1 章

原图片

┄┄┄┄▶

修改后的效果

本例是将一张普通的夜景照片进行处理，使单调的天空增加了星星的效果，将地面的灯光制作成星光四射的效果。在本例中我们要学习利用 Photoshop 的"风"、"添加杂色"、"阈值"等技术。

Photoshop CS3 数码照片修饰与拍摄技巧

对焦，白色表示对焦成功。只有对焦成功以后拍摄，才能产生清晰的画面。

（2）不要急于按快门，或者一下子将快门按到底，而是应半按快门，等到确实对焦以后，再按下快门。

（3）在最后按下快门的时候，一定要保持动作轻柔，以防照相机抖动。

（4）使用泛焦法对焦。"泛焦"顾名思义，即要求在画面的一定范围内景物全部清晰。这是利用小光圈大景深的原理，使画面包容的景物都有一定的清晰度。

▲ 对焦准确，较好地拍摄到猫的神态

▲ 对焦移位，应该对焦在猫身上却对焦在垃圾桶上

① 打开文件。执行"文件" / "打开"命令，在弹出的对话框中选择随书光盘中的"01 章 /14 制作星空效果 / 素材"文件，如图 14-1 所示。切换到"通道"面板，复制"蓝"通道，得到"蓝 副本"通道，如图 14-2 所示。

图 14-1

图 14-2

② 调整复制通道的色阶。下面将要制作地面灯光的选区，在"通道"面板中单击"蓝 副本"通道，按快捷键【Ctrl+L】，设置弹出的"色阶"对话框，如图 14-3 所示。单击"确定"按钮，得到图 14-4 所示的效果。

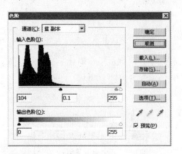

图 14-3

图 14-4

③ 修改"蓝 副本"通道。设置前景色为黑色，选择"画笔工具"，设置适当的画笔大小和透明度后，在"蓝 副本"通道中涂抹，其涂抹状态如图 14-5 所示。按住【Ctrl】键单击"蓝 副本"通道载入选区，此时灯光的选区就制作好了，切换到"图层"面板，如图 14-6 所示。

图 14-5

图 14-6

④ 新建图层。下面将要制作灯光四射的效果，新建一个图层，得到"图层 1"，设置前景色为白色，按快捷键【Alt+Delete】用前景色填充选区，按快捷键【Ctrl+D】取消选区，得到图 14-7 所示的效果，此时的"图层"面板如图 14-8 所示。

图 14-7

图 14-8

⑤ 复制图层。按快捷键【Ctrl+J】四次，复制"图层 1"得到其三个副本图层，得到图 14-9 所示的效果，此时的"图层"面板如图 14-10 所示。接下来将要用这四个图层制作四个方向的放射效果。

图 14-9

图 14-10

⑥ 制作右侧灯光放射效果。选择"图层 1 副本 3"，执行"滤镜"/"风格化"/"风"命令，设置弹出的对话框，如图 14-11 所示。得到图 14-12 所示的效果，此时的"图层"面板如图 14-13 所示。

图 14-11

对不到焦时的技巧

1. 换个方向试试看

在实际拍摄中，有时会因为距离被摄物体太近而无法对焦。这是因为每种照相机都有最小的对焦范围，在这种情况下，调整自己与目标的距离往往十分必要。同理，往左或往右动一点点，调整照照相机与目标的角度，让光线或轮廓稍稍改变，也能达到同样的目的。

换个方向或许会让对焦的成功率提升，例如，原本是水平拿着照相机对焦，可以让照相机旋转45°或90°，对焦成功后再转回原本想要的构图方向。

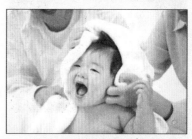

▲ 使照相机与物体调整到最佳距离，是清晰对焦的前提

2. 对焦框内的拍摄主体对比度太低

例如，对着一块同颜色的布料，或者是阴沉的或者万里无云的天空都可能出现无法对焦的情况。解决的办法就是选择距离相同的物体对焦，然后半按下快门，锁定对焦，移动照相机到想要拍摄的物体上，重新构图，然后按下快门，完成拍摄。

另外一种办法是，在要拍摄的物体上附加醒目的其他颜色，用点测光的形式对焦这个附加物，然后锁定对焦，拿掉物体，按下快门，完成拍摄。

▲ 尽量选择其他颜色的薄片类的物体，确保这个物体和想拍摄的物体到照相机的距离相同

第 1 章　数码风景照片修饰

3. 两个不同距离的物体在对焦框内重叠

最典型的就是隔着密集的栏杆拍摄后面的东西，就很难对焦。解决的方法就是先用变焦的方式构图，放大想要拍摄的物体及其附近的其他重叠物体，然后用点测光的形式对焦。

4. 拍摄主体太暗

这说明对拍摄主体的曝光不够，并不是对焦的问题。应该提高照相机的ISO值、放慢快门速度、缩小光圈，获得恰当的曝光。

▲ 放大想要拍摄的物体及其附近的其它重叠物体，然后用点测光的形式对焦

📷 AF 自动对焦功能

AF 是 Auto Focus 的缩写。也就是自动对焦的功能，今天几乎所有的数码照相机都会支持自动对焦。多半是快门设计成两段式的按键，当半按快门时，照相机开始对焦，用户应等对焦完毕之后再按下快门。或是对焦完毕之后不要放开快门键，重新构图后，再把快门按到底完成摄影。

有些数码照相机支持多点对焦，也就是焦点不仅是画面的正中央的那点，可以增加摄影的弹性与方便性。当主角不在画面的正中时，可以选择中央点对准主角，对焦完毕之后，重新构图再摄影；或是调整对焦点对准主角，对焦完毕之后无须重新构图，就可以直接摄影了。两者的操作性似乎差不多，但是在景深较浅的场合，例如微距摄影时，前者就会因为重新构图，镜头与对焦的主角之间的距离改变了，使得相片中的主角模糊，在这种场合下，

图 14-12

⑦ 制作左侧灯光放射效果。选择"图层1副本2"，执行"滤镜"/"风格化"/"风"命令，设置弹出的对话框，如图14-14所示。得到图14-15所示的效果，此时的"图层"面板如图14-16所示。

图 14-15

⑧ 制作上方灯光放射效果。执行"图像"/"旋转画布"/"90度(顺时针)"命令，得到图14-17所示的效果。选择"图层1副本"，执行"滤镜"/"风格化"/"风"命令，设置弹出的对话框，如图14-18所示。得到图14-19所示的效果，此时的"图层"面板如图14-20所示。

图 14-18

图 14-19

图 14-13

图 14-14

图 14-16

图 14-17

图 14-20

技巧提示 ●○○○○

　　旋转画布是因为"滤镜"/"风格化"/"风"命令只能实现左右吹的效果，不能实现上下吹的效果。

⑨ 制作下方的灯光放射效果。选择"图层1"，执行"滤镜"/"风格化"/"风"命令，设置弹出对话框，如图14-21所示。得到图14-22所示的效果，此时的"图层"面板如图14-23所示。

图 14-21

图 14-22

图 14-23

⑩ 绘制渐变。执行"图像"/"旋转画布"/"90度(逆时针)"命令，得到图14-24所示的效果。下面将要调整天空的颜色。选择"渐变工具"，设置工具选项条和渐变编辑器，如图14-25所示。新建一个图层，得到"图层2"，在"图层2"中从上到下绘制渐变，如图14-26所示。此时的"图层"面板如图14-27所示。

图 14-24

图 14-25

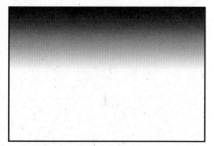

图 14-26

图 14-27

⑪ 设置图层混合模式。设置"图层2"的图层混合模式为"正片叠底"，得到图14-28所示的效果，此时的天空颜色变深了许多，"图层"面板如图14-29所示。

通常建议使用后者的方式摄影。

　　消费型数码照相机每一台的对焦速度不同，但是厂商的规格表里并不会写，所以建议用户多了解多打听之后再决定购买。

▲ 几乎所有的数码照相机都会支持自动对焦，多半是快门设计成两段式的按键

◎ MF 手动对焦功能

　　MF是Manual Focus的缩写，也就是手动对焦的意思。大部分的数码照相机不会支持此项功能。手动对焦大部分是通过转动机身上或是镜头上的对焦环来实现的，它的好处是当自动对焦系统无法完成拍摄的时候，可以多一个选择，由用户自己决定怎样对焦。当然，手动对焦可以满足拍摄特殊效果景物的需求。自动对焦偶而也会失灵，尤其是在亮度不足的摄影场合，譬如夜景人像的摄影场合。

▲ 对于一般的数码照相机用户来说，自动模式就可以满足要求了

Photoshop CS3 数码照片修饰与拍摄技巧

▲ 照相机操作盘上的选择模式钮

认识对焦辅助灯

摄影是用光来绘画，光线起着十分重要的作用。自动对焦的功能在光线不足的时候容易对焦失败，此时多半需要对焦辅助灯提高亮度来完成自动对焦。有些照相机是发射雷射光，有些是以红外线等来辅助，有些使用闪光灯来当做对焦辅助灯，有些则是多做一个灯来作为对焦辅助灯。

▲ 使用具有对焦辅助灯功能的数码照相机拍摄

▲ 使用具有对焦辅助灯的照相机，并用闪光灯辅助拍摄

图 14-28

图 14-29

⑫ 新建通道。下面将要为天空添加星星，首先要制作星星的选区，切换到"通道"面板，新建一个通道，得到"Alpha 1"，如图 14-30 所示。"通道"面板如图 14-31 所示。

图 14-30

图 14-31

⑬ 添加杂色。执行"滤镜"/"杂色"/"添加杂色"命令，设置弹出的对话框，如图 14-32 所示。得到图 14-33 所示的效果。

图 14-32

图 14-33

⑭ 模糊图像。执行"滤镜"/"模糊"/"高斯模糊"命令，设置弹出的对话框，如图 14-34 所示。得到图 14-35 所示的效果。

图 14-34

图 14-35

⑮ 调整通道阈值。执行"图像"/"调整"/"阈值"命令，设置弹出的对话框，如图 14-36 所示。得到图 14-37 所示的效果，此时星星的选区就制作好了。

图 14-36

图 14-37

⑯ 载入选区制作星星。按住【Ctrl】键单击"Alpha 1"通道载入选区，切换到"图层"面板，新建一个图层，得到"图层 3"，设置前景色为白色，按快捷键【Alt+Delete】用前景色填充选区，按快捷键【Ctrl+D】取消选区，得到图 14-38 所示的星星效果，此时的"图层"面板如图 14-39 所示。

图 14-38

图 14-39

⑰ 添加图层蒙版。单击"添加图层蒙版"按钮，为"图层 3"添加图层蒙版，设置前景色为黑色，背景色为白色，选择"渐变工具"，设置渐变类型为从前景色到背景色，在图层蒙版中从下往上绘制渐变，将图像下方的星星隐藏起来，得到图 14-40 所示的效果，此时图层蒙版中的状态和"图层"面板如图 14-41 所示。

图 14-40

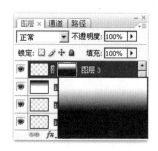

图 14-41

第 1 章　数码风景照片修饰

关于数码照相机的 ISO

ISO 是 "International Standards Organization" 国际标准组织的缩写，单反数码照相机中的 ISO 标准实际上就是来自胶片工业的标准称谓，在胶片工业标准中，ISO 是衡量胶片对光线敏感程度的标准。数值越低，例如 ISO 50，胶片的曝光感应速度就越慢，但颗粒更加细腻，反之亦然。单反数码照相机中感光部分的元件是图像传感器，同样也是采用了 ISO 的标准来衡量对光线的敏感程度，而且同胶片感光一样，ISO 数值越大，最后成像中的颗粒状就越明显。

单反数码照相机中的图像传感器和传统胶片最大的区别在于：传感器的 ISO 感应数值是可以随时变化的，单反数码照相机允许用户调整 ISO 数值设定，对于胶片来说，要获得不同的 ISO 数值就必须使用不同 ISO 标准的胶片。由于单反数码照相机拍摄出来的照片中产生的颗粒感更表面化，容易导致所谓的高 ISO 数码噪点。因此生活中应尽量选择较低的 ISO 值。

▲ 图中箭头所指的就是数码照相机调节 ISO 的按钮

合理运用高 ISO 拍摄

单反数码照相机中增大了 CCD 的 ISO 设定后，尽管噪点会增加，但在拍摄的时候能通过增加快门和降低光圈来获得更灵活的拍摄效果，比如在光线较暗的情况下，提高 ISO 设定可以获得足够高的快门速度来保持画面清晰。

在实际拍摄过程中，经常会遇到这

15 露珠效果

制作时间：15 分钟

难 易 度：＊＊＊＊＊

原图片

┅┅➡
修改后的效果

这一实例是为普通的树叶添加露珠效果，通过对本例的学习读者可以制作出露珠的效果，其中运用了 Photoshop 的"图层样式"、"图层蒙版"等技术。

样的情况，例如在展览馆等禁用闪光灯的场所拍摄，不得不禁用闪光，结果得到的是模糊的照片，同样的情况也会出现在室内或者环境比较昏暗的拍摄环境中。

在不使用闪光灯的情况下要拍摄出效果好的照片可以通过 ISO 的调节来实现，例如在相同的环境下拍摄两张照片，分别采用 ISO 400 设置和 ISO 1600 的设置，两者总体的曝光量最后相差无几，但是如果查看图像属性，会发现设为 ISO 1600 的时候快门速度要大大高于 ISO 400，如果不采用三角架，那么采用 ISO 400 时将会出现严重的抖动，这将使得照片最后的效果完全不具备观赏性。当然，如果提高 ISO 设置，会使得照片的颗粒变得比较严重，这就要求使用者根据当时的情况灵活掌握了。

⚠ 室内昏暗的拍摄环境可以通过 ISO 的调节来实现完美拍摄

① 打开文件。执行"文件"/"打开"命令，在弹出的对话框中选择随书光盘中的"01 章 /15 露珠效果 / 素材 1"文件，如图 15-1 所示。选择"套索工具"，设置工具选项栏后，在树叶上绘制选区，如图 15-2 所示。

图 15-1

图 15-2

② 新建图层。新建一个图层，得到"图层 1"，设置前景色为白色，按快捷键【Alt+Delete】用前景色填充选区，按快捷键【Ctrl+D】取消选区，得到图 15-3 所示的效果，此时的"图层"面板如图 15-4 所示。

图 15-3

图 15-4

42

③ 制作叶面上的露珠。设置"图层 1"的填充值为"0%"，选择"图层 1"，单击"添加图层样式"按钮，在弹出的菜单中执行"投影"命令，设置弹出的"投影"命令对话框，如图 15-5 所示。继续在"图层样式"对话框中设置"内阴影"、"斜面与浮雕"选项，如图 15-6、图 15-7 所示。单击"确定"按钮得到图 15-8 所示的效果，此时的"图层"面板如图 15-9 所示。设置"内阴影"的颜色值为"2d6118"，设置"斜面与浮雕"选项中的高光模式颜色值为"d8ee2d"，阴影模式的颜色值为"0f4a05"。

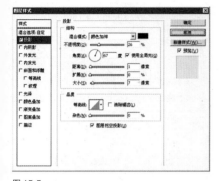

图 15-5

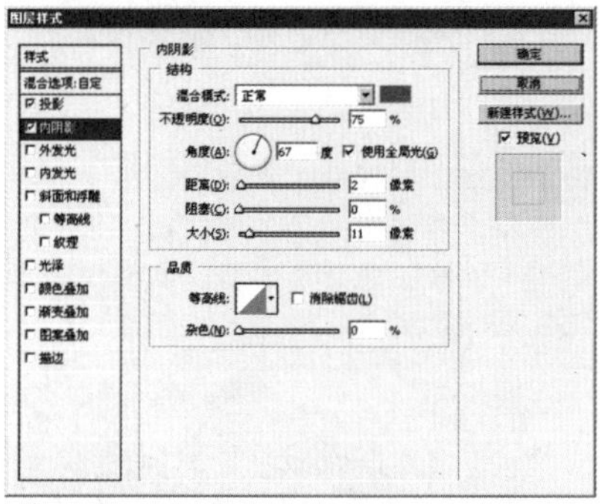

图 15-6

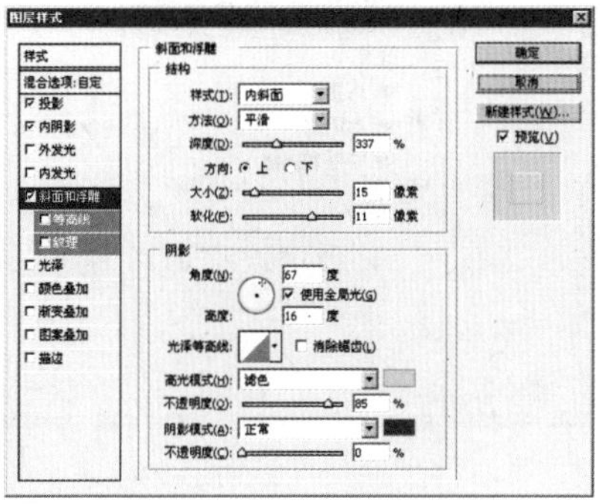

图 15-7

图 15-8

④ 继续制作第二个叶面上的露珠。选择"套索工具"，设置工具选项栏后，在树叶上绘制选区，如图 15-10 所示。新建一个图层，得到"图层 2"，设置前景色为白色，按快捷键【Alt+Delete】用前景色填充选区，按快捷键【Ctrl+D】取消选区，得到图 15-11 所示的效果，此时的"图层"面板如图 15-12 所示。

图 15-9

图 15-10

什么是噪点

数码照相机的噪点（Noise）也称为噪声，主要是指 CCD（CMOS）将光线作为接受信号接受并输出的过程中所产生的图像中的粗糙部分，也指图像中不该出现的外来像素，通常由电子干扰产生。看起来就像图像被弄脏了，布满一些细小的糙点。

这是因为 CCD 和 CMOS 都是电子元件，在没有光线的情况下，仍然会有电流的产生，也因为在快门较长的时候，CCD 和 CMOS 本身的噪点也会使图像的品质下降。

还好这不是不能解决的，因为这个噪点的特性跟感光元件以及曝光的时间有关，许多厂商已经开发出噪点抑制功能（Noise Reduction），可以让图像品质与使用快门时一样的清晰。

▲ 现在的数码照相机已经可以解决噪点的问题了

如何降低图像噪点

单反数码照相机在拍摄夜景的时候，会有噪点的问题，造成夜景噪点的原因是 CCD 每个感光元件之间的性能有所差异，在长时间曝光的时候，这种差异就会明显地体现出来。主要现象是在暗部出现固定位置的明显杂点。由于 CCD 感光元件的缺陷一旦生产完成之后就固定了，所以夜景拍摄时噪

43

点总是出现在相同的位置，只不过曝光时间不同，强度也会有所区别。尽管数码照片噪点的完全避免和去除是不可能的，但可以通过合理的使用来减轻数码照片噪点出现的程度，以及利用一定的软件来减少已经出现的噪点，从而尽量提高数码照片的质量。

首先，应充分使用单反数码照相机自带的"降噪"功能，现在许多较新的照相机都会具有去除夜景噪点的功能，具体有采用总动方式的，在快门时间大于某个数值时（一般为1/4s），就自动开启降噪功能。由于开启降噪功能后，照相机的连拍能力就会降低，因此也可以通过手动控制，用户可以自己决定降噪功能是否开启。如果机器带有自动降噪的功能，在快门速度较低的时候，建议大家一定要打开机器本身的硬件降噪功能，可以获得很好的效果。

▲ 未开启降噪功能时的拍摄效果

其次，要掌握单反数码照相机合理的使用方法，比如降低CCD的工作温度。在使用过程中，最好尽量将LCD关闭，也不要连续大量拍摄，以免机器温度急剧升高，带来更多的噪点。对于重要照片最好在开机后CCD温度较低的时候立即拍摄。拍摄时尽量选择较低的ISO参数。此外建议在拍摄时尽可能选择足够高的JPEG压缩质量，最好选择无失真的RAW格式。

最后还应注意，用单反数码照相机拍摄的时候，应远离手机等电磁干扰源。过量无线电磁波会干扰电子零件，当然单反数码照相机也就不例外了，如果用变压器来作为供电设备的话，

图 15-11

图 15-12

⑤ 复制图层样式。设置"图层2"的填充值为"0%"，在"图层1"的图层名称上右击，在弹出的菜单中执行"复制图层样式"命令，在"图层2"的图层名称上右击，在弹出的菜单中"粘贴图层样式"命令，得到图15-13所示的效果，此时的"图层"面板如图15-14所示。

图 15-13

图 15-14

⑥ 使用前面介绍的方法继续制作露珠。打开随书光盘中的"01章/15露珠效果/素材1"文件。如图15-15所示。执行"文件"/"打开"命令，打开随书光盘中的"01章/15露珠效果/素材2"文件。如图15-16所示。选择"套索工具"，设置工具选项栏后，在图像上绘制选区，如图15-17所示。

⑦ 调整图像大小。使用"移动工具"将选区中的露珠拖动到第1步打开的文件中得到"图层7"，按快捷键【Ctrl+T】，调出自由变换控制框，将图像缩小移动到图15-18所示的状态，按【Enter】键确认操作，此时的"图层"面板如图15-19所示。

图 15-15

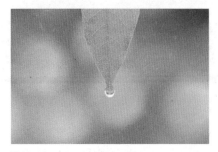

图 15-16

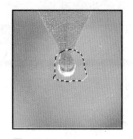

图 15-17

图 15-18

图 15-19

⑧ 添加图层蒙版。单击"添加图层蒙版"按钮，为"图层 7"添加图层蒙版，设置前景色为黑色，选择"画笔工具"，设置适当的画笔大小和透明度后，在图层蒙版中涂抹，得到图 15-20 所示的效果，其涂抹状态和"图层"面板如图 15-21 所示。

图 15-20

图 15-21

⑨ 继续添加露珠效果，得到图 15-22 所示的最终效果。此时的"图层"面板如图 15-23 所示。

图 15-22

图 15-23

一定要注意电源的质量。另外一个容易导致噪点的原因就是电池供应电力不足（特别是电流值不够），因此，不要在电池完全无电时才更换电池。

▲ 开启降噪功能后的拍摄效果

📷 认识 EV 值

　　EV（exposure value）是光线强度的单位，当用户使用ISO100的胶片，用光圈F/1、快门1s来曝光，恰好落在底片的中灰度时，定义为EV 0。光线强度每次加倍，EV值就加1，也就是说速度加倍或光圈缩小一格，就是多一个EV，EV越大，光线越强。底下是光圈快门组合的EV表。也就是说EV值是指我们要摄影画面的亮度。依照此亮度，照相机应该用相对的光圈快门组合来达到正确的曝光。

▲ 恰当的 EV 曝光指数取得的效果

▲ 适当增加 EV 值取得的效果

16 制作日出效果

制作时间：10 分钟

难易度：＊＊＊＊＊

原图片

┉┅➤
修改后的效果

这是一张黄昏时拍摄的落日照片，图像中山下背光的地方太暗了，显得黑乎乎的一片，本例将使用 Photoshop 中的"阴影/高光"、"图层混合模式"、"图层蒙版"等技术将暗部的细节显现出来。

曝光补偿（EV）的作用

在各种不同场景模式下拍出来的照片都有不尽人意的地方。这就要求拍摄者手动对曝光参数进行调整，这就是曝光补偿 EV。

对拍摄的主体半按快门，进行预先对焦，然后放开快门。这个时候就能看见照相机对画面的曝光是否足够。如果过暗，要增加 EV 值，如果过高，则要减少 EV 值。不同照相机的补偿间隔是不同的，有的是 0.5 有的是 0.3。

EV 值每增加或减少 0.1，相当于摄入的光线量增加或减少一倍。所以轻易不要用 1 倍以上的曝光补偿，除非要创作某种特殊效果。

在典型"欠曝"场景（逆光、强光下的水面、雪景、日出日落等）使用 EV＋；在典型"过曝"场景（物体暗部区域较多，如密林等）使用 EV －。

曝光补偿无论如何都是微小的调整。要求摄影者有相当丰富的经验和对色彩的敏锐度才能做好。摄影者平

① 打开文件。执行"文件"/"打开"命令，在弹出的对话框中选择随书光盘中的"01 章 /16 制作日出效果 / 素材"文件，如图 16-1 所示。此时的"图层"面板如图 16-2 所示。

图 16-1

图 16-2

② 显现暗部细节。执行"图像"/"调整"/"阴影/高光"命令，设置弹出的对话框，如图 16-3 所示。得到图 16-4 所示的效果。

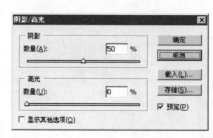

图 16-3

图 16-4

46

③ 增强图像颜色饱和度。在"图层"面板中拖动"背景"到"创建新图层"按钮上，释放鼠标得到"背景 副本"，将"背景 副本"的图层混合模式改为"柔光"，得到图 16-5 所示的效果，此时的"图层"面板如图 16-6 所示。

图 16-5

图 16-6

④ 提高图像亮度。在"图层"面板中拖动"背景 副本"到"创建新图层"按钮上，释放鼠标得到"背景 副本 2"，将"背景 副本 2"的图层混合模式改为"滤色"，设置其图层不透明度为"25%"，得到图 16-7 所示的效果，此时的"图层"面板如图 16-8 所示。

图 16-7

图 16-8

⑤ 添加图层蒙版。单击"添加图层蒙版"按钮，为"背景 副本 2"添加图层蒙版，设置前景色为黑色，选择"画笔工具"，设置适当的画笔大小和透明度后，在图层蒙版中涂抹，得到图 16-9 所示的效果，此时的涂抹状态和"图层"面板如图 16-10 所示。

图 16-9

图 16-10

⑥ 建立颜色调整图层。单击"创建新的填充或调整图层"按钮，在弹出的菜单中执行"曲线"命令，设置弹出的对话框，如图 16-11 所示。

常要多比较不同曝光补偿下的图片质量，包括清晰度、还原点和噪点的大小等，才能进行准确的曝光补偿。

▲ 恰当的曝光使得静物更美

📷 **曝光补偿的方法**

一般情况下，如果照相机测光准确，那拍出来的结果就是 18% 反射率的中灰色调。但是或许读者希望拍出来的比 18% 反射率的中灰色调更亮，或者是摄影的画面本身就比中灰色调来得更亮，例如白色衣物、雪景等场景，此时就需要正的曝光补偿，让摄影结果更亮。

▲ 雪景需要正的曝光补偿来表现白雪

反之若是希望拍出来的比 18% 反射率中的中灰色调更暗，或者是摄影画面本身就比中灰色调来得更暗，例如黑色衣物、隧道等场景，此时就需要负的曝光补偿，让摄影结果更暗。

▲ 需要负的曝光补偿来拍摄的景物

曝光补偿主要分自动曝光补偿和手动曝光补偿。

1. 自动曝光补偿

自动曝光补偿主要有以下三种方法。

（1）使用自动曝光补偿模式。

一些照相机上有专门的自动曝光补偿盘，刻有"＋1、＋2、0、－1、－2"标识，有的还可做"1/2"或"1/3"的调节。调至"＋1"就意味着按照测光读数增加一挡曝光；调到"－1"就意味着按照测光读数减少一挡曝光，依此类推。

▲ 照相机上的曝光补偿装置

在较先进的照相机上，这种自动曝光补偿装置是采用按钮式调节，显示在照相机的液晶显示屏上。要注意的是，增减曝光量的多少很大程度上要靠经验，因而要有意识地进行总结、检查。当使用自动曝光补偿装置后，切勿忘了把调节装置"复原"；否则就会影响其他不用进行补偿的拍摄。在实践中对此特别容易忽略，应特别注意。这

⑦ 确认颜色调整。设置完"曲线"对话框中的参数后，单击"确定"按钮，得到图层"曲线 1"，图像效果如图 16-12 所示，此时的"图层"面板如图 16-13 所示。

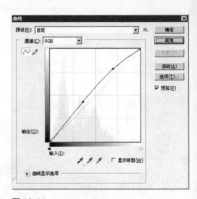

图 16-11

图 16-12

图 16-13

⑧ 修改图层蒙版。单击"曲线 1"图层蒙版缩览图，使其处于可编辑状态，设置前景色为黑色，选择"画笔工具"，设置适当的画笔大小和透明度后，在图层蒙版中涂抹，得到图 16-14 所示的效果，此时的涂抹状态和"图层"面板如图 16-15 所示。

图 16-14

图 16-15

Photoshop CS3 数码照片修饰与拍摄技巧

17 制作彩虹效果

制作时间：8 分钟
难 易 度：★★★★★

原图片

修改后的效果

彩虹是由紫外线与透明物的反光交汇而成的自然现象，在本实例中我们将利用 Photoshop 工具箱中的渐变工具来制作一道彩虹。

① 打开文件。执行"文件"/"打开"命令，在弹出的对话框中选择随书光盘中的"01 章 /17 制作彩虹效果 / 素材"文件，如图 17-1 所示，"图层"面板如图 17-2 所示。

图 17-1

图 17-2

② 调整渐变工具设置。选择工具箱中的"渐变工具"，如图 17-3 所示。对工具选项栏中的各参数进行设置。

图 17-3

③ 设置彩虹渐变色。单击渐变条，弹出"渐变编辑器"对话框，在"预设"选项区下设置"名称"为"透明彩虹"，如图 17-4 所示。

④ 调整彩虹渐变色位置及参数。编辑"透明彩虹"渐变条，在渐变条的两端添加色标，将其不透明度设置为"100%"，如图 17-5 所示。

种"复原"在"使用片速调节装置"进行自动曝光补偿时，也同样存在。

（2）使用片速调节装置。

如果用户的照相机上没有专门的"曝光补偿装置"，那也不要紧，可以改变片速的调节进行自动曝光补偿。自动曝光照相机上，几乎都有片速调节装置。把所用胶卷的 ISO 片速乘上 0.5，如 ISO100 的胶卷调节在 ISO50 上，就意味着使胶片增加了一挡曝光量；把 ISO 片速乘上 2，如把 ISO100 胶卷调在 ISO200 上，就意味着减少一挡曝光量。针对数码照相机，也是一样的道理。

▲ 通过调节 ISO 值来调节曝光补偿

Photoshop CS3 数码照片修饰与拍摄技巧

（3）使用测光锁定装置。

有些照相机采用测光锁定的设计来解决自动曝光补偿的问题，简称"AEL"。它的操作方法使当按下快门钮一半时，能将测光值锁定。这就可以先向合适的景物部位测光（如人物脸部、18%中灰色调物体等）或走近景物测局部，或代测其他物体，然后保持快门按钮在一半状态再重新取景拍摄。这样，即使在会使测光系统失效的光线条件下，也能获得准确的自动曝光效果。

2. 手动曝光补偿

对于特别亮或特别暗的物体，当用测光表或照相机的测光系统测出数据或估计曝光后，如果按照这个数据曝光，由于被摄物体的特点，将会曝光不足或过度，不能表现被摄物体的本来面目。这时，不能按照测光的读数或估计的数据曝光，而是将曝光量再增加或减少若干挡。

手动曝光补偿主要发生在以下三种情况：一是逆光拍摄；二是有大面积明亮背景的拍摄；三是有大面积暗深背景的拍摄。

（1）逆光拍摄的补偿。

在逆光下拍摄，为表现逆光下阴影部位的层次，一般要估计测光的数据，增加1～2挡曝光量。

▲ 表现逆光下景物的层次要增加1～2挡曝光量

（2）明亮物体的补偿。

当测光对象是亮色调的时候，按测光读数的曝光，会导致曝光不足。因为测光系统把测光对象再现为18%的中灰色调，该景物应该再现为亮色调，而

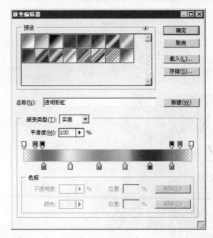

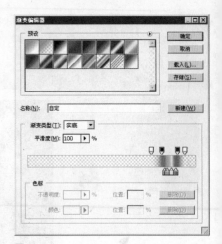

图 17-4　　　　　　　　　　　图 17-5

⑤ 利用"渐变工具"绘制彩虹效果。新建"图层1"，选择工具箱中的"渐变工具"，选择径向渐变，在"图层1"中由下向上拖动出彩虹的渐变色，如有需要，可多拖动几次，直到绘制出最佳效果，如图17-6所示。

⑥ 在"图层"面板中新建"图层1"。单击"图层"面板中的"创建新图层"按钮，设置"图层1"的混合模式为"变亮"，如图17-7所示。

图 17-6　　　　　　　　　　　图 17-7

⑦ 调整"图层1"的不透明度。降低"图层1"的"不透明度"，得到的效果如图17-8所示，"图层"面板如图17-9所示。若想要彩虹效果显得更自然，可执行"滤镜"/"模糊"/"高斯模糊"命令，在弹出的"高斯模糊"对话框中适当调整"半径"参数，直到得到满意的效果为止。

图 17-8　　　　　　　　　　　图 17-9

18 制作梦幻艺术风景效果

制作时间：10分钟
难易度：＊＊＊＊＊

原图片

修改后的效果

一幅拍摄好的照片在经过 Photoshop 的处理后，会变的色彩丰富，有浓厚的艺术感。本例运用了 Photoshop 中的"图层混合模式"、调色命令等技术。

① 打开文件。执行"文件"/"打开"命令，在弹出的对话框中选择随书光盘中的"01章/18制作梦幻艺术风景效果/素材"文件，如图18-1所示。"图层"面板如图18-2所示。

图 18-1

图 18-2

② 复制背景图层。将"背景"图层拖动到"图层"面板下端的"创建新图层"按钮上，自动生成"背景副本"图层，"图层"面板如图18-3所示。

③ 调整图像色调。选择"背景 副本"图层为当前图层，执行"图像"/"调整"/"反相"命令，或按【Ctrl+I】快捷键，执行后自动生成的图像效果如图18-4所示，使图像产生负片效果。

图 18-3

图 18-4

不应该使其亮度降低为中灰色调。例如拍摄雪景，如果按测光或估计曝光，曝光不足，白雪将变成灰雪。为了表现雪的洁白特征，应将曝光量增加1～2挡。对其他明亮物体均如此操作。

▲ 表现明亮物体应将曝光量增加1～2挡

（3）暗物体的补偿。

当测光对象是深暗色调时，按测光读数曝光，就会曝光过度。因为测光系统把测光对象再现为18%的中灰色调，而该景物应该再现为暗色调，而不应该使其亮度提高为中灰色调。例如拍摄煤，如果按测光或估计曝光，就会曝光过度，为了表现煤的黑度，应将曝光量减少1～2挡。

▲ 表现深色景物应减少曝光量

📷 液晶显示屏与电子取景器

虽然数码照相机上的液晶显示屏（LCD）很方便，但由于其制造工艺和液晶显示屏（LCD）本身的性能所限，在强光下不容易看清楚屏幕上的图像，再加上耗电量比较大，无疑给本来就不足的电池又带来了沉重的负担。在这种情况下，电子取景器（EVF）就诞生了。

电子取景器（EVF）是一块高分辨率、高像素的小液晶显示屏（LCD），大小一般在0.5in左右，安装在照相机的内部，外面由取景窗覆盖，避免强光的干扰，小屏幕的省电效果也是非常明显的。加上屈光度调节功能以后，即使眼睛近视也能方便地使用EVF电子取景器。更重要的是这类似于传统照相机的取景方式，使一些习惯了传统照相机的人能更快地学会使用数码照相机。

电子取景器观察的画面和实际拍摄到的画面多少有些误差，有些数码照

电子取景器　　液晶显示屏

▲ 照相机上的液晶显示屏和电子取景器

④ 改变图层模式。在"图层"面板中将"背景 副本"图层的混合模式设置为"差值"，如图 18-5 所示。改变模式后得到的图像效果如图 18-6 所示。

图 18-5　　　　　　　　　　　　　　　图 18-6

⑤ 复制图层。将"背景"图层拖动到"图层"面板下端的"创建新图层"按钮上，生成"背景 副本 2"图层，将其放置于所有图层的最上端，此时的"图层"面板如图 18-7 所示。这时，可以看到照片在经过负负正的处理后，又恢复了正相，生成特殊的艺术效果如图 18-8 所示。

图 18-7　　　　　　　　　　　　　　　图 18-8

⑥ 调整图像的亮度。选择"背景"图层为当前图层，执行"图像"/"调整"/"曲线"命令，在弹出的"曲线"对话框中将曲线向下调暗，如图 18-9 所示。执行后的效果如图 18-10 所示。"图层"面板如图 18-11 所示。

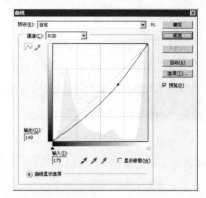

图 18-9

图 18-10　　　　　　　　　　　　　　　图 18-11

⑦ 改变图层模式。选择"背景副本 2"图层为当前图层，改变图层的混合模式为"色相"，并把"背景 副本"图层前的"指示图层可初见性"图标隐藏，此时的"图层"面板如图 18-12 所示，得到的图像效果如图 18-13 所示。

图 18-12

图 18-13

⑧ 强调天空效果。为了使天空与整体画面自然地融合在一起、色调统一，应对天空进行进一步的处理。选择工具箱中的"磁性套索工具"，将天空部分进行套索操作后载入选区，如图 18-14 所示。

⑨ 复制图层。执行"图层"/"新建"/"通过拷贝的图层"命令，或按【Ctrl+J】快捷键。自动将选区复制到新的"图层 1"中，"图层"面板如图 18-15 所示。

图 18-14

图 18-15

⑩ 调整色调、改变图层的混合模式。选择"图层 1"为当前图层，在"图层"面板中将图层的混合模式设置为"叠加"，如图 18-16 所示。然后调整图像的色调，使它与整体色调统一。按【Ctrl+U】快捷键，在弹出的"色相/饱和度"对话框中，移动滑块降低饱和度，改变色相，如图 18-17 所示。执行后得到最终的图像如图 18-18 所示。

图 18-16

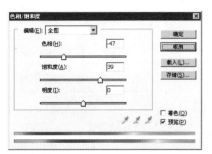

图 18-17

图 18-18

相机的误差率达到 5%，有的甚至达到 15%。在近距离拍摄时，误差会更大。因此在微距拍摄的时候，只能用液晶显示屏了。

◉ LCD 液晶显示屏的保养

单反数码照相机一般有一到两个 LCD 显示屏，较大的一个为彩色，较小的一个为单色。LCD 显示屏属于易损部件，使用中应注意避免磨损和日光直射。

▲ 机背上的 LCD 显示屏

机身背面的 LCD 显示屏容易受到磨损，其表面结构多为玻璃或硬塑料，磨损以后不仅影响美观而且影响显示效果。因此建议大家尽量选购大生产厂家的产品，其质量有保证。

▲ 机顶上的 LCD 显示屏

LCD 显示屏还应该避免阳光的直射，强光照射会使其老化，出现对比度下降、色彩丢失等问题。由于 LCD 显示屏是用电大户，长时间使用不仅降低寿命，还会消耗更多的电量，因此事先应了解机身的省电设置，确保空闲时 LCD 显示屏及时关闭。

第2章

数码人像照片修饰

在拍摄过程中，无论是使用胶片照相机还是数码照相机，都难以避免残照的产生，而因为一点点小的瑕疵，不得不放弃一些珍贵的瞬间，想来令人遗憾。使用 Photoshop 就可以根据自身的需要轻松而快捷地对照片进行修整与润色，取得期望中的效果。

改变眼睛颜色

制作时间：3 分钟
难 易 度：＊＊＊＊＊

原图片

修改后的效果

眼睛的颜色是天生的，但是在 Photoshop 中可以轻松地改变照片中眼睛的颜色。通过对本例的学习，读者可以掌握"图层混合模式"、"色相/饱和度"等技巧。

Photoshop CS3 数码照片修饰与拍摄技巧

◉ 点测光

测光点是指摄影者必须自己选取照片中某一个东西作为点测光的标准。可以是一点也可以是多点分区。占画面10%左右称为"部分测光"，占画面3%左右的称为"点测光"。

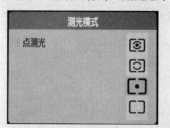

▲ （多）点测光示意图

"多点测光"也被称为"智能化的测光系统"和"会思考的测光系统"。它的主要优点是对各种光线条件下的自动曝光效果较好。不同的多点测光照相机采取的测光点的布局是不同的，如有6区域、8区域、14区域测光等模式。但是，它们的功能大同小异。

▲ 将测光点对着人物的脸来做测光

① 打开文件。执行"文件"/"打开"命令，在弹出的对话框中选择随书光盘中的"02章/01改变眼睛颜色/素材"文件，如图1-1所示。下面将要改变此照片中的人物眼睛颜色。此时的"图层"面板如图1-2所示。

图 1-1

图 1-2

② 涂抹人物眼睛。单击"图层"面板底部的"创建新图层"按钮，新建"图层1"，单击工具栏中前景色块，在弹出的对话框中进行前景色的设置，如图1-3所示。选择"画笔工具"，设置适当的画笔大小和透明度后，在眼睛上进行涂抹，得到图1-4所示的效果。

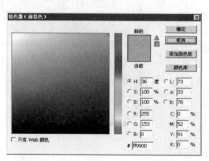

图 1-3

图 1-4

③ 设置图层混合模式。设置"图层1"图层混合模式为"叠加"，使涂抹的颜色和下方的眼睛图像融合在一起，得到图 1-5 所示的效果，此时的"图层"面板如图 1-6 所示。

图 1-5

图 1-6

④ 降低人物眼睛颜色的饱和度。单击"创建新的填充或调整图层"按钮，在弹出的菜单中执行"色相/饱和度"命令，设置弹出的对话框，如图 1-7 所示。设置完"色相/饱和度"对话框中的参数后，单击"确定"按钮，得到图层"色相/饱和度 1"，按快捷键【Ctrl+Shift+G】，执行"创建剪贴蒙版"操作，得到图 1-8 所示的效果，此时的"图层"面板如图 1-9 所示。

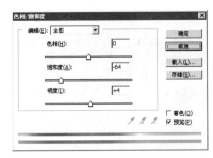

图 1-7

图 1-8

图 1-9

中央重点测光

中央重点测光又称"偏重中央测光"。它的测光读数是以取景画面"一定面积"的被摄体亮度为主，其余部分景物的亮度为辅。这种"一定面积"多数位于画面中央，也有的位于画面中央偏下。了解偏重中央测光是偏重中央还是中央偏下十分重要，以便在测光时有意识地使偏重区域对准中灰色调景物。单镜头反光照相机的测光系统多数属于偏重中央测光，它受过亮或过暗背景的影响要小于"平均测光"，因而偏重中央测光的准确性通常要大于平均测光。

中央重点测光的好处是除了可以使中央区域的部分准确外，对其他区域的细节也不会像点测光那样完全没有兼顾到。

▲ 中央重点测光的好处是除了可以使中央区域的部分准确外，对其他区域的细节也会兼顾到

矩阵测光

此种测光模式或是 3D 矩阵测光模式都是照相机厂商为了方便用户不用去管目前摄影的画面或是摄影的光线情形，只要放心地对焦按快门就可以了。此种测光方式将画面分成许多区域，甚至连对焦点的距离都加以考虑，让摄影成为轻松的事情。

原图片

修改后的效果

普通的彩色照片是全彩的。而普通的黑白照片上只有黑白灰，经过 Photoshop 的简单处理使彩色照片中只保留一种色彩，这样照片不但可以增加层次感而且还可以突出主体，本例运用了 Photoshop 中的"图层蒙版"、调色命令等技术。

▲ 以蜂窝状设计的矩阵测光，可以让用户轻松摄影

① 打开文件。执行"文件"/"打开"命令，在弹出的对话框中选择随书光盘中的"02 章 /02 突出照片中的一种颜色 / 素材"文件，如图 2-1 所示，"图层"面板如图 2-2 所示。

图 2-1

图 2-2

② 制作黑白图像。单击"创建新的填充或调整图层"按钮，在弹出的菜单中执行"通道混合器"命令，设置弹出的"通道混合器"对话框，如图 2-3 所示。设置完对话框后，单击"确定"按钮，得到图层"通道混合器 1"，此时的效果如图 2-4 所示，"图层"面板如图 2-5 所示。

图 2-3

图 2-4

③ 添加图层蒙版。单击"通道混合器1"图层蒙版缩略图，设置前景色为黑色，选择"画笔工具"，设置适当的画笔大小和透明度后，在图层蒙版中人物的衣服上涂抹，得到图 2-6 所示的效果，此时人物衣服的原有颜色就显现出来了，其涂抹状态和"图层"面板如图 2-7 所示。

图 2-5

图 2-6

图 2-7

④ 复制图层。选择"背景"为当前操作图层，按快捷键【Ctrl+J】，复制"背景"得到"背景 副本"，按快捷键【Shift+Ctrl+]】将其置于图层的最上方，此时的图像效果如图 2-8 所示，"图层"面板如图 2-9 所示。

图 2-8

图 2-9

平均测光

平均测光是测定被摄体的综合亮度，把较大测光范围内的各种景物亮度综合，取其平均亮度值，以此作为推荐曝光量或进行自动曝光的依据。在单镜头反光照相机上，平均测光就是测量取景画面全部景物的平均亮度。因此，当这种平均亮度等于 18% 中灰色时，平均测光就会导致明显的甚至于严重的曝光不足或过度。

此种测光的优点是可以照顾到画面上所有的部位，但缺点是一般拍摄都会有主角，所以在这种情况下，平均测光方式往往不如中央或点测光准确。

▲ 平均测光的优点是照顾到画面上所有的部位

▲ 但平均测光方式往往不如中央或点测光准确

数码照相机对曝光的要求

传统胶片照相机的曝光宽容度较大，所以传统摄影中，在一定的曝光改变范围之内（约 –1 挡至 +2 挡）都是可以承受的。例如，在传统商业摄影的拍摄过程中，摄影师有时候会让曝光过度一两挡，高光部位得到体现，低光细节消失，色彩反差得到了加大，通过后期的加柔，照片看上去柔和白净、色彩艳丽，比较悦目。

在数码摄影中，由于电荷耦合器件CCD或CMOS的曝光宽容度小，曝光值哪怕是改变一点点都会影响到影像的品质。

另外，数码照相机对于表达暗部细节层次没有传统照相机有优势。在实际拍摄中我们应强调曝光的精确性。

⚠ 曝光过度一两挡，色彩反差得到了加大，看上去照片柔和白净、色彩艳丽，比较悦目

📷 如何评判曝光是否准确

我们用数码照相机拍摄完以后，可以马上通过回放查看自己拍摄的效果。主要就是看曝光是否准确。看想表达的主角色彩明亮度是否正好。

⚠ 只要主体曝光准确，就算是照片曝光准确

⑤ 修改"红"通道。在"通道"面板中单击"红"通道，如图2-10所示。执行"图像"/"应用图像"命令，设置弹出的对话框，如图2-11所示。单击"确定"按钮，得到图2-12所示的效果。

图2-10

图2-11

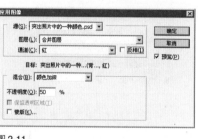

图2-12

⑥ 修改"绿"通道。在"通道"面板中单击"绿"通道，如图2-13所示。执行"图像"/"应用图像"命令，设置弹出的对话框，如图2-14所示。单击"确定"按钮，得到图2-15所示的效果。

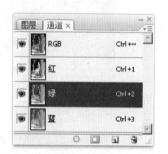

图2-13

图2-14

图2-15

⑦ 修改"蓝"通道。在"通道"面板中单击"蓝"通道，如图2-16所示。执行"图像"/"应用图像"命令，设置弹出的对话框，如图2-17所示。单击"确定"按钮，得到图2-18所示的效果。

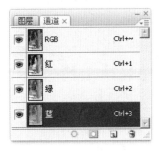

图 2-16

图 2-17

⑧ 复制图层蒙版。按住【Alt】键将"通道混合器 1"的图层蒙版拖到"背景 副本"的图层缩略图上,复制图层蒙版,得到图 2-19 所示的效果,此时的"图层"面板如图 2-20 所示。

图 2-18

图 2-19

⑨ 设置图层属性。将"背景 副本"的图层混合模式改为"正片叠底",图层不透明度为"25%",得到图 2-21 所示的最终图像效果,此时的"图层"面板如图 2-22 所示。

图 2-20

图 2-21

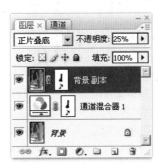

图 2-22

因为画面元素可能比较多,它们的亮度也不尽相同,在同样的曝光条件下,画面不同部分的亮度也不尽相同。要让画面中所有物体都曝光准确是不可能的,所以只能重点照顾主体部分,然后兼顾其他部分。

当然对于曝光准确的把握是要有经验做基础的,在没有把握的情况下,建议初学者宁可"欠曝"而不要"过曝"。因为"过曝"会使图像的细节丢失,任何软件也无法修复。而如果"欠曝"的话,通过软件的处理可以得到一定的改善。

现在的数码照相机一般是 600 万以上像素,而这些照相机所配置的液晶显示屏(LCD)却往往只有十几万像素,因此通过照片回放的方式不能完全看出所拍照片的细节效果。在这种情况下,就要借助数码照相机内置的"直方图显示"功能来判断拍摄的照片曝光是否均匀。

▲ 曝光不足直方图峰值都在左侧,右侧大片空白说明画面偏暗

使照片清晰化

制作时间：15分钟
难易度：**★★★★★**

原图片

修改后的效果

有时我们拍摄的照片会有些模糊，利用 Photoshop 可以使图片更清晰，色彩更丰富。本例中我们要学习 Photoshop 的各种滤镜图像的运用。

直方图是提示照片曝光精度的工具，图中有横轴和纵轴。横轴从左到右代表照片中从黑（暗部）到白（亮部）的像素数量，一幅比较好的图像应该明暗细节都有，在柱状图上就是从左到右都有分布，同时直方图的两侧不会有像素溢出。纵轴表示相应部分所占画面的面积，峰值越高说明该明暗值的像素数量越多。

如果直方图左边部分很高，而右边很低，说明画面偏暗，这时应该增加曝光量，反之则应该减少曝光量。

当直方图中所有阴影部分都聚集在中间时，这张照片很可能会反差过低，细节难以识别。相反，如果整个照片反差过高，这将给画面明暗两极造成不可逆转的明暗细节损失。

当然在实际的运用中，不能片面依靠直方图，还必须结合被摄主体的实

① 打开文件。执行"文件"/"打开"命令，在弹出的对话框中选择随书光盘中的"02 章 /03 使照片清晰化 / 素材"文件，如图 3-1 所示。此时的"图层"面板如图 3-2 所示。

图 3-1

图 3-2

② 复制图层并设置图层混合模式。在"图层"面板中拖动"背景"到"创建新图层"按钮上，释放鼠标得到"背景 副本"，将"背景 副本"的图层混合模式改为"滤色"，提高图像亮度，得到图 3-3 所示的效果，此时的"图层"面板如图 3-4 所示。

③ 锐化图像。按快捷键【Ctrl+Shift+Alt+E】，执行"盖印"操作，得到"图层 1"，执行"滤镜"/"锐化"/"USM 锐化"命令，设置弹出的对话框，如图 3-5 所示。得到图 3-6 所示的效果，此时的"图层"面板如图 3-7 所示。

图 3-3

图 3-4

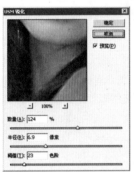

图 3-5

图 3-6

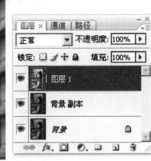

图 3-7

④ 添加图层蒙版。单击"添加图层蒙版"按钮，为"图层 1"添加图层蒙版，设置前景色为黑色，选择"画笔工具"，设置适当的画笔大小和透明度后，在图层蒙版中涂抹，隐藏不需要锐化的图像，得到图 3-8 所示的效果，此时的涂抹状态和"图层"面板如图 3-9 所示。

图 3-8

图 3-9

⑤ 建立调整图层。单击"创建新的填充或调整图层"按钮，在弹出的菜单中执行"亮度/对比度"命令，设置弹出的对话框如图 3-10 所示。

图 3-10

际情况加以分析，否则，等于纸上谈兵，难以获得理想的曝光。

▲　曝光过度直方图：直方图左侧很低，大片空白，峰值都在右侧，而且起伏不大，说明画面比较平，反差太小

认识景深

有时候拍摄的照片不仅是在对焦的那点清楚，在对焦的那点附近也很清楚。有时候照片的其他部分会显得很模糊，但有的时候整张照片看上去都很清楚，这是什么原因呢？这种情况下我们就有必要来了解一下景深。

在进行拍摄时，调节照相机镜头，使距离照相机一定范围的景物清晰成像的过程叫做对焦，拍摄景物所在的点被称为焦点。因为"清晰"并不是一种绝对的概念，所以，对焦前、后一定距离内的景物的成像都可以是清晰的，这个成像前后范围的总和就叫做景深，意思是只要在这个范围内的景物都能清楚地被拍摄到。

▲ 前景模糊，中后景逐渐变虚

一般有以下几项因素会影响景深：

（1）光圈大小：光圈越大，景深就越小。

（2）镜头焦距：镜头的焦距越长，景深就越小；焦距越短，景深就越深。也就是望远的镜头，景深较小，广角的镜头景深较大。

（3）摄影距离：也就是对焦点与镜头的距离。当对焦点离镜头较近的时候，景深范围就较小；反之，则景深范围较大。

▲ 前景清晰，中后景逐渐变虚

我们通常把景深范围较大的称为景深较大，反之则说景深较小。通常拍风景，如果希望全部都拍得清楚，就得想办法让景深变大。而拍摄沙龙人像，则希望突显主角，就要想办法将景深变小。

▲ 中景清晰，前后景虚化

⑥ 确认调整效果。设置完"亮度/对比度"对话框中的参数后，单击"确定"按钮，得到图层"亮度/对比度 1"，图像效果如图3-11所示。此时的图像亮度和对比度都提高了，"图层"面板如图3-12所示。

图 3-11

图 3-12

⑦ 编辑图层蒙版。单击"亮度/对比度 1"图层蒙版缩览图，使其处于可编辑状态，设置前景色为黑色，选择"画笔工具"，设置适当的画笔大小和透明度后，在图层蒙版中涂抹得到图3-13所示的效果，此时的涂抹状态和"图层"面板如图3-14所示。

图 3-13

图 3-14

⑧ 制作高反差保留效果。按快捷键【Ctrl+Shift+Alt+E】，执行"盖印"操作，得到"图层 2"，执行"滤镜"/"其他"/"高反差保留"命令，设置弹出的对话框，如图3-15所示。得到图3-16所示的效果，此时的"图层"面板如图3-17所示。

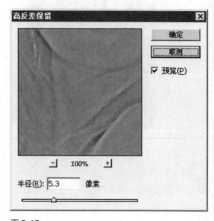

图 3-15

图 3-16

图 3-17

⑨ 设置图层混合模式。将"图层 2"的图层混合模式改为"叠加",使其与下方图像自动混合,达到清晰图像的效果,如图 3-18 所示。此时的"图层"面板如图 3-19 所示。

图 3-18

图 3-19

⑩ 添加图层蒙版。单击"添加图层蒙版"按钮,为"图层 2"添加图层蒙版,设置前景色为黑色,选择"画笔工具",设置适当的画笔大小和透明度后,在图层蒙版中涂抹,得到图 3-20 所示的最终效果,此时的涂抹状态和"图层"面板图 3-21 所示。

图 3-20

图 3-21

景深与光圈的关系

学习了什么是光圈之后,我们知道,浅景深可以模糊前景与背景,可以遮盖杂乱无章的环境,突显主题。前后景之间的距离越大,就越容易获得浅景深;而距离越小,则要求光圈越大才能获得明显的浅景深。所以,景深与光圈的关系就是,光圈越大,景深越浅。

在拍摄人像的时候会经常使用大光圈获得浅景深,以排除杂乱的背景,但要注意的是焦点必须准确地对在主体上,否则会影响画面效果。

▲ 用小光圈拍摄,保证前后景都清晰

▲ 远处树影的虚化使杯子更加晶莹剔透

使照片的颜色更鲜艳

制作时间：8 分钟
难易度：＊＊＊＊＊

原图片

修改后的效果

有许多照片拍摄后的色彩效果都没有当时那种艳丽、丰富的感觉，在 Photoshop 中对图像进行处理，可以使照片的颜色更鲜艳。利用 Photoshop 中的"色相 / 饱和度"这一强大功能，可以对一张色彩不够鲜艳的照片进行处理，使色彩更加艳丽。

Photoshop CS3 数码照片修饰与拍摄技巧

"前景清晰"与"后景清晰"

对焦也是处理环境与主体关系的一种艺术手法。想让什么成为背景，让什么成为主体，模糊背景还是模糊主体，模糊到什么程度，这些都是对焦时须要考虑的问题。

专业点地讲，就是到底采用前焦法还是后焦法的问题。

一般情况下，我们习惯将主体放在前面，加上背景。主体必须清晰，至于背景，则有时候用小光圈让它清晰，有时候用大光圈让它模糊虚化。

但有时我们也会在主体前面加上一点前景，一方面帮助构图，另一方面帮助表达主题。

1. 前焦法

焦点对在主体前面，使主体和前景都在景深以内，而背景却形成景深外的模糊现象。前焦法的对象、主体和前景不宜过远，主体和背景不宜过近，以便产生前景和主体清晰而背景模糊的效果。

① 打开文件。执行"文件"/"打开"命令，在弹出的对话框中选择随书光盘中的"02 章 /04 使照片的颜色更鲜艳 / 素材"文件，如图 4-1 所示。此时的"图层"面板如图 4-2 所示。

图 4-1

图 4-2

② 复制图层并设置图层混合模式。在"图层"面板中拖动"背景"到"创建新图层"按钮上，释放鼠标得到"背景 副本"，将"背景 副本"的图层混合模式改为"滤色"，设置其图层不透明度为"90%"，将图像调亮，得到图 4-3 所示的效果，此时的"图层"面板如图 4-4 所示。

图 4-3

图 4-4

③ 建立调整图层。单击"创建新的填充或调整图层"按钮，在弹出的菜单中执行"色阶"命令，在弹出的对话框中单击"自动"按钮，如图4-5所示。

图 4-5

▲ 在使用前焦法时，还应考虑光圈、摄距和镜头焦距对景深的影响

2. 后焦法

焦点在主体后面，使主体和远景清晰，而前景形成模糊效果。利用前景的模糊来强调主体及远景，使视觉更加集中。后焦法能推进画面的深度，增加透视的空间感。一般均用长焦距镜头拍摄。

④ 确认色阶调整。设置完"色阶"对话框中的参数后，单击"确定"按钮，得到图层"色阶 1"，图像效果如图4-6所示，此时的"图层"面板如图4-7所示。

图 4-6

图 4-7

⑤ 建立颜色调整图层。单击"创建新的填充或调整图层"按钮，在弹出的菜单中执行"色相/饱和度"命令，设置弹出的对话框，如图4-8所示。

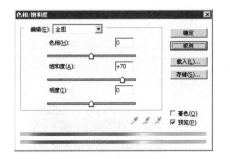

图 4-8

▲ 运用"后焦法"的效果

⑥ 确认颜色调整。设置完"色相/饱和度"对话框中的参数后，单击"确定"按钮，得到图层"色相/饱和度 1"，图像效果如图4-9所示，此时的照片颜色的饱和度有了明显的提高，"图层"面板如图4-10所示。

图 4-9

图 4-10

▲ 运用"后焦法"的效果

调整曝光不足的照片

原图片

修改后的效果

有时我们拍摄的照片会由于曝光不足使人物一片漆黑，看不出当时的表情，本例中我们要学习利用 Photoshop 的"色阶"、"亮度/对比度"命令对曝光不足的照片进行修复。

到底是前景还是后景清晰，其实是很主观的。是想让前景给后景营造气氛，还是模糊背景；是想让主体看起来非常清晰，还是创造朦胧的美感，这些问题都应该在拍摄的时候，先考虑清楚，然后进行对焦。

📷 新手摄影的窍门

1. 保持照相机的稳定

许多刚拿起照相机拍摄的人常会遇到拍摄出来的图像很模糊的问题，这是由于在拍摄时数码照相机晃动所引起的，所以在拍摄中要避免照相机的晃动。

在一般情况下，对于新手来说，当曝光速度低于 1/60s 时就有可能影响成像的清晰。对于老手，如果曝光时间长于 1/30s 而没有使用三角架时，也有可能出现这种问题。

① 打开文件。执行"文件"/"打开"命令，在弹出的对话框中选择随书光盘中的"02 章 /05 调整曝光不足的照片 / 素材"文件，如图 5-1 所示。此时的"图层"面板如图 5-2 所示。

图 5-1

图 5-2

② 复制图层并设置图层混合模式。在"图层"面板中拖动"背景"到"创建新图层"按钮上，释放鼠标得到"背景 副本"，将"背景 副本"的图层混合模式改为"滤色"，提高图像的亮度，得到图 5-3 所示的效果，此时的"图层"面板如图 5-4 所示。

③ 建立色阶调整图层。单击"创建新的填充或调整图层"按钮，在弹出的菜单中执行"色阶"命令，设置弹出的对话框，如图 5-5 所示。

图 5-3

图 5-4

④ 确认色阶调整。设置完"色阶"对话框中的参数后，单击"确定"按钮，得到图层"色阶1"，图像效果如图5-6所示，此时的"图层"面板如图5-7所示。

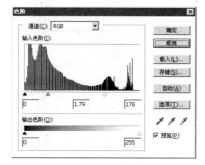

图 5-5

图 5-6

图 5-7

⑤ 编辑图层蒙版。单击"色阶1"图层蒙版缩览图，使其处于可编辑状态，设置前景色为黑色，选择"画笔工具"，设置适当的画笔大小和透明度后，在图层蒙版中涂抹，得到图5-8所示的效果，此时的涂抹状态和"图层"面板如图5-9所示。

图 5-8

图 5-9

想要保持照相机稳定，一定要确保持机姿势正确，可以双手握住照相机，将肘抵住胸膛，或者是靠着一个稳定的物体，整个人要放松。同时按快门键的力度要适当，注意不要用力过猛。

▲ 保持照相机稳定是拍摄出好照片的基本前提

2. 保持太阳在身后

摄影缺少了光线就无法进行，它是光与影的完美结合。所以，在拍摄时，必须有足够的光线照射到被摄主体上，最好的也是最简单的方法就是使太阳处于你的背后并有一定的偏移角度，光线可以照亮前面的被摄主体，适当的偏移角度则可以产生一些阴影来显示出物体的质感。

▲ 充分利用光线再现景物质感

3. 先背景，后主体，仔细构图

背景可以营造或破坏整个画面的气氛。在拍摄之前，一定要先观察一下背景。看看是否有一些东西会转移观看者的注意力，或者破坏整个画面的美感。例如，有没有一根树杈从要拍摄的人物的头后面伸出来，被摄者身后有没有一大群人等。另外，过分明亮鲜艳的背景也不利于突出主体，而会影响整个画面的视觉感受。

▲ 放大被摄物体的大小，以排除杂乱背景

选择背景可以从以下几个方面入手：

首先要靠近被摄物体。让被摄物体占满整个画面，或者将照相机切换到望远端，以放大取景器中被摄物体的大小，来排除杂乱的背景。

其次是改变角度。向左、右、上、下变换拍摄角度都可产生不同的背景。

▲ 后面的透明茶壶与背景恰当地融合起来，前面的水壶在背景的衬托下很好地表现了质感

对背景的简化实际就是构图的第一步。在此基础上，再选择构造能够让照片看起来更加稳定、更加漂亮的线和点，这就是构图。自己可以多尝试一些构图风格。

▲ 横构图可以强调被拍摄物体的宽度

⑥ 建立调整图层，调整图像亮度和对比度。单击"创建新的填充或调整图层"按钮，在弹出的菜单中执行"亮度/对比度"命令，设置弹出的对话框如图 5-10 所示。

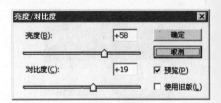

图 5-10

⑦ 确认亮度和对比度的调整。设置完"亮度/对比度"对话框中的参数后，单击"确定"按钮，得到图层"亮度/对比度 1"，图像效果如图 5-11 所示，此时的"图层"面板如图 5-12 所示。

图 5-11

图 5-12

⑧ 编辑图层蒙版。单击"亮度/对比度 1"图层蒙版缩览图，使其处于可编辑状态，设置前景色为黑色，选择"画笔工具"，设置适当的画笔大小和透明度后，在图层蒙版中涂抹，得到图 5-13 所示的效果，此时的涂抹状态和"图层"面板如图 5-14 所示。

图 5-13

图 5-14

清除照片中人物的红眼

制作时间：1 分钟

难 易 度：＊＊＊＊＊

原图片

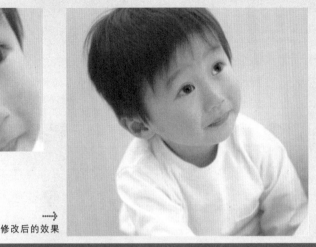

修改后的效果

利用闪光灯或某些特殊光源拍照时可能会产生红眼现象，本实例我们学习利用 Photoshop 中的红眼工具来消除红眼现象。

① 打开文件。执行"文件"/"打开"命令，在弹出的对话框中选择随书光盘中的"02 章 /06 清除照片中人物的红眼 / 素材"文件，如图 6-1 所示，使用放大镜放大人物的眼睛部分，如图 6-2 所示。发现人物眼睛有红眼现象。

图 6-1

图 6-2

② 在 Photoshop 中有专门消除红眼现象的红眼工具。选择工具箱中的"红眼工具"，设置其工具选项栏，如图 6-3 所示。

图 6-3

③ 清除人物左眼上的红眼现象。设置完"红眼工具"选项栏后，将鼠标移动到人物的左眼图 6-4 所示的位置后单击，得到图 6-5 所示的效果。

4. 照相机横拍竖拍的变化

照相机不同的举握方式，拍摄出图像的效果会有所不同。竖着拍摄的照片可以强调被摄物体的高度，比如，拍摄山峰、大树；而横举则可以强调被摄物体的宽度，例如，拍摄连绵的山脉、光阔的大海等。

▲ 竖构图很好地强调了被摄模特的身高

数码人像照片修饰

第 2 章

5. 变换拍摄风格

有些人可能拍摄过很多非常好的照片，但它们很可能都是一种风格，所以看多了就会给人一种一成不变的感觉。这时，应该在拍摄中不断地尝试新的拍摄方法或风格，为自己的相册增添新的光彩。例如，可以拍摄一些风景、人物、特写与全景图片，也可以在好天气和坏天气等不同自然条件下进行拍摄，来创造不同的画面风格。

个人拍摄有很大的随意性，所以你可以走到哪里就拍到哪里，只要自己觉得画面很有趣或很有意义，就可以随意发挥。

6. 增加景深

景深对于好作品来说非常重要。每个摄影者都不希望自己拍摄的照片看起来像是个平面，没有一点立体感。所以在拍摄中，就要适当地增加一些用于显示相对性的物体。

▲ 有了景深，照片的主体就较为突出

7. 捕获细节

使用广角镜头将"一切"东西都囊括在画面中总是很有诱惑力的，但是这样拍摄会丢掉很多细微的东西，有时还可能是一些特别有意义的细节。所以这个时候可以使用变焦镜头将画面变小，然后捕捉有趣的小画面。

图 6-4

图 6-5

④ 清除人物右眼上的红眼现象。继续使用"红眼工具"，将鼠标移动到人物的右眼如图 6-6 所示的位置后单击，得到图 6-7 所示的效果，此时人物的红眼就被去除了，图 6-8 为整体人物照片的效果。

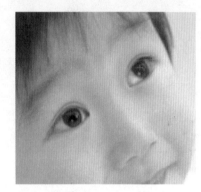

图 6-6

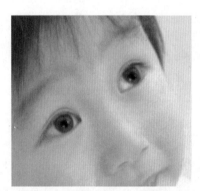

图 6-7

图 6-8

07 更改婚纱颜色

制作时间：18 分钟
难易度：★★★★★

原图片

修改后的效果

身着婚纱是女人一生中最美的时候，但是由于条件限制，我们无法身着各种颜色的婚纱拍照，Photoshop 可以帮我们替换婚纱的颜色。本例中我们要学习利用 Photoshop 中的调色命令、色彩范围等技术。

① 打开文件。执行"文件"/"打开"命令，在弹出的对话框中选择随书光盘中的"02 章 /07 更改婚纱颜色 / 素材"文件，如图 7-1 所示。在"图层"面板中拖动"背景"到"创建新图层"按钮上，释放鼠标得到"背景 副本"，此时的"图层"面板如图 7-2 所示。

图 7-1

图 7-2

▲ 感动人心的小画面

② 选取颜色范围。执行"选择"/"色彩范围"命令，在弹出的图 7-3 所示的"色彩范围"对话框中进行参数设置，使用"吸管工具"拾取图像中的高亮部分。执行后的图像将被载入选区，得到的图像效果如图 7-4 所示。

8. 地平线位置的应用

在拍摄时，地平线位置的不同，情调景物的效果也不同。例如，想强调陆地时，就使用高地平线；而如果想强调天空，就使用低地平线。

▲ 高地平线强调画面

▲ 低地平线强调天空

9. 使用大光圈或靠近被摄主体

有时候，只要靠近被摄物体一些，就可以得到比远距离拍摄更好的效果。不一定非要把整个景物全部拍摄下来，有时只对景物的某个有特色的地方进行夸大拍摄，更容易创造出具有强烈视觉冲击力的图像来。

大多数摄影师都愿意用大光圈来模糊背景，让主体更加醒目，尤其是拍摄人像或者静物的时候更是如此。

▲ 对景物的特色部分进行夸张拍摄，创造强烈视觉冲击力的图像

图 7-3

图 7-4

③ 去除多余的选区。选择工具箱中的〝套索工具〞，设置其工具选项栏，如图 7-5 所示。去除选区后的图像效果如图 7-6、图 7-7、图 7-8 所示。删除选区后的图像效果如图 7-9 所示。

图 7-5

图 7-6

图 7-7

图 7-8

图 7-9

④ 增加选区。在图像中可以看到婚纱没有全部载入选区。同样使用〝套索工具〞，单击〝添加到选区〞按钮在婚纱上绘制选区，如图 7-10 所示。将人物胸部婚纱的部位载入选区，得到的图像效果如图 7-11 所示。继续在人物裙底增加选区，如图 7-12 所示。执行后的图像效果如图 7-13 所示。

图 7-10

图 7-11

图 7-12

图 7-13

⑤ 调整图像颜色。执行"图像"/"调整"/"变化"命令，在弹出的图 7-14 所示的对话框中单击一下"加深红色"选项，单击两下"加深黄色"选项，给婚纱换颜色。执行后得到的图像效果如图 7-15 所示。

图 7-14

图 7-15

⑥ 调整图像色调。执行"图像"/"调整"/"色阶"命令，或按快捷键【Ctrl+L】，在弹出的图 7-16 所示的对话框中设置参数，移动滑块来调整颜色的深浅度，执行后得到的图像效果如图 7-17 所示。

10. 扬长避短

数码照相机的响应比较迟钝，从按下快门到完成拍摄的这段时间明显要比光学摄影长得多，所以拍摄运动中的物体往往抓不住或抓不准镜头。用数码照相机的连拍功能可以弥补这一不足。

▲ 数码照相机中的连拍功能可以很好地解决数码照相机响应迟钝的问题

📷 多拍还是精拍

多拍、多实践、多积累经验，这是一个笨招，但确实是充分发挥数码照相机优势的绝招。

在拍摄之前可以先确定一个专题，围绕专题选定若干个场景，先围着每个场景转几圈，拟出不同角度、不同光线（逆光、顺光、测光、补光等）下的拍摄方案，然后就毫不吝啬地猛拍一气。有时同一角度、同一方案也要重复拍上几张，然后停下来回放，将不满意的删掉，然后再拍摄下一个场景，直至完成一个专题。

数码照相机的低成本和随时回放功能，在提供了很大便利的同时，也对摄影技术的提高带来了负面的作用。使用胶片拍摄的人总是斟酌再斟酌，看了又看，最后才按下快门。而许多数码摄影者随手就拍，缺少了一份认真和慎重，长期这样会阻碍摄影技术的提高。

所以建议摄影爱好者一方面要多拍、多积累经验，另一方面也要精拍，多花点时间对待每一张照片，这样才能更快地提高水平。

▲ 一方面多拍，一方面多斟酌，是快速提高拍摄水平的关键

如何处理照片整体发灰

在拍摄过程中我们经常会遇到天色灰暗，现场光线不足，或光源并非向着被拍人物一方的情况，导致的结果就是照片偏暗、发灰。这时，使用闪光灯并不是很好的办法，最佳办法就是利用大部分数码照相机都有的内置曝光补偿功能。只要将曝光补偿功能推高一至两级，一般偏暗的情况都会有所改善。

▲ 黄昏雪景曝光不够，画面显得发灰

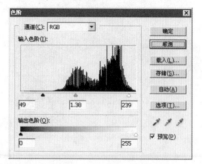

图 7-16

图 7-17

⑦ 放大人物手臂，如图 7-18 所示。单击"添加图层蒙版"按钮，为"背景 副本"添加图层蒙版，设置前景色为黑色，选择"画笔工具"，设置适当的画笔大小和透明度后，在图层蒙版中涂抹，得到图 7-19 所示的效果，此时的涂抹状态和"图层"面板如图 7-20 所示。

图 7-18

图 7-19

图 7-20

⑧ 减淡婚纱的颜色。替换好的婚纱暗部颜色看起来还是比较深，选择工具箱中的"减淡工具"，设置"减淡工具"的选项栏，如图 7-21 所示。在颜色深的部位进行涂抹，如图 7-22 所示；涂抹后得到的图像效果如图 7-23 所示。

图 7-21

⑨ 建立调整图层。单击"创建新的填充或调整图层"按钮，在弹出的菜单中执行"色阶"命令，设置弹出的对话框，如图 7-24 所示。

图 7-22

图 7-23

⑩ 确认色阶调整。设置完"色阶"对话框中的参数后，单击"确定"按钮，得到图层"色阶 1"，图像效果如图 7-25 所示，此时的"图层"面板如图 7-26 所示。

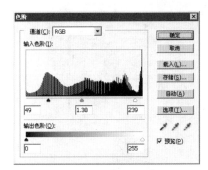

图 7-24

图 7-25

图 7-26

⑪ 编辑图层蒙版。单击"色阶 1"图层蒙版缩览图，使其处于可编辑状态，设置前景色为黑色，选择"画笔工具"，设置适当的画笔大小和透明度后，在图层蒙版中人物的婚纱上涂抹，使调整"色阶 1"只对婚纱起作用，得到图 7-27 所示最终的图像效果，此时的涂抹状态和"图层"面板如图 7-28 所示。

图 7-27

图 7-28

如何让背景变黑突出主体

很多时候我们会看到一朵花非常漂亮，背景纯黑，花卉很突出。这种图片不一定都要经过图像软件的处理才能获得。这里给大家介绍三种直接拍摄出这种效果的办法。

（1）背景和主体有些距离。在手动模式下，大幅度提高快门速度，缩小光圈，在画面看起来漆黑一片的情况下，用内置闪光灯，近距离闪光，就可以做到彻底消除背景。不仅仅是花卉可以这样做，拍摄人物、昆虫等物体也都可以这样做。

（2）在户外自然光线下，加大前景和背景的光线反差，以前景测光。让拍摄主体处于较暗的背景前，然后按照较亮的主体曝光（必要时还可以下调曝光补偿），便可以得到背景全黑的相片。

（3）在拍摄主体后面安排一张黑色的幕布或者其他自然黑色的背景。

第 2 章　数码人像照片修饰

77

08 修饰完美身材

制作时间：18 分钟
难易度：＊＊＊＊＊

原图片

修改后的效果

有时我们拍摄了一张照片，可是总显得不够完美，这时可以利用 Photoshop 中的扭曲功能将身材修饰得曲线玲珑、凹凸有致。本例中我们要学习利用 Photoshop 的扭曲滤镜对照片进行修改，使身材变得完美。

▲ 室内静物

① 打开文件。执行"文件"/"打开"命令，在弹出的对话框中选择随书光盘中的"02 章 /08 修饰完美身材 / 素材"文件，如图 8-1 所示。"图层"面板如图 8-2 所示。照片中的人物身材不是很好，但是有美丽的面孔，我们可以通过 Photoshop 将该照片修饰得更加完美。

图 8-1

图 8-2

② 绘制选区。选择工具箱中的"椭圆选框工具"，接着按照图 8-3 所示，在照片的胸部位置进行圈选。按住【Shift】键并在另一边的胸部上加选一个椭圆形选区，使人物的胸部能完全被选中，如图 8-4 所示。按快捷键【Ctrl+Alt+D】，在弹出的对话框中设置"羽化半径"为"20 像素"，如图 8-5 所示。得到图 8-6 所示的选区效果。

图 8-3

图 8-4

图 8-6

羽化选区

羽化半径(R): 20 像素

确定

取消

图 8-5

1. 在白平衡方面不要过分依赖数码照相机的全自动模式

初学者都喜欢用全自动模式进行拍摄，可往往拍出的照片都偏向某一颜色，只要细心注意液晶显示屏（LCD）就可以看出来。这是因为，当我们一开始拍摄某一实物，该实物偏重某一颜色，例如蓝色，这时数码照相机的白平衡会自动偏向于蓝色，再拍摄其他物体时自然也会偏色。这点虽然在液晶显示屏中会体现出来，但初学者往往由于缺乏经验而没有发现。

▲ 养成习惯，随时留意液晶显示屏的色彩变化，一旦发现偏色，就要重新对白色的实物取光修正白平衡

2. 使用较低的 ISO 值

数码照相机一般都可以选择 ISO 值，类似于传统的感光度。ISO 值越高越适合在低照度下拍摄，但会使噪点增多并使影像品质下降。照相机默认的 ISO 值是 AUTO，会随环境亮度自动选择，平常在明亮的环境下没有变化，但在较暗时会自动向上调，因此在低亮度时噪点较多。所以，在用数码照相机拍摄时，若想获得好的成像质量应尽可能地选择低的 ISO 值，或者直接设置在最小值。

3. 使用光圈优先模式，适当缩小光圈

数码照相机的全自动模式和程序自动模式一般都偏向于速度优先，也就是倾向于较高速度和较大光圈，在稍阴暗的环境下几乎都是在全开光圈的情况下拍摄的，镜头在大光圈下的影响品质并不是很理想，为提升影响品质可将照相机曝光模式调到光圈优

③ 利用球面化命令制作丰胸效果。执行"滤镜"/"扭曲"/"球面化"命令，在弹出的"球面化"对话框中设置"数量"为"100"，如图 8-7 所示。并制作丰胸效果，执行后的效果如图 8-8 所示。

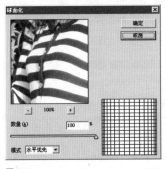

图 8-7

图 8-8

④ 继续利用球面化命令制作丰胸效果。执行"滤镜"/"扭曲"/"球面化"命令，在弹出的"球面化"对话框中设置"数量"为100，如图 8-9 所示。并制作丰胸效果，执行后的效果如图 8-10 所示。

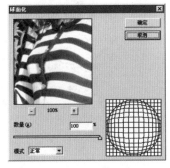

图 8-9

图 8-10

第 2 章　数码人像照片修饰

先模式，适当缩小光圈，从而得到理想的清晰度和景深。

▲ 适当缩小光圈，得到理想的清晰度和景深

4. 使用遮光罩

数码照相机大部分使用变焦镜头，镜头内镜片多，逆光摄影更容易产生眩光和光斑，拍出来的影像会白茫茫一片。使用遮光罩可以大幅度改善这种现象。而小型照相机在关机的时候镜头内缩，不可能直接装遮光罩，在拍摄时也可以用手或帽子来代替遮光罩。如果光线几乎直射镜头，无法遮光，对于加装UV保护镜的照相机，建议卸下保护镜可改善部分的效果。

▲ 带圆形遮光罩的照相机镜头

⑤ 经过以上的操作完成了对胸部的修饰，接着对腰部进行修饰。选择工具箱中的"椭圆选框工具"，接着在照片的腰部位置进行圈选，如图8-11所示，图8-12为放大效果。按快捷键【Ctrl+Alt+D】，在弹出的对话框中设置"羽化半径"为"30像素"，如图8-13所示。得到图8-14所示的选区效果。

图 8-11

图 8-12

图 8-14

图 8-13

⑥ 再利用挤压命令制作瘦腰效果。执行"滤镜"/"扭曲"/"挤压"命令，在弹出的图8-15所示的"挤压"对话框中设置"数量"为"30"挤压选区，最大达"100%"的正值使选区向中心移动，照片看上去就有瘦身的效果了，执行后效果如图8-16所示，图8-17为整体效果。

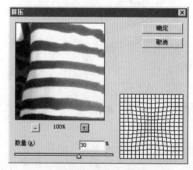

图 8-15

图 8-16

图 8-17

挑染头发效果

制作时间：8 分钟
难 易 度：✱✱✱✱✱

原图片

修改后的效果

我们在改换发型时都会犹豫一下，担心想像中很好的发型却不适合自己，有了 Photoshop 我们就可以对自己的"新发型"先睹为快了。本例中我们要学习利用 Photoshop 的调整图层和蒙版制作挑染头发的效果。

打开文件。执行"文件"/"打开"命令，在弹出的对话框中选择随书光盘中的"02 章 /09 挑染头发效果 / 素材"文件，如图 9-1 所示。"图层"面板如图 9-2 所示。

图 9-1

图 9-2

创建颜色调整图层。单击"图层"面板底部的"创建新的填充或调整图层"按钮，选择"色彩平衡"选项，在弹出的"色彩平衡"对话框中把"色阶"调整为"+70"、"-20"、"+100"，"色调平衡"设为中间调，选择"保持亮度"复选框，如图 9-3 所示。

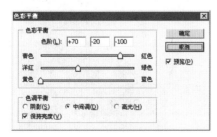

图 9-3

▲ 带莲花形遮光罩的照相机镜头

5. 不要忽略三脚架的重要性

数码照相机小巧易用，但也时常会拍出一大批模糊的影像。在较暗环境和使用较长镜头时，特别要注意震动所造成的影响。

使用三脚架可以有效地防止手持照相机造成的画面模糊，提高画面的质量，尤其是在夜间拍摄，可以利用三脚架使用慢门拍摄。

第 2 章　**数码人像照片修饰**

▲ 较暗环境下拍摄，三脚架必不可少

6. 必要时使用手动对焦

在有些情况下，如亮度太低，被摄体色彩层次太接近，被摄体占画面面积太小，离背景太远，主体前面有铁丝网一类阻碍等，数码照相机对焦会失效，这时应该改用手动对焦。

▲ 主体前面有铁丝网，应该改用手动对焦

7. 选用较高质量的图像格式和精度

数码照相机的影像格式有 JPEG、TIFF、RAW 三种，后两种格式有些高

③ 确认调整的效果。设置完对话框后，单击"确定"按钮，得到图层"色彩平衡1"，此时的效果如图 9-4 所示，"图层"面板如图 9-5 所示。

图 9-4

图 9-5

④ 编辑调整图层的图层蒙版。选择"色彩平衡1"的图层蒙版，设置前景色为黑色，按快捷键【Alt+Delete】用前景色填充图层蒙版，得到图 9-6 所示的效果，"图层"面板如图 9-7 所示。

图 9-6

图 9-7

⑤ 头发颜色的调整。在工具箱选择"画笔工具"，设置前景色为白色，在"色彩平衡1"的图层蒙版中人物头发的位置进行涂抹，把头发部分的颜色染成金黄色，如图 9-8 所示。其涂抹状态和"图层"面板如图 9-9 所示。

图 9-8

图 9-9

10 制作浅景深效果

制作时间：5 分钟
难易度：✱✱✱✱✱

原图片

········➔
修改后的效果

如果要将照片中的人物突出，使背景有一种梦幻感，可以利用 Photoshop 中的模糊菜单命令。本例中我们要学习利用 Photoshop 的模糊菜单命令和"图层蒙版"突出人物的效果。

① 打开文件。执行"文件"/"打开"命令，在弹出的对话框中选择随书光盘中的"02 章/10 制作浅景深效果/素材"文件，如图 10-1 所示。"图层"面板如图 10-2 所示。

图 10-1

图 10-2

② 复制"背景"图层。在"图层"面板中选择"背景"图层，将"背景"图层拖动到"创建新图层"按钮上，复制"背景 副本"图层，如图 10-3 所示。或执行"图层"/"复制图层"命令，弹出"复制图层"对话框，单击"确定"按钮，得到"背景 副本"图层，如图 10-4 所示。下面对"背景 副本"图层进行操作。

③ 为"背景 副本"图层制作模糊效果。在"图层"面板中选择"背景 副本"图层，执行"滤镜"/"模糊"/"高斯模糊"命令，在弹出的"高斯模糊"对话框中将"半径"设置为"15 像素"，如图 10-5 所示。给照片添加低频率的细节并产生朦胧效果，执行后的效果如图 10-6 所示。

级照相机会提供，常用格式为 JPEG。在图像质量的选择上，各种照相机都提供类似 B A S I C（基础精度）、STANDARD(标准精度)、FINE(高度精度)三种等级，等级越高占的空间越大，影像质量越好。当拍摄人物和色彩鲜艳的主题时，建议使用最高等级。

🎞 如何总结一天的战果

我们每次带着数码照相机外出拍摄，一天下来总会收获很多照片，好的习惯是每天及时将照片导入电脑，仔细分析，总结一天的战果，因为那么多照片，时间长了就可能忘了当时是如何考虑光线、角度、距离等因素的。

下面介绍一些较为常用的总结方法。

（1）挑出模糊的照片。有些照片在现场回放的时候就能感觉到虚了，而另外一些则须要导入电脑后，才能看出来。

如果事先就知道它虚了，说明在拍摄时就已经知道失败了，这种照片一定要总结原因后再删除。

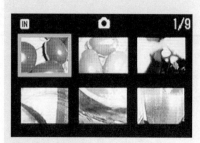

▲ 通过回放首先排除比较虚的照片

（2）将不同角度、不同参数拍摄的同一个主体的图片集中起来，逐一分析哪一张更好，甚至可以征求其他摄影爱好者的意见，最后确定大家公认的好照片，然后再分析总结。这个过程包括了很多内容的实践和学习，比如构图，曝光，照相机的角度，拍摄的位置，等等。经常进行这样的工作，对提高水平非常有帮助。

（3）挑选一些遗憾的照片，例如，什么都好，就是稍微有点对焦不实，或是在构图上差了一点点，等等。总之，如果这些"一点点"得到了改善，它就绝对是一张好照片。挑选出来，用各种图像软件进行修正。不管最终结果如何，都会对此记忆深刻，将来拍摄的时候一定会注意改善的。对于那些已经基本改好的图片，可以建立目录保存修改前后的图片。

（4）对于自己搞不明白的地方，或者确实不知道怎么拍才好的情况，查阅资料或者请教朋友。

（5）从保留的图片中选择自己最满意的一部分照片，将文件名改成拍摄日期加拍摄主体的名字，例如：200610238 故宫，或者20070719 雨夜，等等。集中起来放到一个固定的目录

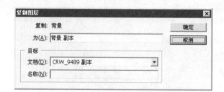

图 10-3

图 10-4

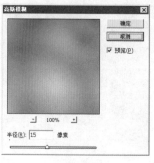

图 10-5

图 10-6

④ 下面将照片制作成模糊的效果，对主体进行突出。单击"添加图层蒙版"按钮，为"背景 副本"添加图层蒙版，设置前景色为黑色，选择"画笔工具"，设置适当的画笔大小和透明度后，在图层蒙版中人像的位置进行涂抹，得到图 10-7 所示的效果，其涂抹状态和"图层"面板如图 10-8 所示。

图 10-7

图 10-8

⑤ 最终效果。将"背景 副本"图层的不透明度设置为"90%"，使制作的模糊效果和人像的过渡更柔和，如图 10-9 所示。"图层"面板如图 10-10 所示。

图 10-9

图 10-10

11 添加石刻文字效果

制作时间：10 分钟
难易度：**★★★★★**

原图片

修改后的效果

出外旅行时，人们常会在景色秀美的山水溪流间拍摄照片作为留念。而利用 Photoshop 的强大功能在照片可以可以添加石刻字体效果，给照片增添回忆性、趣味性。本例中我们要学习 Photoshop 的文字工具、添加的图层样式以及图层色调的调整运用。

① 打开文件。执行"文件"/"打开"命令，在弹出的对话框中选择随书光盘中的"02 章 /11 添加石刻文字效果 / 素材"文件，如图 11-1 所示。

② 添加文字。选择工具箱中的"直排文字工具"，打开"字符"面板，设置字体的大小、颜色和字体样式，如图 11-2 所示。设置好后得到的图像效果如图 11-3 所示。

里。将每天拍的最好的照片都放到一个目录里面，这样既方便检索，又可以清楚地感受到自己摄影水平的提高。

图 11-1

图 11-2

图 11-3

③ 使文字变形。单击文字工具选项栏中的"创建变形文字"按钮，在弹出的"变形文字"对话框中设置，各项参数如图 11-4 所示。执行后得到的图像效果如图 11-5 所示。

▲ 摄影也同其他技艺一样，只要扎实勤奋，就一定能得到高分

第 2 章 **数码人像照片修饰**

◎ M 模式

M 是 Manual 的缩写，也就是全手动的意思，光圈快门都交给用户自己控制。有些初学者可能会错认为对焦方式也是手动对焦，其实自动对焦与手动对焦是另外一个选项。千万不要把这个问题搞混了！

▲ M 模式在照相机操作盘上的位置

▲ M 模式下光圈快门都由用户自己控制

◎ P 模式

P 是 Program 的缩写，也就是光圈快门都交给照相机的程序来决定，照相机会根据内定的程序，作最佳的选择。通常照相机以保持安全快门为优先选择，光圈的决定以最佳画质为依据。

▲ P 模式在照相机操作盘上的位置

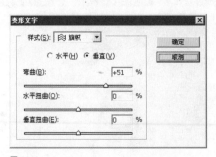

图 11-4

图 11-5

④ 添加图层样式。单击"图层"面板下方的"添加图层样式"按钮，在弹出的图 11-6 所示的对话框中选择"斜面和浮雕"样式，并对其各项参数进行设置，得到的图像效果如 11-7 所示。

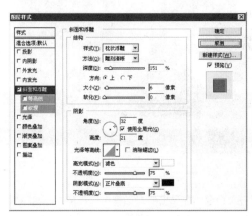

图 11-6

图 11-7

⑤ 栅格化文字图层。要对文字进行进一步的处理应将文字图层变为普通图层。在文字图层中右击，在弹出的菜单中执行"栅格化图层"命令，如图 11-8 所示。栅格化后文字图层将变为普通图层。"图层"面板如图 11-9 所示。

图 11-8

图 11-9

⑥ 添加滤镜效果。石刻字在经过长年的风吹、雨淋、日晒后字体会出现风化的效果，部分字体将脱落。按【Ctrl】键单击"好运石"图层，载入选区，单击"添加图层蒙版"按钮，如图 11-10 所示。然后执行"滤镜"/"画笔描边"/"喷溅"命令，在弹出的图 11-11 所示的对话框中设置各项参数。执行后得到的图像效果如图 11-12 所示。

图 11-10

▲ P 模式下，照相机通常以保持安全快门为优先选择，光圈的决定以最佳画质为依据

A 是 Aperture（光圈）的缩写，我们把 A 模式翻译成光圈优先模式。也就是让用户决定光圈，照相机依照当时的光线决定快门。其好处是可以让用户决定景深的深浅。

如果用户选的是光圈在当时的亮度，照相机无法选出合适的快门，照相机的光圈快门组合通常会以红色字样，或是闪烁的方式来警告用户。

图 11-11

图 11-12

⑦ 调整字体色调。字体看上去颜色太鲜艳，可以将色调降低。执行"图像"/"调整"/"色相/饱和度"命令，或按【Ctrl+U】快捷键，在弹出的图 11-13 所示的对话框中移动滑块降低饱和度，调到满意为止。执行后得到的图像效果如图 11-14 所示，图 11-15 为整体照片效果。

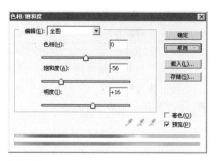

图 11-13

▲ A 模式在照相机操作盘上的位置

图 11-14

图 11-15

▲ A 模式的好处就是用户自主控制光圈大小，可以拍摄出自己想要的景深效果

12 为人物面部美容

制作时间：45分钟
难易度：★★★★★

原图片

修改后的效果

人人都希望照片中的自己看起来很美丽，留下美好的回忆，可又常常为自己脸上的痘痘和粗糙的皮肤和眼袋而皱眉。不必烦恼，我们可以利用 Photoshop 展现完美的脸庞，本例涉及的知识比较多，包括祛痘、柔肤、明亮眼睛、增长睫毛、去除眼袋、化妆等技术，希望读者认真学习。

◎ S 模式

S 是 Shutter Speed 的缩写，也就是快门优先模式。由用户自己决定快门，快门决定光圈。如果用户选的快门在当时的速度，使照相机无法选出合适的光圈，则照相机的光圈快门组合通常会以红色的字样或是闪烁的方式警告用户。

① 打开文件。执行"文件"/"打开"命令，在弹出的对话框中选择随书光盘中的"02章/12 为人物面部美容/素材"文件，如图 12-1 所示。发现人物脸部有一些痘痘，选择"修复画笔工具"，在人物脸上将痘痘修除，如图 12-2 所示。图 12-3 所示为修除后的效果。

图 12-1

▲ S 模式在照相机操作盘上的位置

图 12-2

图 12-3

② 模糊图像，柔化皮肤。在"图层"面板中拖动"背景"到"创建新图层"按钮上，释放鼠标得到"背景 副本"，执行"滤镜"/"模糊"/"高斯模糊"命令，在弹出的"高斯模糊"对话框中进行参数设置，如图 12-4 所示。得到的图像效果如图 12-5 所示。

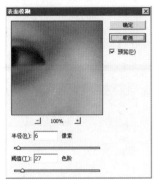

图12-4

图12-5

▲ S 模式下快速抓拍到天鹅展翅的瞬间

（3）添加图层蒙版。单击"添加图层蒙版"按钮，为"背景 副本"添加图层蒙版，设置前景色为黑色，选择"画笔工具"，设置适当的画笔大小和透明度后，在图层蒙版中人物的眼睛和嘴上进行涂抹，使其清晰显示。其涂抹状态和"图层"面板如图12-6所示，得到图12-7所示的效果。

图12-6

图12-7

（4）盖印图层。按快捷键【Ctrl+Shift+Alt+E】，执行"盖印"操作，得到"图层1"，此时的图像效果如图12-8所示，"图层"面板如图12-9所示。

图12-8

图12-9

（5）设置图层混合模式。设置"图层1"的图层混合模式为"柔光"，图层不透明度为"31%"，增加图像的对比度，得到图12-10所示的效果，此时的"图层"面板如图12-11所示。

全自动、全手动模式

数码照相机的操作模式是依据曝光量来决定的，可以分类为全自动、半自动、全手动模式。另外，我们要知道一个曝光组合的两个变量：光圈与快门。

当光圈和快门都交给照相机程序决定，则称之为全自动模式，摄影者只要按下快门即可，如果由用户决定一项，照相机程序决定另外一项，则称之为半自动模式。如果两者皆有用户自己决定，则称之为全手动模式。

现在照相机在全自动模式上，提供了许多摄影情景功能，可以让照相机用户在不懂任何摄影技术的情况下，

▲ 风景模式下的拍摄效果

▲ 照相机的各种模式能帮助用户得到更好的效果

拍到更好的摄影效果。例如人像摄影
模式、风景摄影模式、夜景摄影模式、
运动摄影模式等。

📷 人像模式的特点

人像模式是由照相机来决定光圈
快门，通常会选择光圈比较大的光圈
快门组合，让景深比较浅以突出人物。

有些照相机还会使用能够表现更
强肤色效果的色调、对比度进行拍
摄，以突出人像主体。

▲ 人像模式下的拍摄效果，用大光圈
突出了人物这个主体

图 12-10

图 12-11

⑥ 复制图层并设置图层混合模式。选择"图层 1"为当前操作图层，按快捷键
【Ctrl+J】，复制"图层 1"得到"图层 1 副本"，将"图层 1 副本"的图层混合模式
改为"滤色"，图层不透明度为"70%"，增加图像的亮度，得到图 12-12 所示的效
果，此时的"图层"面板如图 12-13 所示。

图 12-12

图 12-13

⑦ 盖印图层。按快捷键【Ctrl+Shift+Alt+E】，执行"盖印"操作，得到"图层 1"，
此时的图像效果如图 12-14 所示，"图层"面板如图 12-15 所示。

图 12-14

图 12-15

⑧ 建立调整图层，提高图像亮度。单
击"创建新的填充或调整图层"按钮，在
弹出的菜单中执行"曲线"命令，设置
弹出的对话框如图 12-16 所示。

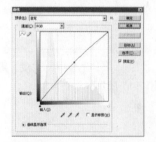

图 12-16

⑨ 确认曲线调整。设置完"曲线"对话框中的参数后，单击"确定"按钮，得到图层"曲线1"，图像效果如图 12-17 所示，此时的"图层"面板如图 12-18 所示。

图 12-17

图 12-18

⑩ 模糊图像。按快捷键【Ctrl+Shift+Alt+E】，执行"盖印"操作，得到"图层3"，执行"滤镜"/"模糊"/"高斯模糊"命令，在弹出的"高斯模糊"对话框中进行参数设置，如图 12-19 所示。得到的图像效果如图 12-20 所示。

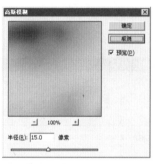

图 12-19

图 12-20

⑪ 设置图层混合模式。设置"图层3"的图层混合模式改为"滤色"，图层不透明度为"31%"，增加图像亮度，得到图 12-21 所示的效果，此时的"图层"面板如图 12-22 所示。

图 12-21

图 12-22

⑫ 添加图层蒙版。单击"添加图层蒙版"按钮，为"背景 副本"添加图层蒙版，设置前景色为黑色，选择"画笔工具"，设置适当的画笔大小和透明度后，在图层蒙版中人物的脸部涂抹，降低脸部的亮度，其涂抹状态和"图层"面板如图 12-23 所示，得到图 12-24 所示的效果。

风景模式的特点

在拍摄风景名胜时，可以用风景模式来帮助我们得到更好的拍摄效果。此种模式下可以让整个照片的风景都清楚地对焦，数码照相机会把光圈调到最小值以增加景深，另外对焦也变成无限远。如果使用变焦镜头，可以调整到广角的位置以达到最佳的效果。

▲ 风景模式下广阔无边的沪沽湖

▲ 风景模式下的松赞林寺错落有致

微距模式的特点

在微距模式下会使得数码照相机使用镜头的微距功能，可以让对焦的距离大幅拉近。用来近距离拍摄细微的目标如花卉、昆虫等。如果拍摄的时候，发现照相机无法对焦，或是因为距离太近，也可以尝试微距模式。

数码照相机会使用"微距"，并关闭闪光灯。有些照相机还有"超微距"模式，可以拍摄比"微距"更近距离的景物。

▲ 微距模式下拍摄的钢笔效果

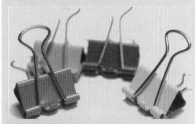

▲ 微距模式下拍摄的彩色书夹效果

▲ 微距模式下拍摄的键盘效果

📷 如何进行微距摄影

我们经常会为照片上面花蕊的构造、昆虫的特写而感叹不已，这就是微距的魅力。现在许多普通的数码照相机都有这个功能。微距题材也很广泛，盆里的花，家中的小饰品，屋檐下的水滴，都可以作为微距拍摄的题材。

首先可以从拍摄花草等静物的微距照片开始。因为它们相对处于静止状态，所以摄影者有时间充分考虑用光构图等因素，而且可以不断尝试直到自己满意为止。

图 12-23

图 12-24

⑬ 选择人物的牙齿。选择工具箱中的"磁性套索工具"，沿牙齿边缘绘制图 12-25 所示的选区，按快捷键【Ctrl+Alt+D】，调出羽化对话框，设置对话框中的参数如图 12-26 所示。

图 12-25

图 12-26

⑭ 建立颜色调整图层，增白人物的牙齿。单击"创建新的填充或调整图层"按钮，在弹出的菜单中执行"色相/饱和度"命令，设置弹出的对话框如图 12-27 所示。

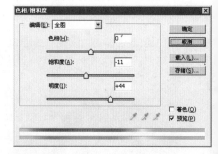

图 12-27

⑮ 确认颜色调整。设置完"色相/饱和度"对话框中的参数后，单击"确定"按钮，得到图层"色相/饱和度 1"，图像效果如图 12-28 所示，此时的"图层"面板如图 12-29 所示。

⑯ 盖印图层并设置前景色。按快捷键【Ctrl+Shift+Alt+E】，执行"盖印"操作，得到"图层 4"，此时的"图层"面板如图 12-30 所示。单击工具栏中前景色块，在弹出的对话框中进行前景色的设置，如图 12-31 所示。

图 12-28

图 12-29

图 12-30

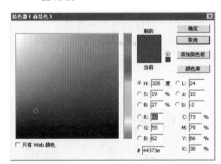

图 12-31

⑰ 绘制人物的眼球。单击"图层"面板底部的"创建新图层"按钮，新建"图层 5"，选择"画笔工具"，设置适当的画笔大小和透明度后，在眼睛上进行涂抹，如图 12-32 所示。设置"图层 5"的图层混合模式为"颜色减淡"，得到图 12-33 所示的效果，此时的"图层"面板如图 12-34 所示。

图 12-32

图 12-33

图 12-34

⑱ 绘制瞳孔。单击"图层"面板底部的"创建新图层"按钮，新建"图层 6"，设置前景色为黑色。选择"画笔工具"，设置适当的画笔大小和透明度后，在眼睛上进行涂抹，绘制人物的瞳孔，如图 12-35 所示。此时的"图层"面板如图 12-36 所示。

▲ 微距摄影，清晰是第一要求

在用微距拍摄静物的时候，经常会用到三脚架以架稳数码照相机，这样就能大大增加图像清晰度。照相机的定时自拍功能也能减少照相机在拍摄中的震动。

另外在微距摄影中，照相机镜头与被摄物体之间已经离得很近，极有可能遮住部分光线，所以辅助光是必不可少的。如果在室内拍摄，可以使用大功率家用台灯进行补充。为了排除灯光颜色对照片的影响，可以用一张白纸板来测量和调节白平衡。

▲ 微距摄影经常会用到三角架以架稳照相机，如果在室内，还需要大功率台灯进行补光

微距摄影中，最困难也是最富有挑战性的当然是拍摄行动迅捷的小昆虫了。这时，高速快门是应该被考虑的第一要素。获取高速快门有三种途径：一是使用大光圈，通光量足了，快门速度就可以相应提高了；二是使

用高ISO，但高ISO会造成画面比较粗糙，颗粒感加强，因为表现微观世界一定要细腻一些，所以一般不建议

▲ 大光圈可以获得极好的浅景深，并且有大的透光度，图像不容易虚掉，同时还可以获得艺术的美感

使用；三是使用闪光灯，例如为了拍摄一只蝴蝶照片，使它整个身体都很清晰。这时只有通过小光圈才能获得，但是小光圈带来的负面效果就是透光量的减少与快门速度的降低，而行动快捷的小动物不会给你机会打辅助长明光线，闪光灯是唯一的选择，而且行动要快。

▲ 为了避免阳光直射，请在使用闪光灯的时候加上柔光罩

▲ 对于行动快捷的小动物来说，闪光灯是唯一的选择，而且行动要快

图 12-35

图 12-36

⑲ 制作人物眼球上的高光。单击"图层"面板底部的"创建新图层"按钮，新建"图层7"，设置前景色为黑色，选择"画笔工具"，设置适当的画笔大小和透明度后，在眼睛上进行涂抹，绘制人物眼睛上的高光，如图 12-37 所示。此时的"图层"面板如图 12-38 所示。

图 12-37

图 12-38

⑳ 盖印图层，增大人物的眼睛。观察图像发现人物的眼睛太小了，要使用滤镜命令将其增大。按快捷键【Ctrl+Shift+Alt+E】，执行"盖印"操作，得到"图层8"，执行"滤镜"/"液化"命令，在弹出的对话框中选择"膨胀工具"，将鼠标锁定到人物的左眼上单击，如图 12-39 所示，就可以放大人物的眼睛了，图 12-40 为增大眼睛后的效果，此时的"图层"面板如图 12-41 所示。

图 12-39

图 12-40

图 12-41

㉑ 建立颜色调整图层，降低图像的红色成分。单击"创建新的填充或调整图层"按钮，在弹出的菜单中执行"色彩平衡"命令，设置弹出的对话框如图 12-42、图 12-43 所示。

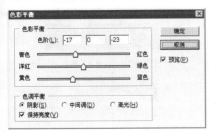

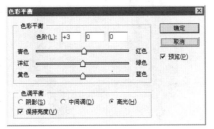

图 12-42

图 12-43

㉒ 确认颜色调整。设置完"色彩平衡"对话框中的参数后，单击"确定"按钮，得到图层"色彩平衡 1"，图像效果如图 12-44 所示，此时的"图层"面板如图 12-45 所示。

图 12-44

图 12-45

㉓ 模糊图像。按快捷键【Ctrl+Shift+Alt+E】，执行"盖印"操作，得到"图层 9"，执行"滤镜" / "模糊" / "高斯模糊"命令，在弹出的"高斯模糊"对话框中进行参数设置，如图 12-46 所示。得到的图像效果如图 12-47 所示。

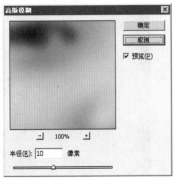

图 12-46

图 12-47

㉔ 设置图层混合模式，提高图像亮度，制作朦胧的效果。设置"图层 9"的图层混合模式为"滤色"，图层不透明度为"60%"，得到图 12-48 所示的效果，此时的"图层"面板如图 12-49 所示。

这里总结几个小窍门：

（1）测光与聚焦模式尽可能不用点测光。因为在点测光时反而聚焦不准。普通数码照相机的手动聚焦功能比较弱，而在拍摄体积较小、不易准确聚焦的物体时，可以在同距离处手持手表之类的大一点的物体来辅助校对。

（2）使用液晶屏取景。因为拍微距时照相机与被摄物体离得很近，如果再使用取景器取景不仅姿势不雅，而且照相机也不容易稳。

▲ 在作微距拍摄的时候尽量使用液晶显示屏，避免因使用取景器引起的姿势不雅及照相机不稳

（3）适当尝试逆光效果。特别是边缘薄且透的花、叶之类的物体，在逆光下可以表现出特别的美感。

▲ 适当尝试逆光效果，对于边缘薄且透的花、叶之类的物体，在逆光下表现出特别的美感

运动模式的特点

在拍运动项目或其他快速移动物体的时候，使用运动模式。数码照相机会把快门速度调到最快，或者提高 ISO 感光值。运动模式在帮助拍摄移动物体方面起到了很大的作用。

▲ 采用运动模式抓拍人物精彩瞬间

▲ 采用运动模式抓拍人物精彩瞬间

▲ 采用运动模式抓拍人物精彩瞬间

夜景模式的特点

夜景模式有两种：一种是使用 1/10s 左右的快门进行拍摄，从而有可能导致曝光不足；另一种则是使用数秒长的快门，以保证照相机充分曝光，拍摄出的画面也比较亮。上述两种情况都使用了较小的光圈进

图 12-48

图 12-49

㉕ 添加图层蒙版。单击"添加图层蒙版"按钮，为"图层 9"添加图层蒙版，设置前景色为黑色，选择"画笔工具"，设置适当的画笔大小和透明度后，在图层蒙版中人物脸部以外的地方进行涂抹，得到图 12-50 所示的效果，其涂抹状态和"图层"面板如图 12-51 所示。

图 12-50

图 12-51

㉖ 放大图像发现人物眼睛下方的眼袋非常影响人物的美观，下面要修除人物的眼袋。选择"修补工具"，在人物左脸上的眼袋处绘制选区，如图 12-52 所示。然后将鼠标移动到选区内，按住鼠标左键向下拖动选区，如图 12-53 所示。

图 12-52

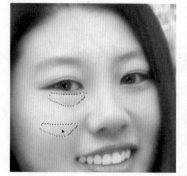

图 12-53

㉗ 释放鼠标后就可以修除人物左脸部的眼袋，如图 12-54 所示。继续使用"修补工具"，在人物右脸上的眼袋处绘制选区，然后将鼠标移动到选区内，按住鼠标左键向下拖动选区，如图 12-55 所示。

㉘ 释放鼠标后就可以修除人物右脸部的眼袋，如图 12-56 所示。此时的"图层"面板如图 12-57 所示。

图 12-54

图 12-55

图 12-56

图 12-57

㉙ 建立颜色调整图层，调整人物面部的颜色。单击"创建新的填充或调整图层"按钮，在弹出的菜单中执行"色相/饱和度"命令，设置弹出的对话框，如图 12-58、图 12-59 所示。

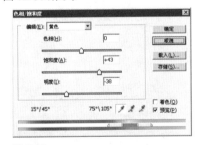

图 12-58

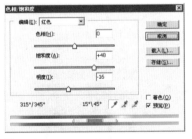

图 12-59

㉚ 确认颜色调整。设置完"色相/饱和度"对话框中的参数后，单击"确定"按钮，得到图层"色相/饱和度 2"，图像效果如图 12-60 所示，此时的"图层"面板如图 12-61 所示。

图 12-60

图 12-61

行拍摄，同时闪光灯也会关闭。

我们建议拍摄任何夜景都应该使用三脚架。在夜景前拍摄人像的时候，使用此种模式打开闪光灯，照相机可以让人和景物都清楚。

▲ 夜景模式下拍摄的景物效果

📷 数码照相机的黑白模式

最初的照片就是黑白色，早期摄影家拍摄了很多经典的黑白照片。黑白片有它的魅力所在，它能够消除杂乱颜色或实物对表达内容的干扰，所以很多摄影师在拍摄背景杂乱的纪实作品时，喜欢用黑白效果。

如今大多数数码照相机都有黑白模式功能，但由于 CCD 和胶片的不同，数码黑白照片的质感与黑白胶片相比还有较大的差距。这个弱点在拍摄人像作品时更加明显，往往很平淡。如果想看黑白图片效果，可以在后期处理时通过软件方式转换出黑白照片来。如果想试验数码黑白模式，在题材方面，建议尽量选择色彩较少，要突出层次的风光片和纪实片进行拍摄。

▲ 数码照相机拍摄的彩色画面

▲ 彩色画面经过软件调整为黑白效果

数码照相机的怀旧模式

一般情况下，我们都希望自己拍出来的照片色彩鲜艳明快。如果说构图是数码照片妖娆多姿的"魔鬼身材"的话，那么色彩就是它倾国倾城的"天使面孔"。我们对照片最初的感觉就直接来源于它的色彩，对色彩的关注也往往超过了对内容的理解。这也算是以貌取"人"的又一大表现吧。

但是在这里要介绍的是数码照相机的另一个设置——怀旧模式。习惯了色彩鲜艳的图片，可以尝试一下不同的风格。不同的人可能对怀旧照片有不同的理解。其实有时候这个颜色最适合表达慵懒、悠闲等情绪。

③1 建立颜色调整图层，调整人物的嘴唇颜色。单击"创建新的填充或调整图层"按钮，在弹出的菜单中执行"色相/饱和度"命令，设置弹出的对话框如图 12-62 所示。

③2 确认颜色调整。设置完"色相/饱和度"对话框中的参数后，单击"确定"按钮，得到图层"色相/饱和度 3"，图像效果如图 12-63 所示，此时的"图层"面板如图 12-64 所示。

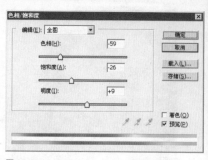

图 12-62

图 12-63

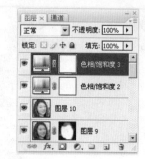

图 12-64

③3 编辑图层蒙版。单击"色相/饱和度 3"图层蒙版缩略图，修改"色相/饱和度 3"的图层蒙版，设置前景色为黑色，选择画笔工具，设置适当的画笔大小和透明度后，在图层蒙版中除人物嘴部以外的地方进行涂抹，其涂抹状态和"图层"面板如图 12-65 所示，得到图 12-66 所示的效果。

图 12-65

图 12-66

③4 绘制粉红眼影。单击"图层"面板底部的"创建新图层"按钮，新建"图层11"，设置图层混合模式为"强光"，如图 12-67 所示。单击工具栏中前景色块，在弹出的对话框中进行前景色的设置，如图 12-68 所示。选择"画笔工具"，设置适当的画笔大小和透明度后，在眼睛上方进行涂抹，得到图 12-69 所示的效果。

图 12-67

③5 绘制紫色眼影。单击"图层"面板底部的"创建新图层"按钮，新建"图层12"，单击工具栏中前景色块，在弹出的对话框中进行前景色的设置，如图 12-70 所示。选择"画笔工具"，设置适当的画笔大小和透明度后，在眼睛上方进行涂抹，如图 12-71 所示。

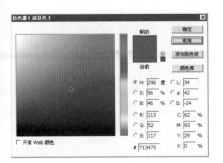

图 12-68

图 12-69

▲ 数码照相机的怀旧效果

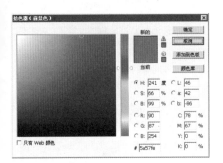

图 12-70

图 12-71

▲ 数码照相机的怀旧效果

36 设置图层混合模式。设置"图层 12"图层混合模式为"颜色",使眼影和下方的图像融合得更自然,得到图 12-72 所示的效果,此时的"图层"面板如图 12-73 所示。

图 12-72

图 12-73

自然色与鲜艳色彩的选择

有些数码照相机除了黑白和自然颜色之外,还有一个"鲜艳颜色"选项,用这个颜色选项拍出来的照片具有强烈的视觉冲击力,适合表达浓烈的情感和较大的色调反差。在阴天的时候,使用这个模式拍出来的照片色彩比较饱满,亮度比较大。在拍摄儿童照片时,使用这种模式的效果也很不错。

37 画眉。单击"图层"面板底部的"创建新图层"按钮,新建"图层 13",设置前景色为黑色,选择"画笔工具",设置适当的画笔大小和透明度后,在眉毛上进行涂抹,如图 12-74 所示。此时的"图层"面板如图 12-75 所示。

图 12-74

图 12-75

▲ 使用"鲜艳色彩"模式使得画面色彩更加明快

第 2 章 数码人像照片修饰

99

▲ 在拍摄儿童照片时，使用"鲜艳色彩"模式会产生更好的效果

📷 数码照相机连拍模式的使用

数码照相机有了连拍功能，使拍摄变得更容易了。当使用连拍模式时，按下快门不放，照相机便会自动连续拍摄，用以捕捉连续的表情或是运动中的物体。如果用户怕会漏拍想要的画面，建议使用连拍功能。

每台数码照相机的连拍功能不同，用户选购的时候，应注意连拍的速度，有些照相机在不同的存储卡像素下，会有不同的连拍速度。

在像素设置较小的情况下，会有较快的连拍速度。用户选购前须要看清楚标识。此外，连拍通常也会有张数的限制，要使用连拍功能的消费者应把这两项规格看清楚。

▲ 使用连拍模式捕捉连续表情

③⑧ 设置图层属性。设置"图层13"图层混合模式为"柔光"，图层不透明度为"20%"，使其与下方的图像融合得更自然，得到图12-76所示的效果，此时的"图层"面板如图12-77所示。

图 12-76

图 12-77

③⑨ 绘制眼线。单击"图层"面板底部的"创建新图层"按钮，新建"图层14"，设置前景色为黑色，选择"画笔工具"，设置适当的画笔大小和透明度后，在下眼角绘制眼线，如图12-78所示。设置"图层14"的图层不透明度为"35%"，得到图12-79所示的效果，此时的"图层"面板如图12-80所示。

图 12-78

图 12-79

图 12-80

④⓪ 绘制睫毛。单击"图层"面板底部的"创建新图层"按钮，新建"图层15"，设置前景色为黑色，选择"画笔工具"，按【F5】键调出"画笔"面板，设置"画笔"面板如图12-81所示，在"图层15"中绘制睫毛，如图12-82所示。此时的"图层"面板如图12-83所示。

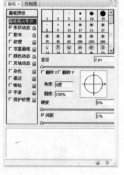

图 12-81

图 12-82

图 12-83

白平衡

对于数码照相机来说，由于RGB（红绿蓝）三色分别感光，而且可以通过程序运算来得到色彩，因此可以有许多种的白平衡选项，让拍照的色调可以更加准确，例如晴天、阴天、钨丝灯、自动白平衡、自定白平衡等模式。因为光源不同而产生的色偏，可以通过调整白平衡校正。

例如阴天的时候使用晴天的白平衡拍照会偏蓝，此时使用阴天白平衡就可以自动校正这个问题。例如在使用石英灯作为室内的摄影光源时，拍摄的效果就会比较偏暖或是偏黄，此时使用钨丝灯的白平衡就可以校正这个问题。

④ 新建图层。单击"图层"面板底部的"创建新图层"按钮，新建"图层16"，单击工具栏中前景色块，在弹出的对话框中进行前景色的设置，如图 12-84 所示。按快捷键【Alt+Delete】用前景色填充"图层16"，如图 12-85 所示。

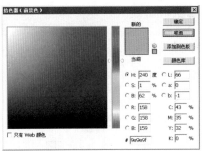

图 12-84

图 12-85

④ 添加杂色。执行"滤镜"/"杂色"/"添加杂色"命令，在弹出的"添加杂色"对话框中进行参数设置，如图 12-86 所示。得到的图像效果如图 12-87 所示。

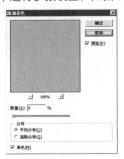

图 12-86

图 12-87

④ 对图像进行色阶调整。选择"图层16"，执行"图像"/"调整"/"色阶"命令，设置弹出的"色阶"命令对话框，如图 12-88 所示。单击"确定"按钮，得到图 12-89 所示的效果。

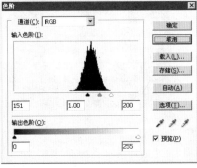

图 12-88

图 12-89

▲ 正常光源使用白平衡的效果

▲ 正常光源拍摄的效果

认识摄影中的"用光"

光线是所有摄影的基础。英文 Photo 指的就是光；而 Photograph 指的就是对光线的描述。在一天中不同的时刻，自然光都会使我们拍下的照片呈现不同的格调。如果能掌握光线的变化，即使使用的是傻瓜照相机，也能拍出动人的照片。

光线随着一天的时间变化而变化，随着季节、气候的变化而变化。甚至地区环境的差异也会引起变化。

当要拍照的时候，不妨花点时间观察一下天气。这样将会在观察中发现当时是处在直射光、聚光、反射光还是弱光、逆光之中，根据光线的不同进行选择，最后按下快门，保证会拍出一张光影适度的照片。

▲ 用光就是选择光线，适应光线，设置光源，调整光和被摄对象之间的位置关系等内容

▲ 在拍照时，只要多观察被摄物体是如何受光线的影响的，便能恰当地将光线描绘出来

摄影中光的主要分类

1.自然光线

自然光是最重要的摄影光源，75%的图片是利用自然光拍摄的。

㊹ 设置图层混合模式。设置"图层 16"的图层混合模式为"颜色减淡"，隐藏图像中的黑色，得到图 12-90 所示的效果，此时的"图层"面板如图 12-91 所示。

图 12-90　　　　　　　　　　图 12-91

㊺ 为人物添加亮粉色唇彩。单击"添加图层蒙版"按钮，为"图层 16"添加图层蒙版，设置前景色为黑色，选择"画笔工具"，设置适当的画笔大小和透明度后，在图层蒙版中涂抹，得到图 12-92 所示的效果。其涂抹状态和"图层"面板如图 12-93 所示。

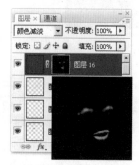

图 12-92　　　　　　　　　　图 12-93

㊻ 为人物绘制腮红。单击"图层"面板底部的"创建新图层"按钮，新建"图层 17"，单击工具栏中前景色块，在弹出的对话框中进行前景色的设置，如图 12-94 所示。选择"画笔工具"，设置适当的画笔大小和透明度后，在人物面部上进行涂抹，如图 12-95 所示。这样就得到了最终"为人物面部美容"的效果。

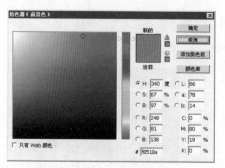

图 12-94　　　　　　　　　　图 12-95

原图片

修改后的效果

文身是一种很有个性的装饰。本例中我们要学习利用Photoshop 的各种编辑工具及调整图层等功能制作文身效果。

① 打开文件。执行"文件"/"打开"命令，在弹出的对话框中选择随书光盘中的"02章/13制作文身效果/素材1"文件，如图 13-1 所示。再打开"素材2"图片，选择工具箱中的"移动工具"，将其拖动到人物图片里，得到"图层1"，效果如图 13-2 所示。

图 13-1

图 13-2

② 变换文身图案。选择"图层1"，按【Ctrl+T】快捷键调出自由变换框，按住【Shift】键用鼠标拖动控制框四角的控制手柄，将"文身图案"调整到合适的大小和位置，按【Enter】键确定，得到的效果如图 13-3 所示。

③ 设置图层混合模式。将"图层1"的混合模式设置为"柔光"，使其融合到下方的图像中，得到的效果如图 13-4 所示。

有些作品本身就是表现自然光的瑰丽灿烂，比如晨光、夕阳、月光、彩虹、云霞等。风景图片，尤其需要良好的自然光条件才能更加完美。绝大多数的图片都是在晴天拍摄的，也是利用了自然光的特点。此外，夏天正午不宜拍摄照片，也是因为光线的原因。

现实生活中的自然光源都来自太阳，但是这并不妨碍用光的多样性。太阳光投射在被摄物体上的光线，因为方向和角度不同，不只阴影的位置和面积会随之改变，被摄物体的印象、感觉，包括影调和色调也会呈现出明显不同的视觉效果。

▲ 利用自然光拍摄的景物

2. 室内灯光

利用室内照明灯光或者刻意安排灯光拍摄的图片大体能占照片的15%左右，其中包括摄影棚内的拍摄和室内照明灯下的拍摄。

在室内拍摄的时候，用光的关键是调整白平衡，以免照片偏色。同时，加大光圈以提高快门速度。必要时使用三角架，防止画面模糊。

▲ 利用室内灯光拍摄的景物

3.城市照明和建筑外景灯

夜景图片大多看起来非常漂亮，所以许多摄影师都喜欢拍摄夜景。

图 13-3

图 13-4

④ 复制图层。将"图层1"拖动到"图层"面板中的"创建新图层"按钮上，得到新图层"图层1副本"，将其放到"图层1"的下方，将图层混合模式设置为"正片叠底"，然后将该图层的不透明底设置为"16%"，得到的效果如图13-5所示，此时的"图层"面板如图13-6所示。

图 13-5

图 13-6

⑤ 制作选区。选择工具箱中的"钢笔工具"，将文身挡住的肩带部分勾勒出来，然后切换到"路径"面板，单击"将路径作为选区载入"按钮，得到图13-7所示的效果。

⑥ 最终效果。切换至"图层"面板，选择"背景"图层，按【Ctrl+C】快捷键复制选区的内容，然后单击"创建新图层"按钮，得到新图层"图层2"。将其放到所有图层的上方。按【Ctrl+V】快捷粘贴，得到的效果如图13-8所示。这样就得到了最终的制作文身效果。

图 13-7

图 13-8

技巧提示 ● ● ● ●

当有选区时，按【Ctrl+C】快捷键可以复制选区的内容，再按【Ctrl+V】快捷键可以粘贴刚才复制的内容。用这样的方法可以制作一些衣服遮挡之类的效果。

14 制作放射背景照片

原图片

修改后的效果

在专业拍摄中有一种摄影技巧叫做"爆炸"效果，需要专业的器材和技巧，此效果可以突出所要表现的主体，现在我们利用 Photoshop 也可以完成这一些效果。本例中我们学习利用 Photoshop 中的径向模糊命令完成放射背景照片的制作。

① 打开文件。执行"文件"/"打开"命令，在弹出的对话框中选择随书光盘中的"02 章 /14 制作放射背景照片 / 素材"文件，如图 14-1 所示。"图层"面板如图 14-2 所示。

图 14-1

图 14-2

② 把人物制作成选区。在工具箱中单击"以快速蒙版模式编辑"按钮，设置前景色为黑色，背景色为白色，或直接单击"默认前景色和背景色"按钮，选择工具箱中的"画笔工具"，在工具选项栏中设置画笔大小，如图 14-3 所示，对人物进行涂抹，得到的效果如图 14-4 所示。当把人物都涂满后，单击工具箱中的"以标准模式编辑"按钮，人物会自动生成选区，如图 14-5 所示。

△ 建筑周围的照明灯光，充分展示了建筑的轮廓

光线是自然界的一种重要元素，不管是自然光还是人造光，都有一些共同的特征，掌握这些光线的特性是我们控制光线的必修课。

强光可以创造显著、清晰的轮廓。在受光部和阴影之间，形成强烈的明暗反差。光源越集中，距被摄对象越近，轮廓越清晰，结构越鲜明。强光非常适于突出被摄物体表面的质感，或是特色的形状，以及表现鲜艳的色彩。受光部与阴影部形成高反差，能使被摄主体从周围环境中脱颖而出。在使用侧光时，这种效果更加明显。

▲ 强光适于突出被摄物体表面的质感

漫射光线产生的光比较弱。室内间接的照明、户外的树荫下和阴天时的光线都属于这种情况。在这种光线下拍摄户外风景是再理想不过的。

▲ 户外树荫下拍摄的生活小静物

每张照片的光线都有感情色彩，正是这个因素使照片在二维之外，有了第三维，那就是照片所表现的气氛。比如，落日把晚霞染成红色，象征浪漫，阴天的天空呈现出灰色的冷色调，象征忧郁，树荫中洒下的一束光线，投射出欢乐、愉悦的情绪。

图 14-3

图 14-4

图 14-5

③ 制作放射效果。执行"滤镜"/"模糊"/"径向模糊"命令，在弹出的"径向模糊"对话框中设置其"数量"为"40像素"，"模糊方法"设置为"缩放"，如图 14-6 所示。执行后的效果如图 14-7 所示，最后直接按【Ctrl+D】快捷键取消选区，如图 14-8 所示。

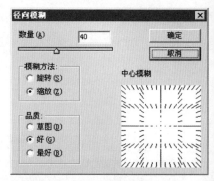

图 14-6

图 14-7

图 14-8

制作动感背景效果

制作时间：15 分钟
难易度：＊＊＊＊＊

原图片

修改后的效果

本例中我们要学习利用 Photoshop 为照片制作动感背景，使整张图片具有速度感。通过对本实例学习使读者掌握利用 Photoshop 的各种编辑工具和图层、滤镜等功能，制作动感背景效果。

① 打开文件。执行"文件"/"打开"命令，在弹出的对话框中选择随书光盘中的"02 章 /15 制作动感背景效果 / 素材"文件，如图 15-1 所示。

② 编辑快速蒙版。在工具箱中单击"以快速蒙版模式编辑"按钮，将前景色设置为黑色，背景色设置为白色，选择工具箱中的"画笔工具"，调整为适当的大小，在图中马体部分涂抹，得到的效果如图 15-2 所示。

图 15-1

图 15-2

③ 在工具箱中单击"以标准模式编辑"按钮，得到图 15-3 所示的选区，按【Ctrl+Shift+I】快捷键反选，得到图 15-4 所示的选区。

▲ 夏日黄昏的柔光照射在室内的西瓜上，家的温馨感倍增

光线颜色因不同光源而异，阳光与白炽灯或电子闪光灯发光的成分不同。而且，阳光本身的颜色也随天气条件和一天中时间有所变化。另外，光线也因所透过的物质不同而不同。

▲ 透过冰块拍摄所呈现的偏蓝色调影像

📷 各种自然光的不同之处

1. 阳光充足的天气

夏季拍出的照片给人明快的感觉，但烈日是拍摄时最难处理的光线之一。

在直射的烈日下拍摄的照片画面中的阴影部位和强光部位产生如同聚光灯照明那样的分界线。因此，拍摄出的照片反差很大。色调范围显得很窄，阴影部位和强光部位没有什么其他色调。但是，强反差对城市风光等题材的照片能起到很好的烘托效果。

2. 薄雾天气

在薄雾情况下拍摄的照片给人以朦胧、梦幻的感觉。在这种情况下，被摄物的层次、高光和阴影都被湮没了，前景部位的被摄物体同背景会明显地分开。远雾可以柔和风景照片中的背景部分，但同时它又能使照片的前景部位更引人注目。

▲ 烟雾弥漫中的山中景象

图 15-3

图 15-4

④ 复制选区内的图像。按【Ctrl+C】快捷键复制选区内容，然后按【Ctrl+V】快捷键粘贴刚才的内容，这样就得到了一个新的图层"图层 1"，效果如图 15-5 所示，"图层"面板如图 15-6 所示。

图 15-5

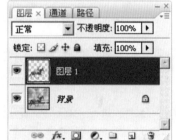

图 15-6

⑤ 模糊图像。按住【Ctrl】键，单击"图层 1"，调出马的选区，然后选择"背景"图层，按【Ctrl +Shfit+I】快捷键反选，执行"滤镜"/"模糊"/"动感模糊"命令，在弹出的"动感模糊"对话框中进行设置，如图 15-7 所示。然后按【Ctrl+F】快捷键重复上一次菜单命令，得到的效果如图 15-8 所示。

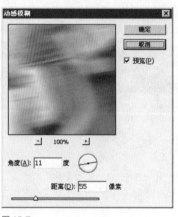

图 15-7

图 15-8

⑥ 最终效果。按【Ctrl+D】快捷键取消选区，选择工具箱中的"模糊工具"，将"强度"设置为"70%"，在马的边缘涂抹，得到的最终效果如图15-9所示，"图层"面板如图15-10所示。

图 15-9

图 15-10

⑦ 单击"创建新的填充或调整图层"按钮，在弹出的菜单中执行"曲线"命令，设置弹出的对话框如图15-11所示。

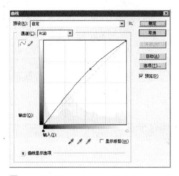

图 15-11

⑧ 设置完"曲线"对话框中的参数后，单击"确定"按钮，得到图层"曲线1"，按快捷键【Ctrl+Shift+ G】，执行"创建剪贴蒙版"操作，即可将调整图层只用于"图层1"中的图像，此时的效果如图15-12所示，"图层"面板如图15-13所示。

图 15-12

图 15-13

技巧提示 ● ● ● ●

　　在使用滤镜中的艺术效果时，一般不要采取只操作一次就制作出最后效果的方法，往往采用的是多种艺术效果混合使用和反复几次使用，这样可以得到比较好的效果。

3. 阴沉的天气

　　对摄影者来说，最烦恼的是阴沉多云的天气，因为在这种天气条件下拍摄的照片缺乏阴影和反差，光线效果也几乎没有任何差异。在这种情况下拍摄的照片非常平淡。

4. 透过薄云的阳光天气

　　最佳的拍摄时间是上午10点以前和下午2点以后，但在这最佳的拍摄时间内，如果外加薄云下的阳光照射，这样的拍摄效果会更好，因为薄云下的阳光较为柔和，而且被摄物体的阴影也很明显但又不十分刺眼。

▲ 阳光透过薄云投射到大地上，产生多样的效果

5. 晨曦的光线

　　很多人可能对一大早拍照不感兴趣，但清晨是拍摄景物的一个绝佳光线条件。在雾蒙蒙的清晨，色温不断变暖，被摄物体经过金灿灿的阳光照射，变成一种令人愉快的暖色调，这时光线明亮，但阳光照射的角度却很低，这样能够拍摄到高反差和色彩饱和的照片。

　　一般来说，曝光既不以强光部分也不以阴影部分测量，而是取决于摄影师所要突出的部分。拍摄时最好是测量强光和阴影部分之间的平均光。

6. 正午的阳光

　　如果在正午烈日下拍摄浅色物体，强烈的光线会模糊被摄物的层次。

16 去除照片中多余的背景效果

制作时间：8 分钟

难易度：＊＊＊＊＊

原图片

修改后的效果

在风景优美的环境中拍照，避免不了会有其他的游客在不同的方向、位置拍照。这样，一幅漂亮的风景照片就会因为主次不分明而略失美感。现在，使用 Photoshop 的强大工具可以修复这些缺陷得到想要的完美效果。

▲ 清晨的阳光穿过树林洒向大地

7. 下午的光线

中午过后，太阳慢慢地西下了，这时会有许多从侧面拍摄各种被摄物的机会，这样拍出来的照片会有立体感。

当太阳已降得很低，逆光拍摄时被摄者近乎剪影。

① 打开文件。执行"文件"/"打开"命令，在弹出的对话框中选择随书光盘中的"02 章 /16 去除照片中多余的背景效果 / 素材"文件，如图 16-1 所示。

② 观察照片。在打开的照片中会看到在人物主体的部位后面有一个多余的人，影响整个照片的效果，须要将这个人修复掉，如图 16-2 所示。

图 16-1

图 16-2

③ 修复照片。选择工具箱中的"修复画笔工具"，按住【Alt】键在三角架左侧单击一点，用来定义修复图像的源点，然后在三角架的支架上拖动，如图 16-3 所示。图 16-4 为修复好的效果。

Photoshop CS3 数码照片修饰与拍摄技巧

图 16-3

图 16-4

④ 使用修补工具修复图像。选择"矩形选框工具"框选需要修补的人物，如图 16-5 所示。选择工具箱中的"修补工具"，将鼠标放置到选区中，移动选区到需要替换的位置，如图 16-6 所示。

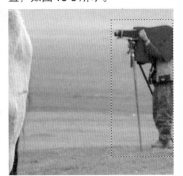

图 16-5

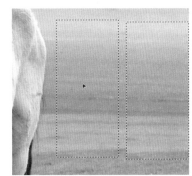

图 16-6

⑤ 修补工具修复后的效果。释放鼠标将看到图像中的人物被替换成需要的部位，如图 16-7 所示。

⑥ 使用"仿制图章工具"修复图像。观察修补后的效果发现图像的过渡会有些不自然，按住【Alt】键，选择修改部位邻近的位置为取样点，在过渡生硬的地方进行细节的修改，多次选择修改部位邻近位置为取样点进行修复，如图 16-8、图 16-9 所示。修改后得到最终的图像效果如图 16-10 所示。

图 16-7

图 16-8

▲　下午的光线拍摄出的剪影效果

8.日落之后

有些摄影师认为这是拍摄风景的最好时机，夕阳渐去，金色的云层发出绚烂的光芒，华灯初上，人流不息，这时的景色非常温馨。但要拍摄好这样优美的画面，动作一定要快，因为这个时间持续较短。

▲　深蓝色的天空和金色的晚霞相得益彰

光是有方向的，不同的光源和来自不同方向的光线所渲染的氛围也不相同。单一光源的时候方向感明确称为直射光，多种光线混合的时候其方向性则不易察觉称为漫射光。灵活运用多种光线则会为作品锦上添花。

▲　光位示意图

第 2 章　数码人像照片修饰

111

图 16-9   图 16-10

顺光拍摄时由于光线是从正面均匀地照射在被摄者身上，因此被摄者的面部及身上绝大部分都是直接受光的，阴影和投影都在被摄者的后方，影调明朗。顺光拍摄测光和曝光都容易控制，即使是使用照相机的自动曝光系统一般也不会出现曝光错误。但是主体的阴影面积较小不利于表现立体感和空间感，缺乏明暗的过渡。

侧光是从被摄者的左右两侧照射过来的光线，它能使被摄者出现明显的受光面，画面明暗对比清楚，富有层次感。侧光主要分为两种，一种是45°侧光，我们称为前侧光，此时光线被认为是最佳的采光角度，用于人像拍摄则更生动、自然。另一种是与被摄者成90°的侧光，这种光线有较夸张的艺术表现力，可增强对比最大限度地制造出画面空间。

▲　侧光所营造出来的光线比较柔和

逆光时光线来自于照相机的正面，其照片特点是被摄者绝大部分处在阴影之下，影调沉重但是立体感较强。特别是对毛茸茸的东西进行拍摄时最为适宜，采用这样的光线拍摄时最好选择暗色的背景以烘托边缘感。

▲　逆光拍摄的叶子通透明亮，轮廓清楚

第3章

数码照片怀旧修饰

随着科技的快速发展，拍摄技术已经从原始的胶片时代发展到了数码时代，现在已经很难看见色彩单一的旧照片了。其实，旧照片是年代的象征，也别有一番风味，本章主要介绍如何将近期拍摄的数码照片制作出各种旧照片的效果。

制作旧油画效果

制作时间：30 分钟

难易度：＊＊＊＊＊

原图片

修改后的效果

本实例应用了 Photoshop 的各种调色命令，以及通道、滤镜和图层混合模式等，来制作照片的破旧油画效果。通过对本例的学习，读者可以学习到特殊的效果底纹以及制作旧油画效果的方法和技巧。

照片紫边从何而来

用数码照相机拍摄时经常会看到在照片高光部分有一定的紫边现象。特别是仰拍树木的时候，树枝边缘处的紫边就更为明显。这类现象在家用数码照相机以及小尺寸数码单反照相机上都会经常发生，专业全画幅数码照相机配合专业镜头时，紫边现象可以得到一定的控制。之所以出现这样的现象主要跟镜头色散、衍射、照相机感光元件大小以及感光元件所集合的像素多少有密切的关系。紫边现象目前仍没有彻底解决的办法，消除紫边主要靠后期处理，但是前期创作的时候如果能准确地控制好色温，尽量避免

▲ 红圈内紫边较为明显

① 打开图像，执行"文件"/"打开"命令，在弹出的对话框中选择随书光盘中的"03 章 /01 制作旧油画效果 / 素材"文件，如图 1-1 所示。下面将要制作此照片的旧照片效果。单击"图层"面板中的"背景"图层，将其拖动到"创建新图层"按钮上（或按快捷键【Ctrl+J】）复制图层，如图 1-2 所示。

图 1-1

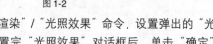

图 1-2

② 改变图像的色调。执行"滤镜"/"渲染"/"光照效果"命令，设置弹出的"光照效果"对话框，如图 1-3 所示。在设置完"光照效果"对话框后，单击"确定"按钮，此时的效果如图 1-4 所示。

图 1-3

图 1-4

③ 新建图层并添加云彩图像效果。新建一个图层，得到"图层 1"。设置前景色为黑色，背景色为白色，执行"滤镜"/"渲染"/"云彩"命令，得到类似图1-5所示的效果，此时的"图层"面板如图1-6所示。

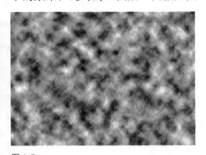

图 1-5

图 1-6

④ 制作调色刀效果。执行"滤镜"/"艺术效果"/"调色刀"命令，在弹出的对话框中设置"描边大小"为"20"，"描边细节"为"1"，"软化度"为"0"，如图1-7所示。得到图1-8所示的效果。

图 1-7

图 1-8

⑤ 制作海报边缘效果。执行"滤镜"/"艺术效果"/"海报边缘"命令，在弹出的对话框中设置"边缘厚度"为"2"，"边缘强度"为"0"，"海报化"为"2"，如图1-9所示。得到图1-10所示的效果。

图 1-9

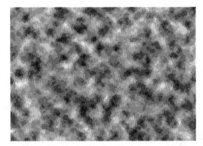

图 1-10

⑥ 设置图层混合模式，设置"图层 1"的图层混合模式为"柔光"，使其与下方图层混合，此时的效果如图1-11所示，"图层"面板如图1-12所示。

图 1-11

图 1-12

高光，降低色彩饱和度和对比度，仍可以把紫边现象的危害降到最低。

▲ 经过处理后紫边基本不存在了

📷 拍摄剪影的秘密

亭亭玉立的少女站在夕阳衬托下的海边或是高高的城楼矗立在金色的晚霞中，默默地展现着历史的风云变幻，此情此景我们在很多杂志和电视上都看到过，这些美丽的景色给我们留下了很深的印象，这就是剪影的魅力。

拍摄剪影时要注意以下几个方面：

（1）选择好拍摄时间。清晨和傍晚是拍摄剪影的最佳时间，但是这段时间往往也比较短暂。因此在拍摄之前摄影师就要根据自己的创作意图到拍摄场地实地进行考察，以保证能够顺利地拍摄到一幅完美的作品。

（2）拍摄剪影时构图应简单精炼突出主体。剪影很大程度上是要表现一种线条，突出主体给观赏者所带来的直接冲击力，因此在拍摄的时候要去除与主体无关的各种元素。

（3）曝光是关键。拍摄剪影时一定要遵守"宁欠不过"这个原则。曝光太高就会导致剪影背景变弱，缺乏层次感。测光以背景为主，突出主体的轮廓。

▲ 夕阳下的女孩

◎ 中午拍摄逆光时的诀窍

中午的阳光似乎不受摄影师们的追捧，多数摄影师披星戴月追求日出和日落的绚丽，其实不管什么时候拍摄，只要方法得当都可以拍摄出很好的作品。

中午的光线较强，就是我们普通意义上所理解的顶光。由于我国多数地区都在北半球，因此真正的顶光在我国大部分地区是不存在的。虽然如此我们在拍摄之前还是要充分做好各种准备工作的。为了防止眩光和其他杂光对画面的影响，应尽量选择使用长焦镜头以及为被摄者补光的反光板。

拍摄的时候被摄者被安排在较暗的前景前，配合使用大光圈来虚化背景，这样拍摄出来的作品轮廓光明显，效果十分理想。

▲ 中午逆光拍摄时的效果，为了保持被摄者面部的清晰要使用反光板

⑦ 制作绘画涂抹效果。选中"背景"图层，按快捷键【Ctrl+J】，得到"背景 副本2"，将"背景 副本2"调整到所有图层的上方，执行"滤镜"/"艺术效果"/"绘画涂抹"命令，设置弹出的对话框，如图1-13所示，得到图1-14所示的效果。

图1-13

图1-14

⑧ 设置图层混合模式。设置"背景 副本2"的图层混合模式为"叠加"，此时的效果如图1-15所示，"图层"面板如图1-16所示。

图1-15

图1-16

⑨ 添加图层蒙版。单击"添加图层蒙版"按钮，为"背景 副本2"添加图层蒙版，设置前景色为黑色，选择"画笔工具"，设置适当的画笔大小和透明度后，在图层蒙版中涂抹，得到图1-17所示的效果，其涂抹状态和"图层"面板如图1-18所示。

图1-17

图1-18

⑩ 增加图像的亮度和对比度。单击"创建新的填充或调整图层"按钮，在弹出的菜单中执行"亮度/对比度"命令，设置弹出的对话框，如图1-19所示。

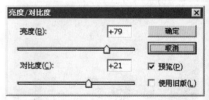

图1-19

⑪ 设置完"亮度/对比度"对话框中的参数后，单击"确定"按钮，得到图层"亮度/对比度1"，得到图 1-20 所示的效果，"图层"面板如图 1-21 所示。

图 1-20   图 1-21

⑫ 编辑图层蒙版。单击"亮度/对比度1"的图层蒙版缩略图，设置前景色为黑色，选择"画笔工具"，设置适当的画笔大小和透明度后，在图层蒙版中涂抹，其涂抹状态和"图层"面板如图 1-22 所示，涂抹后得到图 1-23 所示的效果。

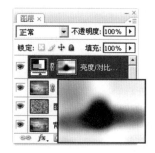

图 1-22   图 1-23

⑬ 新建图层。在"图层"面板中单击"创建新图层"按钮，新建"图层2"，并将其填充为黑色，如图 1-24 所示。

⑭ 制作画纸的纹理效果。执行"滤镜"/"纹理"/"纹理化"命令，在弹出的"纹理化"对话框中设置各项参数值，具体数值如图 1-25 所示。单击"确定"按钮，得到图 1-26 所示的效果。

图 1-24

图 1-25   图 1-26

⑮ 设置图层混合模式。将"图层2"的图层混合模式设置为"滤色"。这样，壁纸的效果就制作完成了，效果如图 1-27 所示，此时的"图层"面板如图 1-28 所示。

📷 **摄影用光还要注意的问题**

用光不当会导致画面失去美感，破坏画面的整体协调。很多人说摄影就是用光的技术不是没有道理。除了以前所描述的用光原理以外，平时拍摄过程中还要注意以下几点：

在树林中拍摄时，要注意光线照射到被摄者面部及身上的位置，避免出现花脸现象。

中午拍摄时由于光线属于顶逆光会给人物的面部表情带来缺陷，这时要用反光板或者是闪光灯补光来保持被摄者面部清晰。同时要选择好遮光罩来防止光晕和杂光干扰画面。

室内拍摄时要注意使用照相机的防红眼功能，同时要避免阳光从正面照射使被摄者出现白斑现象。

使用闪光灯时要注意被摄者的眼镜，以免形成反光，室内拍摄使用闪光灯的时候要与被摄者保持一定的距离，以消除被摄者因闪光而出现的阴影。

▲ 光线要均匀照射被摄者面部，避免"花脸"

有关闪光灯的话题

前面提到了闪光灯是摄影师进行摄影创作时必不可少的工具之一。购买闪光灯的时候要注意以下几个方面：

（1）闪光指数。作为一个照相机的配件，闪光指数是衡量一款闪光灯优劣的重要指标。闪光指数越高自然就越受欢迎，闪光指数用GN来表示。闪光指数＝光圈系数×闪光距离。

（2）要注意热靴接口。不同的照相机所使用的热靴接口也不相同。

（3）跟购买照相机一样，要注意包装盒封口处的贴标是否有打开过的痕迹，拨打防伪标签上的800电话进行验证，检查产品编号和包装盒、说明书上的编号是否一致。注意检查包装盒内的小附件，如柔光罩等。

（4）购买闪光灯的时候要尽量购买原厂闪光灯。由于在兼容性上的差别，副厂闪光灯容易对机身产生破坏，严重者会烧毁热靴甚至机身。

在日常拍摄中，闪光灯的设置主要分为自动闪光、强制闪光、强制不闪光、快慢速快门同步闪光、消除红眼闪光。要根据不同需要设置闪光方式。

▲ 有关闪光灯设置的各种图标

自动闪光、强制闪光

自动闪光就是照相机按照当时的拍摄环境自主决定是否闪光的一种闪光模式，也是初学者使用最多的一种模式。这种模式下拍出来的照片很容易破坏现场光线，特别是家用数码照相机中的自动闪光由于受到闪光量和闪

图 1-27

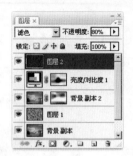

图 1-28

⑯ 调整图像颜色。单击"创建新的填充或调整图层"按钮，在弹出的菜单中执行"通道混合器"命令，设置弹出的对话框，如图1-29所示。

图 1-29

⑰ 确认颜色调整。设置完"通道混合器"对话框的参数后，单击"确定"按钮，得到图层"通道混合器1"，得到图1-30所示的效果，此时的"图层"面板如图1-31所示。

图 1-30

图 1-31

⑱ 按快捷键【Shift+Ctrl+Alt+E】，执行"盖印"操作，得到新图层"图层3"，如图1-32所示。新建一个图层，得到"图层4"，将"图层4"调整到"图层3"下方，设置前景色为白色，按快捷键【Alt+Delete】用前景色填充"图层4"，此时的"图层"面板如图1-33所示。

图 1-32

图 1-33

⑲ 新建通道并制作选区。切换到"通道"面板，新建一个通道 Alpha 1，如图 1-34 所示。按快捷键【Ctrl+A】全选图像，执行"选择"/"修改"/"边界"命令，设置弹出的对话框，如图 1-35 所示。得到图 1-36 所示的选区效果。

⑳ 填充白色。设置前景色为白色，按快捷键【Alt+Delete】用前景色填充选区，按快捷键【Ctrl+D】取消选区，得到图 1-37 所示的效果。

图 1-34

图 1-35

图 1-36

图 1-37

㉑ 添加玻璃效果。执行"滤镜"/"扭曲"/"玻璃"命令，设置弹出的对话框，如图 1-38 所示。得到图 1-39 所示的效果。

图 1-38

图 1-39

㉒ 最终效果。按住【Ctrl】键单击通道 Alpha 1，载入其选区，切换到"图层"面板，选择"图层 3"，按住【Alt】键单击"添加图层蒙版"按钮，得到图 1-40 所示的最终效果，此时的"图层"面板如图 1-41 所示。

图 1-40

图 1-41

光范围的影响效果并不是很好。但是此种闪光方式比较傻瓜，在没有特殊光线要求的情况下，这种选择也未尝不是一个好办法。

强制闪光。强制闪光是摄影师按照自己的创作意图强制闪光灯闪光的一种模式。此种模式充分地发挥了摄影师的想象力，是摄影师最常用的一种模式。

▲ 正确使用闪光灯以后，人物清晰又不会破坏环境

▲ 高性能的外置闪光灯自动闪光时也可以取得好满意的效果

02 制作褶皱的照片

制作时间：45 分钟
难易度：★★★★★

原图片

修改后的效果

本例制作的是一张被揉皱的旧照片效果，通过对本例的学习，读者可以对"云彩"、"浮雕效果"滤镜命令和混合模式中的"叠加"有更为深刻的了解。

防红眼和慢快门同步闪光

用闪光灯拍摄人物时经常会出现"红眼"现象。这是因为被摄者视网膜后的血管对闪光的反射使瞳孔扩张，导致反射光线过多就出现了"红眼"。好在目前很多照相机都具备了"防红眼"这一功能。如果照相机没有这一功能，那么，在拍摄过程中也可以用其他办法来防止这一现象。一是避免在完全黑暗的环境中使用闪光灯拍摄；二是避免正面使用闪光灯，使闪光灯和被摄者视线形成一个角度，避免瞳孔上的直射反光点。

慢快门同步闪光就是照相机能够将闪光灯和环境光线均衡，避免光线反差过大，背景细节丢失。一般家用数码照相机都不具备这一功能。使用慢快门同步闪光的时候，因为快门速度变慢了，画面可能会因为拍摄人的手振动而导致模糊。建议拍照时配合三脚架保持稳定。

① 新建文件。执行"文件"/"新建"命令 (或按【Ctrl+N】 快捷键)，设置弹出的对话框，如图 2-1 所示。单击"确定"按钮，得到一个空白文档。

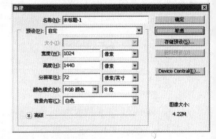

图 2-1

② 设置前景色并填充背景图层。单击工具栏中前景色块，在弹出的对话框中进行前景色的设置，如图 2-2 所示。按快捷键【Alt+Delete】用前景色填充"背景"图层，如图 2-3 所示。

图 2-2

图 2-3

③ 打开文件。执行"文件"/"打开"命令，在弹出的对话框中选择随书光盘中的"03章/02制作制作褶皱的照片/素材"文件，如图2-4所示。使用"移动工具"将其拖动到第1步新建的文件中，得到"图层1"，按快捷键【Ctrl+T】，调出自由变换控制框，将图像变换到图2-5所示的状态，按【Enter】键确认操作，此时的"图层"面板如图2-6所示。

图2-4　　　　　　图2-5　　　　　　图2-6

④ 载入选区。按住【Ctrl】键单击"图层1"，载入其选区，如图2-7所示。执行"选择"/"修改"/"平滑"命令，设置弹出的对话框中的"取样半径"为"20像素"，如图2-8所示。单击"确定"按钮。

图2-7　　　　　　　图2-8

⑤ 新建通道并填充白色。切换到"通道"面板，单击"通道"面板底部的"新建通道"按钮，得到Alpha 1通道，用白色填充选区，如图2-9所示。"通道"面板如图2-10所示。

图2-9　　　　　　图2-10

⑥ 制作喷溅效果。执行"滤镜"/"画笔描边"/"喷溅"命令，在弹出的对话框中设置"喷色半径"为"25"，"平滑度"为"15"，如图2-11所示。得到图2-12所示的效果，此时的图像边缘呈现出碎边的效果。

▲ 正使用防红眼功能的前后对比

📷 **平均测光**

　　一些内置式闪光灯由于闪光指数较小或者被摄者离闪光灯太远，超过了闪光范围，就会出现曝光不足。

　　要解决这一问题一是要尽量使用大指数的闪光灯和大光圈镜头，如果没有这些的时候就要使用其他光源弥补曝光不足；二要注意闪光灯的闪光范围，尽可能的将被摄者控制在闪光范围内；三要合理使用柔光罩，注意白色反射物以免因闪光灯的错误判断而引起曝光不足。

　　要提醒大家的是目前内置式闪光灯的闪光指数多在 20～30 之间，有效距离约3m。

▲ 闪光灯闪光不足时拍摄的照片

▲ 增加闪光强度后的对比

图 2-11

图 2-12

⑦ 制作强化边缘效果。执行"滤镜"/"画笔描边"/"强化边缘"命令，在弹出的对话框中设置"边缘宽度"为"1"，"边缘亮度"为"43"，"平滑度"为"8"，如图 2-13 所示。得到图 2-14 所示的效果。

图 2-13

图 2-14

⑧ 制作塑料包装效果。执行"滤镜"/"艺术效果"/"塑料包装"命令，在弹出的对话框中设置"高光强度"为"20"，"细节"为"6"，"平滑度"为"12"，如图 2-15 所示。得到图 2-16 所示的效果。

图 2-15

图 2-16

⑨ 使用"画笔工具"调整图像效果。设置前景色为白色，选择"画笔工具"，设置适当的画笔大小和透明度后，在图像中间的灰色部分进行涂抹，得到图 2-17 所示的效果。然后继续使用"画笔工具"在图像的边缘进行涂抹，其涂抹的效果如图 2-18 所示。

▣ 什么时候关闭闪光灯

　　闪光灯确实是一个很好的摄影辅助工具，但是在超过闪光范围的时候，用不用效果都一样，为了省电就可以把

图 2-17

图 2-18

⑩ 缩小通道中的图像。按快捷键【Ctrl+T】，调出自由变换控制框，在工具选项栏中，将长宽改为"98%"，如图 2-19 所示，按【Enter】键确认操作。单击"通道"面板下面的按钮，载入选区，切换到"图层"面板，图像效果如图 2-20 所示。

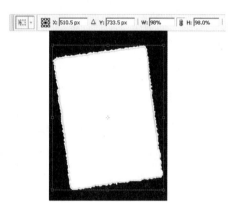

图 2-19

图 2-20

⑪ 添加图层蒙版。单击"添加图层蒙版"按钮，为"图层 1"添加图层蒙版，此时选区以外的图像就被隐藏起来了，如图 2-21 所示。此时的"图层"面板如图 2-22 所示。

图 2-21

图 2-22

⑫ 更改图层混合模式。设置"图层 1"的图层混合模式为"正片叠底"，使其与下方图层合成，图像效果如图 2-23 所示。"图层"面板如图 2-24 所示。

闪光灯关闭了；在光线较暗需要闪光但是背景反射面太大的时候也没有必要用闪光灯，比如有玻璃等反光物；距离被摄物太近会导致闪光面不均匀，或者曝光过渡，此时也要关闭闪光灯，通过提高 ISO 值或者大光圈来解决曝光不足的问题。

闪光灯并不好控制，使用不好，拍出来的效果反倒不如不使用的好。比如舞台摄影，由于光线比较复杂，强制闪光会破坏现场光，不能体现出舞台灯光的多变和神秘感，同时闪光灯发出的光线也会影响到白平衡，不能真实地再现现场环境，所以使用闪光灯要遵循创作原则，合理使用。

▲ 通过提高 ISO 值得到准确色彩

◎ 跳灯

跳灯是在室内利用闪光灯进行光灯创作时常用的技巧之一。它通过改变闪光灯的发光方向将其光线打到天花板或墙壁上，通过这些反光物反射光线来实现均匀布光和扩散光线的目的。

跳灯主要分为以下几类：

（1）90° 直射。这是最平常的跳灯技巧。这样拍摄出来的照片比较生硬，同时也会有阴影。

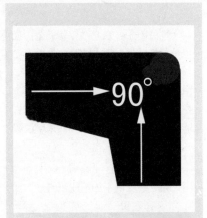

▲ 90°闪光灯示意图

（2）将闪光灯向上提高若干角度，通过天花板或者其他反光物向下反射到被摄物。

（3）将闪光灯左右旋转，通过周围的反光物，将光线照射到被摄物。

只有外置闪光灯才可以实现第二种和第三种跳灯技巧，同时也要注意反光物的反光效果和灯光合理布置。以免出现曝光不足或曝光过度的现象从而影响到拍摄效果。

📷 闪光灯的 TTL 模式

TTL测光系统是英文 through the taking lens 的缩写，含义是透过镜头的光量，即表示照相机的内测光系统或内测光装置。

内测光（TTL）方式普遍应用在单镜头反光照相机上，是将测光元件安装在镜头之后，测量透过镜头的光线强度，所以其测光受角同镜头完全一致，其测光精度也不会受到更换镜头和外加滤光镜等因素的影响，因此测光结果也相对精确。

目前常用的 TTL 模式主要是佳能公司开发的 A-TTL、E-TTL、E-TTL Ⅱ和尼康公司的 I-TTL 以及 P-TTL。

（1）A-TTL'高级透过镜头'闪光测光，在早期的 EOS 系列胶片照相机上普遍使用。

图 2-23

图 2-24

⑬ 添加图层样式。选择"图层 1"，单击"添加图层样式"按钮，在弹出的菜单中执行"投影"命令，设置弹出的"投影"命令对话框，如图 2-25 所示。单击"内阴影"选项，设置弹出的"内阴影"命令对话框，如图 2-26 所示。

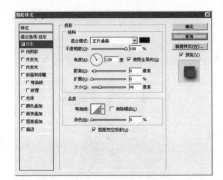

图 2-25

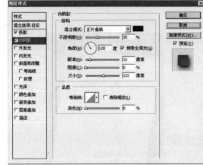

图 2-26

⑭ 确认操作，得到立体效果。设置完"投影"、"内阴影"命令对话框后，单击"确定"按钮，得到图 2-27 所示的立体效果，此时的"图层"面板如图 2-28 所示。

图 2-27

图 2-28

⑮ 建立颜色调整图层。单击"创建新的填充或调整图层"按钮，在弹出的菜单中执行"色阶"命令，设置弹出的对话框，如图 2-29 所示。

⑯ 确认操作，得到提高图像亮度的目的。设置完"色阶"对话框中的参数后，单击"确定"按钮，得到图层"色阶 1"。按快捷键【Ctrl+Shift+G】，执行"创建剪贴蒙版"操作，图像效果如图 2-30 所示，此时的"图层"面板如图 2-31 所示。

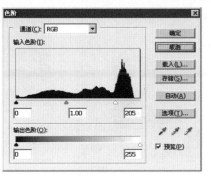

图 2-29

图 2-30

图 2-31

⑰ 新建图层。新建一个图层得到"图层 2"，将前景色设置为黑色，背景色设置为白色，执行"滤镜" / "渲染" / "云彩"命令，得到图 2-32 所示的效果。

⑱ 制作分层云彩效果。执行"滤镜" / "渲染" / "分层云彩"命令，按快捷键【Ctrl+F】多次重复运用"分层云彩"命令，得到类似图 2-33 所示的效果。因为"分层云彩"是随机效果的滤镜，使用一次不一定能得到所需要的效果，所以须要多次重复运用。

图 2-32

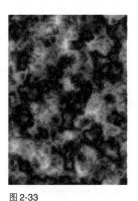

图 2-33

⑲ 放大图像并制作褶皱效果。按快捷键【Ctrl+T】，调出自由变换控制框，将"图层 2"放大到图 2-34 所示的状态，用自由变换控制框调整好图像后，按【Enter】键确认操作。执行"滤镜" / "风格化" / "浮雕效果"命令，设置弹出的对话框，如图 2-35 所示。得到图 2-36 所示的效果。

（2）E-TTL '评价式透过镜头' 闪光测光。E-TTL 由主闪光泡发出一束已知亮度的低功率预闪，用以确定正确的闪光曝光。它通过预闪测量景物的反射率，然后基于这些数据计算出达到中间影调所需要的闪光输出功率。

（3）I-TTL 和 E-TTL 的区别在于 I-TTL 在合焦之后会代入距离信息做进一步的修正。

（4）P-TTL 模式在预闪时通过机身的多区测光系统结合来自镜头的主体距离信息来计算最佳闪光输出，较之传统TTL模式更加精确。不受反射率影响，在黑背景下也可获得适当的曝光。

色温

色温是一个色彩概念，是指把金属加热到一定温度后就所发出的颜色光。比如，一个黑色的金属物体受热后开始发光，它首先会变成暗红色，随着温度的升高会渐变成橙黄色而后成为白色最后就变成了蓝色。色温用 K（开尔文）表示，对摄影来说从白天到黑夜，从风和日丽到阴雨绵绵，色温都发生着不同的变化。日出和日落时的色温在2000K和3000K之间；早晨和下午的阳光色温在4000K和5000K之间；中午的阳光在5500K左右。

▲ 色温　　　　▲ 肯高色温表

色温和白平衡的调节

色温的调节主要是通过调节照相机内的白平衡来实现的。很多专业照相机都具有色温调节和自定义白平衡的功能，目前各种数码照相机中都具有一定数量的白平衡模式供用户选择，如日光、阴天、多云等，这些功能方便了客户但是也限制了客户，所以要学会自定义白平衡是很重要的。自定义白平衡一般使用白纸，将其放在拍摄光线下，按白平衡键即可完成设置，这种方法简单也很容易操作，但是不准确。

要想获得准确的白平衡就要使用灰卡和白平衡滤镜来完成。灰卡的表面可以均衡外界的散射光，使光线接近18%的中性灰色，以便于准确的还原色彩，而白平衡滤镜和灰卡的原理一样，只是它须要按照镜头的规格来购买，但比灰卡耐用。

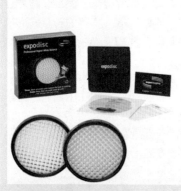

▲ 美国 EXPODISC 白平衡滤镜

镜头卫士——UV 镜

UV 镜也称为紫外线滤光镜，它可以吸收或减弱光源中的紫外线，消除紫外线对成像的影响，提高画面的清晰度。由于它是无色透明的，对色彩不产生任何副作用，所以可以长期安装在镜头上以保护镜头。

UV 镜目前有多层镀膜和单层镀膜两种。一般用户可按照镜头的口径选择单层镀膜就可以满足要求了。市场

图 2-34

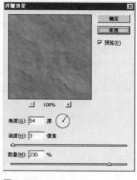

图 2-35

图 2-36

⑳ 调整图像亮度。执行"图像"/"调整"/"亮度/对比度"命令，在弹出对话框中设置"亮度"为"4"，"对比度"为"50"，如图 2-37 所示。得到图 2-38 所示的效果。

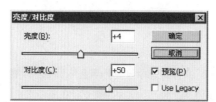

图 2-37

图 2-38

㉑ 模糊图像。执行"滤镜"/"模糊"/"高斯模糊"命令，在弹出的对话框中设置"半径"为"3 像素"，如图 2-39 所示。得到图 2-40 所示的效果。

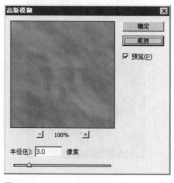

图 2-39

图 2-40

㉒ 更改图层混合模式。设置"图层 2"的图层混合模式为"叠加"，与下方的图像混合，为下方的图像制作褶皱的效果，图像效果如图 2-41 所示，"图层"面板如图 2-42 所示。

图 2-41

图 2-42

上销售的 UV 镜主要有肯高和 B+W 两个厂家生产,但是假冒 UV 镜目前也比较多,用户购买的时候要注意查看包装盒是否完整,说明书印刷字迹是否清楚,侧光下查看镜片颜色有无变化来确定是否镀膜,还要注意检查镜片表面有无划痕,最后不要因为 UV 镜价格不高而不索取加盖销售章的票据。

▲ B+W UV 镜

㉓ 复制图层,加深褶痕。按快捷键【Ctrl+J】两次,复制"图层 2"得到"图层 2 副本",如图 2-43 所示。得到图 2-44 所示的效果。

图 2-43

图 2-44

▲ 肯高 UV 镜

偏振镜

偏振镜可以将画面里的偏振光去除,减少画面上的发光和雾气,使画面更加清晰、通透,特别是在拍摄玻璃橱窗和风景的时候,一块偏振镜是必不可少的。它可以减少玻璃的反光,强化蓝天,加强蓝天和白云的对比,保持画面生动活泼。

㉔ 创建剪贴蒙版。分别选择"图层 2"、"图层 2 副本",按快捷键【Ctrl+Shift+G】,执行"创建剪贴蒙版"操作,得到图 2-45 所示的效果,此时的"图层"面板如图 2-46 所示。

图 2-45

图 2-46

偏振镜目前分为两类,一类是线型偏振镜(PL),这种偏振镜价格比较便宜;另一类是环型偏振镜(CPL),这种偏振镜价格较高。但是这一类镜片更为实用。

㉕ 调整图像颜色,降低图像饱和度。单击"创建新的填充或调整图层"按钮,在弹出的菜单中执行"色相"/"饱和度"命令,设置弹出的对话框,如图 2-47 所示。

偏振镜的选购和 UV 镜一样要保持和镜头口径大小的一致,另外验货的时候也要认真查看镜片,交易完成后还是要提醒索取票据。

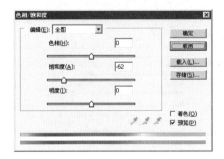

图 2-47

▲ 偏振镜使用效果对比，上图未使用偏振镜，下图使用了偏振镜

📷 减光镜的使用

大家经常会看到一些像雾一样的流水，急速行驶的车辆在夜色中勾勒出一个个优美的线条，或许大家也正在为强光下不能长时间曝光而错过一些动态的美景深感遗憾，那从现在开始就好好认识一下减光镜吧。

刚才所提到的那些场景在专业镜头和照相机镜的配合下很容易实现。但是目前一些消费类的数码照相机，由于市场定位不同在光圈和快门上做了一定的限制，最短快门一般限制在 1/1000s 和 1/2000s 之间，最小光圈限制在F/11。这种限制就会导致在强光拍摄中出现曝光过度的现象。使用减光镜就可以解决这一问题。

在拍摄流水的时候，大家都知道可以用光圈优先(Av)，通过设定小光圈使快门速度变慢来获得动态的流动效果。当然也可以通过手动挡(M)调节快门和光圈的组合得到一幅完美的流动画面。但是在白天强光下拍摄的时候快门和光圈都有可能达到极限，那么就须要通过减光镜来降低通光量实现拍摄目的。

㉖ 确认调整。设置完"色相/饱和度"对话框中的参数后，单击"确定"按钮，得到图层"色相/饱和度1"，此时的效果如图2-48所示，"图层"面板如图2-49所示。

图 2-48

图 2-49

㉗ 复制图层蒙版。按住【Alt】键拖动"图层1"的图层蒙版缩略图到"色相/饱和度1"的图层名称上，以替换"色相/饱和度1"的图层蒙版，使"色相/饱和度1"只对照片起作用，得到图2-50所示的效果，此时的"图层"面板如图2-51所示。

图 2-50

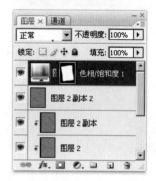

图 2-51

㉘ 将图像颜色调整的偏黄一些。单击"创建新的填充或调整图层"按钮，在弹出的菜单中执行"通道混合器"命令，设置弹出的对话框，如图2-52、图2-53、图2-54所示。

图 2-52

图 2-53

图 2-54

㉙ 确认图像颜色调整。设置完"通道混合器"对话框中的参数后，单击"确定"按钮，得到图层"通道混合器 1"，此时的效果如图 2-55 所示，"图层"面板如图 2-56 所示。

图 2-55

图 2-56

㉚ 创建调整图层。单击"创建新的填充或调整图层"按钮，在弹出的菜单中执行"色相/饱和度"命令，设置弹出的对话框，如图 2-57、图 2-58 所示。

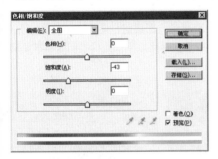

图 2-57

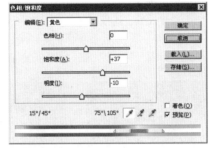

图 2-58

㉛ 确认颜色调整。设置完"色相/饱和度"对话框中的参数后，单击"确定"按钮，得到图层"色相/饱和度 2"，此时的效果如图 2-59 所示，"图层"面板如图 2-60 所示。

图 2-59

图 2-60

㉜ 降低图像亮度，提高对比度。单击"创建新的填充或调整图层"按钮，在弹出的菜单中执行"亮度/对比度"命令，设置弹出的对话框，如图 2-61 所示。

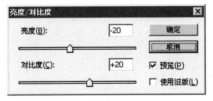

图 2-61

总之，当照相机光圈和快门达到极限却仍无法解决曝光过度问题时，减光镜就是一个非常不错的选择。

光芒的使者——星光镜

星光镜是夜景拍摄中令很多摄影师喜欢的一种效果镜。它可以在正常曝光下实现星光效果。使夜色变得更见璀璨。

星光镜分十字型、雪花型和米字型三种。十字型是纵横交叉出现四条光芒，故而也叫 4 线型；雪花型顾名思义放射出 6 线光芒也称 6 线型；米字型放射出 8 线光芒也叫 8 线型。

这三种星光镜光芒射线由少到多可供用户选择，但是从摄影实践中看，十字型星光镜由于射出的光芒太少而使画面星光略显单调，米字型由于光芒射线太多而使画面显得复杂，所以雪花型星光镜的使用次数是最多的。因此大家在购买星光镜的时候若无特殊要求则购买 6 线型星光镜即可满足日常拍摄需要。

▲ 星光镜

柔光镜和柔光罩

在进行人像摄影的时候为了使被摄者的肤色显得更好，制造出梦幻般的迷人效果就须要使用柔光镜头进行创作。柔焦镜头可以说是一个人像创作的利器，但柔焦镜头价格比较高，在这个时候柔光镜和柔光罩就成了我们的选择。

柔光镜能够扩散光线，使高亮部位的光线扩散到周围，呈现出弥散状的美感，加在闪光灯前面的柔光罩也可以将闪光灯射出的强光扩散，使强光转化成柔光，来提高画面的美感。

柔光镜和柔光罩都可以扩散光线，使用的时候要注意曝光，以免造成曝光不足。

选择柔光镜的时候要以镜头的口径根据，柔光罩作为闪光灯的附件一般在购买闪光灯的时候附赠。所以再次提醒读者朋友，在购买闪光灯的时候一定要认真检查附件。

▲ 安装柔光罩的外置闪光灯

📷 平均测光

滤镜的种类繁多，各种特殊效果镜使人眼花缭乱。除了刚刚介绍的常用滤镜以外还有渐变镜、色变镜、红外线透镜、微距镜、增倍镜等等，这些镜片丰富了各种色彩和影调，拓展了摄影师的创作空间。

在拍摄过程中，各种滤镜都有其特殊的效果，经常搞创作的影友除了拥有多种镜头外恐怕就是各种滤镜了。由于拍摄环境复杂，滤镜的使用也须要不断地进行组合，这种组合是随意的，就像在用各种色彩积木来搭建一个美丽的摄影大厦。在这个过程中，每个人都是设计师。希望大家在滤镜的世界里创作出更多的作品。

㉝ 确认亮度／对比度调整。设置完"亮度／对比度"对话框中的参数后，单击"确定"按钮，得到图层"亮度／对比度1"，此时的效果如图2-62所示，"图层"面板如图2-63所示。

图2-62

图2-63

㉞ 新建图层。新建一个图层得到"图层3"，将前景色设置为黑色，背景色设置为白色，执行"滤镜"／"渲染"／"云彩"命令，得到图2-64所示的效果。

㉟ 最终效果。选择"图层3"在"图层"面板中将图层混合模式改为"叠加""不透明度"调整为"30%"，得到图2-65所示的最终效果，此时的图像具有明暗参差的效果，"图层"面板如图2-66所示。

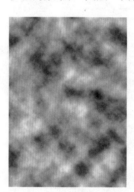

图2-64

图2-65

图2-66

水彩风景

制作时间：18分钟
难易度：＊＊＊＊＊

原图片

修改后的效果

　　一张满意的风景照在Photoshop中可以轻松制作成有趣的水彩画，在制作好的图像中再题上几个毛笔字，宛然一幅逼真的水彩画。

　　制作这种水彩效果主要应用了Photoshop中的滤镜这一强大功能，再结合"图层混合模式"、调色命令等技术，将图像效果表现得更加细致。

①　打开照片。执行"文件"/"打开"命令，在弹出的对话框中选择随书光盘中的"03章/03水彩风景/素材"文件，如图3-1所示，此时的"图层"面板如图3-2所示。

图 3-1

图 3-2

②　增加图像颜色饱和度。在"图层"面板中拖动"背景"到"创建新图层"按钮上，释放鼠标得到"背景 副本"，将"背景 副本"的图层混合模式改为"柔光"，得到图3-3所示的效果，此时的"图层"面板如图3-4所示。

图 3-3

图 3-4

▲　渐变镜效果。上图未使用渐变镜，下图使用渐变镜

📷 反光板

　　反光板有白色、银色和金色三种，主要用于补光。面积越大的反光板越

好，因为面积越大反射出的光线就越均匀、自然。

白色反光板的反光度不强，仅供近距离使用，其光线自然柔和。

银色反光板比较明亮，所以它反射的光线较强，可以产生明亮的光。

金色反光板可以产生色温较暖的光线，购买反光板的时候有三种颜色组合到一起的也有两种颜色和单色的反光板供客户选择，面积在40cm以上的比较实用。

反光板制作简单，有兴趣的网友可以自行制作，既能满足DIY的过程，又可以满足自己的特殊需要。

自己动手制作反光板的时候要保证用料的细致、均匀、光滑，选用富有弹性的撑件，使反光面可以全部伸展开，以免造成错误反射光同时又便于今后的存放。

▲ 反光板

摄影构图

构图是摄影师按照自己的创作意图，将无序的元素找出顺序，并将各种元素联系、组合到一起的一个过程。比如，一张照片是由光线、色彩和形状三部分来构成的，构图的目的就是将三者按照一定的顺序组织起来，表现一个明确的主题。

③ 建立颜色调整图层。单击"创建新的填充或调整图层"按钮，在弹出的菜单中执行"色阶"命令，设置弹出的对话框，如图3-5所示。

④ 确认颜色调整。设置完"色阶"命令的参数后，单击"确定"按钮，得到图层"色阶1"，图像效果如图3-6所示，此时的"图层"面板如图3-7所示。

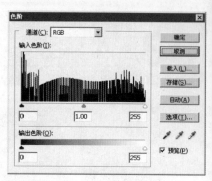

图 3-5

图 3-6

图 3-7

⑤ 添加特殊模糊效果。按快捷键【Ctrl+Shift+Alt+E】，执行"盖印"操作，得到"图层1"，执行"滤镜"/"模糊"/"特殊模糊"命令，设置弹出的对话框，如图3-8所示。得到图3-9所示的效果，此时的"图层"面板如图3-10所示。

⑥ 添加水彩效果。按快捷键【Ctrl+Shift+Alt+E】，执行"盖印"操作，得到"图层2"，执行"滤镜"/"艺术效果"/"水彩"命令，设置弹出的对话框，如图3-11所示。得到图3-12所示的效果，此时的"图层"面板如图3-13所示。

图 3-8

图 3-9

图 3-10

图 3-11

图 3-12

图 3-13

⑦ 加深图像颜色。将"图层2"的图层混合模式改为"颜色加深"，设置其图层不透明度为"40%"，得到图 3-14 所示的效果，此时的"图层"面板如图 3-15 所示。

图 3-14

图 3-15

⑧ 建立颜色调整图层。单击"创建新的填充或调整图层"按钮，在弹出的菜单中执行"亮度/对比度"命令，设置弹出的对话框，如图 3-16 所示。

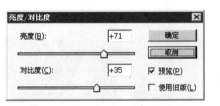

图 3-16

⑨ 确认颜色调整。设置完"亮度/对比度"对话框中的参数后，单击"确定"按钮，得到图层"亮度/对比度 1"，图像效果如图 3-17 所示，此时的"图层"面板如图 3-18 所示。

图 3-17

图 3-18

⑩ 修改图层蒙版。单击"亮度/对比度 1"图层蒙版缩览图，使其处于可编辑状态，设置前景色为黑色，选择"画笔工具"，设置适当的画笔大小和透明度后，在图层蒙版中涂抹，得到图 3-19 所示的效果，此时的涂抹状态和"图层"面板如图 3-20 所示。

　　在构图面前一些摄影爱好者更愿意将其简单地理解为在一个画面上作者想要出现什么、要去掉什么的一个过程。

　　构图是摄影永恒的话题。无序的构图使人看着一张照片却不知道作者要表达什么。好的构图是建立在摄影师构图习惯基础上的，

　　每天我们的眼睛从睁开以后就开始接触到各种光线、色彩和形状，这三个基本元素构成了我们丰富的视觉，一个摄影师就是要养成"取景框"式的眼睛，用构图的观点去认识这个世界。好的构图集中体现了摄影师的思想，因此，摄影师除了要用构图的眼睛观察这个世界以外更要多思考。如何将这些元素组合起来，表达自己的思想，这就要求我们平时要多观察、多动脑，找出这些元素之间的联系。这样日积月累之后才能养成好的构图习惯，在进行创作时构图也就胸有成竹了。

◎ 横拍和竖拍

　　如何确定横拍还是竖拍就是如何确定画面比例的问题。横拍比较符合人的视觉习惯，多数初学者都喜欢横拍。竖拍则使画面紧凑，增强紧迫感。

　　在实践中我们要以被摄物的主线作为横拍和竖拍的一个依据。比如，拍摄立交桥时为了增强立交桥的稳重感往往会选择横拍，拍摄幽静的小路时，由于小路悠远曲折，往往会选择竖拍。

▲ 横拍使画面稳重

▲ 竖拍则更突出延长感

📷 拍摄方向

以拍摄主体为中心，周围360°均可以成为拍摄方向。按照拍摄方向角度的变化，一般可分为正面构图、侧面构图和背面构图。

正面构图清楚地展现了被摄物的形象特征，让人一目了然，具有明显的吸引力。正面构图多用来拍摄较为庄重和深厚的主题，比如一些会议报道图。

▲ 强光适于突出被摄物体表面的质感

背面构图则体现出一种神秘感，容易让人忽略一些与主题无关的元素，增强人的想象力，比如拍摄剪影的时候。

图 3-19

图 3-20

⑪ 建立颜色调整图层。单击"创建新的填充或调整图层"按钮，在弹出的菜单中执行"色相/饱和度"命令，设置弹出的对话框，如图 3-21 所示。

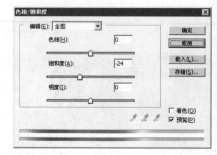

图 3-21

⑫ 确认颜色调整。设置完"色相/饱和度"对话框中的参数后，单击"确定"按钮，得到图层"色相/饱和度 1"，图像效果如图 3-22 所示，此时的"图层"面板如图 3-23 所示。

图 3-22

图 3-23

⑬ 选择"直排文字工具"，在图像上输入文字，并适当设置文字的字体和字号，一张水彩效果的照片就制作完成了，如图 3-24 所示。此时的"图层"面板如图 3-25 所示。

图 3-24

图 3-25

04 风景版画

制作时间：15 分钟
难易度：✱✱✱✱✱

原图片

修改后的效果

一般拍出来的照片，一点也不加工的话，有点单调，缺乏艺术效果，下面将介绍一种将一般普通素材照片制作成富有强烈版画效果的方法。在本例中我们要学习利用 Photoshop 的"阈值"、"色相/饱和度"等技术。

① 打开照片。执行"文件"/"打开"命令，在弹出的对话框中选择随书光盘中的"03 章 /04 风景版画 / 素材"文件，如图 4-1 所示。

② 建立颜色调整图层。单击"创建新的填充或调整图层"按钮，在弹出的菜单中执行"阈值"命令，设置弹出的对话框，如图 4-2 所示。

图 4-1

图 4-2

③ 确认颜色调整。设置完"阈值"对话框中的参数后，单击"确定"按钮，得到图层"阈值 1"，得到图 4-3 所示的图像效果，此时的"图层"面板如图 4-4 所示。

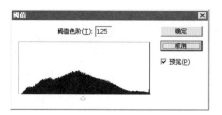

▲ 从背面方向拍摄出来的效果

侧面构图是最常用的一种拍摄方法。除去正前方和正后方以外其余全部属于侧面拍摄。侧面拍摄扩大了照片的容量，协调主体和陪体的关系，突出被摄物的轮廓和姿态，增强立体空间感。

第 3 章 数码照片怀旧修饰

135

饱满构图和适当留白

饱满构图可以将主体一览无余地展现出来，没有其他杂物的干扰，使照片简练、鲜明。

▲ 构图饱满，主体鲜明的照片

这里所说的留白并不是指白色，而是指除主体外的空白区域。适当留白可以增加照片的意境，给观赏者更多的想象空间。各种线条形状和色彩都可以作为留白合理地出现在作品中。如延伸出来的小路或者颜色。

▲ 处在黄金分割点上的嫩芽和绿色留白

▲ 主体小树旁边的线条留白

黄金分割和中心构图

将照片画面横、竖三分之一处为点画四条直线，可以得出一个井字形的图案。四条线的交汇点就是我们常说的黄金分割点。它就是主体安放的最佳位置。在拍摄中可将主体放在四个

图 4-3

④ 建立颜色调整图层。单击"创建新的填充或调整图层"按钮，在弹出的菜单中执行"色相/饱和度"命令，设置弹出的对话框，如图 4-5 所示。

⑤ 确认颜色调整。设置完"色相/饱和度"对话框中的参数后，单击"确定"按钮，得到图层"色相/饱和度 1"，得到图 4-6 所示的图像效果，此时的"图层"面板如图 4-7 所示。

图 4-6

⑥ 调整图层顺序，改变图层属性。在"图层"面板中拖动"背景"到"创建新图层"按钮上，释放鼠标得到"背景 副本"。按快捷键【Ctrl+Shift+】】，将"背景副本"图层调整到所有图层的上方，设置其填充值为"45%"，得到图 4-8 所示的效果，此时的"图层"面板如图 4-9 所示。

⑦ 建立颜色调整图层。单击"创建新的填充或调整图层"按钮，在弹出的菜单中执行"阈值"命令，设置弹出的对话框，如图 4-10 所示。

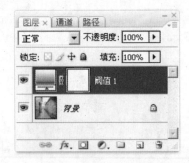

图 4-4

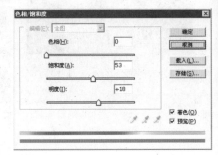

图 4-5

图 4-7

图 4-8

图 4-9

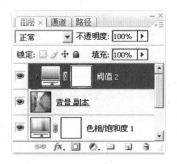

图 4-10

⑧ 确认颜色调整。设置完"阈值"对话框中的参数后，单击"确定"按钮，得到图层"阈值 2"。按快捷键【Ctrl+Shift+G】，执行"创建剪贴蒙版"操作，得到图 4-11 所示的图像效果，此时的"图层"面板如图 4-12 所示。

图 4-11

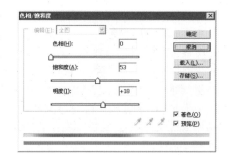

图 4-12

⑨ 建立颜色调整图层。单击"创建新的填充或调整图层"按钮，在弹出的菜单中执行"色相/饱和度"命令，设置弹出的对话框，如图 4-13 所示。

图 4-13

⑩ 确认颜色调整。设置完"色相/饱和度"对话框中的参数后，单击"确定"按钮，得到图层"色相/饱和度 2"。按快捷键【Ctrl+Shift+G】，执行"创建剪贴蒙版"操作，得到图 4-14 所示图像效果，此时的"图层"面板如图 4-15 所示。

⑪ 调整图层顺序，改变图层属性。在"图层"面板中拖动"背景"到"创建新图层"按钮上，释放鼠标得到"背景 副本 2"。按快捷键【Ctrl+Shift+]】，将"背景副本 2"图层调整到所有图层的上方，设置图层混合模式为"颜色"，得到图 4-16 所示的效果，此时的"图层"面板如图 4-17 所示。

点上也可以 将主体放在四条线上，当然这也不是摄影构图的规律，但作为初学者可对此加以了解。

有时候人们为了表现主体的对称性，强调主体的稳重感和严肃性也采用中心构图，这一构图方式比较适合拍摄建筑和标准像。

▲ 上图中四个红色交汇点就是黄分割点，画面的小树刚好处在黄色分割点之上

▲ 中心构图增强了稳重感

◉ 构图中的色彩运用

画面上的色彩影响整个画面或是对比和均衡，在构图中是必不可少的元素之一。对比产生了色彩的轻重突出了主体，而均衡则没有一个清晰的标准，只要能给人以视觉美感就可以认为是均衡的。

色彩的对比使主体具有立体感和空间感，突出主体的色彩才能强化主体视觉，一般情况下可以这么安排：主体较暗时则使用较亮的背景；主体较亮时可使用较暗的背景；主体和背景都亮时中间要有暗的轮廓线加以区分；主体和背景都暗时要有亮的轮廓线加以区分。主体和背景颜色相同则会丧失视觉的识别性，照片就会平淡无味。

▲ 鲜明的颜色对比

▲ 主体和背景接近时要加以轮廓线

除了上述这些外还要注意安排主体色彩在整体色彩中的面积，原则上低色彩度占大面积，高色彩度占小面积。

▲ 主体色彩面积安排的效果

▲ 给人带来视觉美感就是均衡的根本

图 4-14

图 4-16

⑫ 建立颜色调整图层。单击"创建新的填充或调整图层"按钮，在弹出的菜单中执行"色阶"命令，设置弹出的对话框，如图 4-18 所示。

⑬ 确认颜色调整。设置完"色阶"对话框中的参数后，单击"确定"按钮，得到图层"色阶 1"。按快捷键【Ctrl+Shift+G】，执行"创建剪贴蒙版"操作，得到图 4-19 所示的图像效果，此时的"图层"面板如图 4-20 所示。

图 4-19

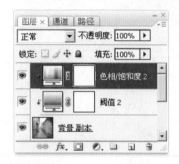

图 4-15

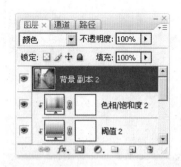

图 4-17

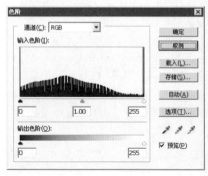

图 4-18

图 4-20

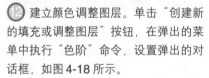

制作水墨画效果

原图片

修改后的效果

使用 Photoshop 的色调调整和滤镜等功能，可以将图片处理成水墨画效果。这种效果色调单一、意境深远，具有中国传统的水墨画效果。在本例中我们要学习利用 Photoshop 的各种滤镜效果、曲线、色相及羽化等功能，创建中国传统的水墨画效果。

① 打开图片。执行"文件"/"打开"命令，在弹出的对话框中选择随书光盘中的"03章/05制作水墨画效果/素材"文件，如图5-1所示。"图层"面板如图5-2所示。

图 5-1

图 5-2

② 复制背景图层。按【Ctrl+J】快捷键复制"背景"图层，生成"图层1"，如图5-3所示。然后执行"图像"/"调整"/"去色"命令，执行后的效果如图5-4所示。

图 5-3

图 5-4

▲ 背景色彩中的过渡

线条与构图的关系

线条也是构成一个画面的三要素之一。世界上的任何物体都是由不同的形状组成，而组成形状的元素就是线条。值得注意的是光线也是线条，线条存在于这个世界的任何物体中。不管是连绵不断的大山还是小到肉眼看不见的细胞，不同的线条给人带来视觉效果也不相同。优美的曲线使人浮想联翩，纵横交错的直线则给人带来顺序感，上下平行的线条在光线作用下则产生较强的立体感和层次感，我们要承认这些线条在一定程度上引导着我们视觉思考的方向。所以让我们从现在开始看一下如何发现线条并运用线条。

▲ 生活中最为常见的线条

▲ 元阳梯田里优美的曲线

要运用好线条，首先，要用几何的观点把画面分割成若干个形状，在这些形状里找到组合这些形状的线条。有些线条较为明显，如台阶、公路和田地线等等而有些则隐藏在画面中，如流动的云雾和光线。

其次，就是如何运用好这些线条。杂乱的线条和无序的组合所产生的画面容易使人产生视觉疲劳和焦虑感，所以在构图过程中要不断地删除那些

③ 对"图层 1"进行特殊模糊。执行"滤镜"/"特殊模糊"命令，在弹出的"特殊模糊"对话框中调节半径和阈值的大小，如图 5-5 所示。执行后的效果如图 5-6 所示。

图 5-5

图 5-6

技巧提示 ●○○○○

特殊模糊在模糊图像其他部分时保留边缘的清晰度，最终效果是除运边缘区域以外，其他地方颜色数减少，细节层次被压缩。

④ 复制"图层 1"。按【Ctrl+J】快捷键，在"图层 1"的基础上生成"图层 1 副本"，执行"滤镜"/"模糊"/"高斯模糊"命令，在弹出的"高斯模糊"对话框中设置半径值为"3.7 像素"，如图 5-7 所示，执行后的效果如图 5-8 所示。设置该图层的混合模式为"变暗"，如图 5-9 所示。得到图 5-10 所示的效果。

图 5-7

图 5-8

图 5-9

图 5-10

⑤ 添加水彩效果。执行"滤镜"/"艺术效果"/"水彩"命令,在弹出的"水彩"对话框中使用默认值即可,如图5-11所示。执行后的效果如图5-12所示。

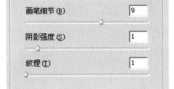

图 5-11

图 5-12

⑥ 完成水彩效果后,图像中的墨色有些过浓,需要减退一些。执行"编辑"/"渐隐水彩"命令,在弹出的"渐隐"对话框中进行不透明度的调节,如图5-13所示。执行后的效果如图5-14所示。

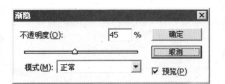

图 5-13

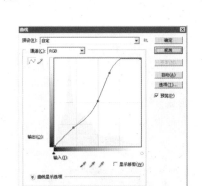

图 5-14

⑦ 添加调整图层。在"图层"面板中单击"创建新的填充或调整图层"按钮,在弹出的菜单中执行"曲线"命令,在弹出的"曲线"对话框中进行调节,如图5-15所示,执行后的效果如图5-16所示,"图层"面板如图5-17所示。

▲ 由光线所产生的线条

破坏画面美感和与主题无关的线条,保持画面的清洁。然后再找出线条与线条之间的顺序和联系,使其组合成我们所需要的效果。

▲ 杂乱无序的各种线条组合到一起给人带来视觉疲惫感

图 5-15

📷 **常用的构图方式**

1. 对称式构图

对称式构图是最常见的一种构图方式,常用来表现对称式的建筑或其他物体,这种构图在视觉上有平衡的感觉,符合一般的视觉习惯。

▲ 对称式结构示意图

图 5-16

图 5-17

06 制作蜡笔画效果

制作时间：15 分钟

难 易 度：＊＊＊＊＊

原图片

修改后的效果

这一实例是将普通的照片制作成艺术感很强的蜡笔画。本例以"插画风格"的绘法为基础，再加上色彩铅笔柔和的勾勒，得到华丽而精致的图像，在本例中我们要学习利用 Photoshop 的颗粒、成角的线条、查找边缘等滤镜技术。

▲ 对称式结构实例

2. 三角形构图

这种构图的优点就是稳重均衡，常用来表现被摄物稳重的一面，如古代建筑中的凉亭和角楼等。

① 打开照片。执行"文件"／"打开"命令，在弹出的对话框中选择随书光盘中的"03 章 /06 制作蜡笔画效果 / 素材"文件，如图 6-1 所示。

② 复制"背景"图层。在"图层"面板中拖动"背景"到"创建新图层"按钮上，释放鼠标得到"背景 副本"，将"背景 副本"的图层混合模式改为"滤色"，"图层"面板如图 6-2 所示。

图 6-1

图 6-2

③ 盖印图层。按快捷键【Ctrl+Shift+Alt+E】两次，执行"盖印"操作，得到"图层1"、"图层2"，如图6-3所示。

图6-3

▲ 三角形构图示意图

④ 添加颗粒效果。隐藏"图层2"，选择"图层1"，执行"滤镜"/"纹理"/"颗粒"命令，设置弹出的对话框，如图6-4所示，得到图6-5所示的效果。

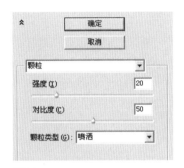

图6-4

▲ 正三角形构图实例

3. 对角线构图

对角线构图是将被摄主体安排在连接画面两个对角之间直线上的一种构图方式。这种构图方式可以把画面对角分割，使画面呈现出上升的趋势，给人比较活泼的感觉。

图6-5

⑤ 增加动感模糊效果。执行"滤镜"/"模糊"/"动感模糊"命令，设置弹出的对话框，如图6-6所示。得到图6-7所示的模糊颗粒状效果，此时的"图层"面板如图6-8所示。

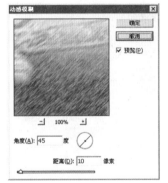

图6-6

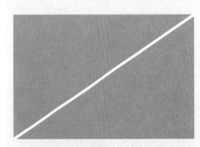

▲ 对角线构图示意图

图6-7

图6-8

▲ 对角线构图实例

143

4. S形构图

S形构图实际上是一种曲线式构图。这种构图使画面呈现一种韵律感，给人优雅协调的感觉，起到突出画面空间感的作用。这种构图方式常用来拍摄河流、小路。在人像摄影中也经常用到。

▲ S型构图示意图

▲ S型构图实例

5. 圆形构图

圆形构图通常指画面中的主体呈圆形。由于圆形中的圆是由弯曲的线条构成，因此具有一种完美柔和之感，圆形构图在视觉上给人以运动和收缩的审美效果。如果在圆心有一个比较适合的焦点，则可以起到强烈的向心感。

▲ 圆形构图示意图

圆形经过变化以后还可以变成椭圆形以适合不同画幅的构图要求。

⑥ 增加成角线条效果。执行"滤镜"/"画笔描边"/"成角的线条"命令，在弹出的对话框中设置"方向平衡"为"50"、"描边长度"为"15"、"锐化程度"为"3"，如图6-9所示。设置完毕后单击"确定"按钮，应用"成角的线条"命令，得到图6-10所示的效果。

图6-9   图6-10

⑦ 更改图层混合模式。显示并选择"图层2"，设置"图层2"的图层混合模式为"叠加"，得到图6-11所示的效果，此时的"图层"面板如图6-12所示。执行"滤镜"/"风格化"/"查找边缘"命令，得到图6-13所示的效果，此时的"图层"面板如图6-14所示。

图6-11

图6-12

图6-13

图6-14

⑧ 添加纹理化效果。执行"滤镜"/"纹理"/"颗粒"命令，设置弹出的对话框，如图 6-15 所示。设置完毕后单击"确定"按钮，得到一种麻布画纸的质感，如图 6-16 所示。

图 6-15

图 6-16

⑨ 去除图像颜色。按快捷键【Ctrl+Shift+U】，执行"去色"命令，得到图 6-17 所示的效果。

⑩ 调整图像的色阶。单击"创建新的填充或调整图层"按钮，在弹出的菜单中执行"色阶"命令，设置弹出的对话框，如图 6-18 所示。单击"确定"按钮，得到图层"色阶 1"，图像效果如图 6-19 所示，此时的"图层"面板如图 6-20 所示。

图 6-17

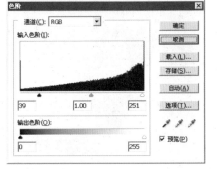

图 6-18

图 6-19

图 6-20

▲ 圆形构图实例

6. 垂直式构图

垂直式构图。能充分显示景物的高大和深度。常用于表现万木争荣的森林参天大树、险峻的山石、飞泻的瀑布、摩天大楼，以及竖直线形组成的其他画面。

▲ 垂直式构图示意图

▲ 垂直式构图实例

7. 交叉线式构图

交叉线式构图可以充分利用画面空间，使观赏者从多个方向沿着交叉线欣赏整个画面，这种构图方式给人一种舒展的感觉。

145

制作自己的肖像喷绘

原图片

修改后的效果

喷绘多用于制作海报、条幅，利用Photoshop，我们可以制作一幅自己的肖像喷绘。本例中我们要学习利用 Photoshop 的各种编辑工具、通道、滤镜及调整图层等功能进行绘制，制作肖像喷绘。

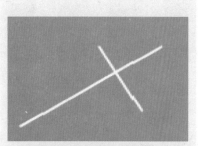

▲ 交叉线式构图示意图

▲ 交叉线式构图实例

8. 均衡式构图

影响均衡式构图的主要因素是均衡点的选择，通过均衡点打破画面主体的主次之分，从而实现整体画面的协调。

与对称式构图相比均衡式构图也是一个心理概念，二者是有区别的。

① 打开文件。执行"文件"/"打开"命令，在弹出的对话框中选择随书光盘中的"03章/07制作自己的肖像喷绘/素材1"文件，如图7-1所示。"图层"面板如图7-2所示。

图 7-1

图 7-2

② 选择工具箱中的"钢笔工具"，沿人物边缘绘制路径，切换至"路径"面板，单击"将路径作为选区载入"按钮，得到图7-3所示的选区。然后按【Ctrl+Shift+I】快捷键反选，最后按【Delete】键去掉背景，如图7-4所示。

图 7-3

图 7-4

③ 复制通道。切换至"通道"面板，将"蓝"通道拖动到"创建新通道"按钮上，得到"蓝副本"，此时的"通道"面板如图 7-5 所示，图像效果如图 7-6 所示。

图 7-5

图 7-6

④ 进行阈值调整，执行"图像"/"调整"/"阈值"命令，在弹出的"阈值"对话框中进行设置，如图 7-7 所示。得到的效果如图 7-8 所示。

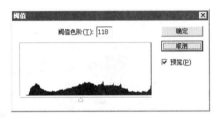

图 7-7

图 7-8

⑤ 按住【Ctrl】键单击"蓝 副本"，得到其选区，然后切换至"图层"面板，单击"创建新图层"按钮，得到一个新的图层"图层 1"。然后将前景色的 RGB 值设置为"255"、"0"、"0"，按【Alt+Delete】快捷键填充选区，得到图 7-9 所示的效果。

⑥ 新建通道。单击"创建新通道"按钮，得到一个新的通道 Alpha 1，执行"滤镜"/"渲染"/"云彩"命令，得到图 7-10 所示的效果。然后再执行"滤镜"/"风格化"/"查找边缘"命令，得到图 7-11 所示的效果。

图 7-9

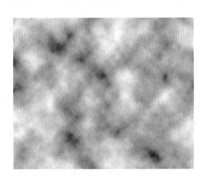

图 7-10

图 7-11

均衡式这种形式构图的画面不是左右两边的景物形状、数量、大小、排列的一一对应，而是相等或相近形状、数量、大小的不同排列，给人以视觉上的稳定，是一种异形、异量的呼应均衡，是利用近重远轻、近大远小、深重浅轻等透视规律和视觉习惯的艺术均衡。当然均衡中也包括对称式的均衡。

▲ 均衡式构图示意图

▲ 均衡式构图实例

9. 放射式构图

放射式构图是以主体为核心，景物向四周扩散的一种构图方式。这种拍摄方式可以先使观赏者的注意力放到主体上面而后又随着扩散的轨迹将思想引导到周围。

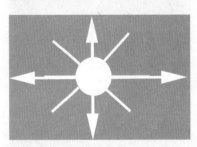

▲ 放射式构图示意图

大自然里的框架

在日常拍摄中为了增强画面的趣味性和神秘感，我们往往会把大自然里一些有趣的框架收入到画面中，虽然这些框架可以增加画面的趣味性但是在选择自然框架的时候也要根据拍摄的主体来确定自然框架。比如说我们经常会利用城楼里的拱门来表现历史的久远等等。

▲ 强利用自然框架表现出的神秘感

拍摄这样的照片时首先要在主体上对焦，以免造成主体虚脱，另外也注意景深的控制。

▲ 利用小光圈获得大景深

利用前景增加画面趣味

摄影师通常会利用前景和中景、背景的配合来增强画面的协调性，也会通过虚化来扩大画面的深度和想象空间。

⑦ 进行阈值调整。执行"图像"/"调整"/"阈值"命令，在弹出的"阈值"对话框中进行具体设置，如图7-12所示。执行后的效果如图7-13所示。

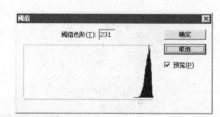

图7-12

图7-13

⑧ 载入选区。按住【Ctrl】键单击通道Alpha的缩览图，以调出其选区，然后按【Ctrl+Shift+I】快捷键反选，得到图7-14所示的选区。

⑨ 删除选区内的图像。切换至"图层"面板，选择"图层1"，按【Delete】键删除选区中的内容，效果如图7-15所示。

图7-14

图7-15

⑩ 打开图像。执行"文件"/"打开"命令，打开图7-16所示的图片。

⑪ 变换图像。选择工具箱中的"移动工具"，将"图层1"的内容拖动到喷绘背景中，得到"图层1"。按【Ctrl+T】快捷键调出自由变换框，调节变换框四个角上的变换手柄，调节至合适大小，如图7-17所示。

图7-16

图7-17

⑫ 最终效果。将"图层1"拖动到"创建新图层"按钮上，得到"图层1副本"，将该图层的混合模式设置为"柔光"，将"图层1"的混合模式设置为"颜色加深"，得到的效果如图7-18所示。

图7-18

旧照片效果

制作时间：15 分钟
难易度：＊＊＊＊＊

原图片

修改后的效果

旧照片会给人一种时间久远的历史厚重感，本例中我们就来制作这样一张照片。本例运用了 Photoshop 中的"颗粒"、"图层混合模式"、调色命令等技术。

1 打开文件。执行"文件"/"打开"命令，在弹出的对话框中选择随书光盘中的"03 章/08 旧照片效果/素材"文件，如图 8-1 所示。在"图层"面板中拖动"背景"到"创建新图层"按钮上，释放鼠标得到"背景 副本"，此时的"图层"面板如图 8-2 所示。

图 8-1

图 8-2

2 调整灰暗的图像。按【Ctrl+L】快捷键，在弹出的"色阶"对话框中进行参数设置，如图 8-3 所示。单击"确定"按钮，图像色彩变得明快了一些，图像效果如图 8-4 所示。

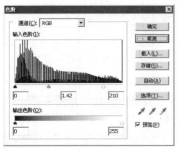

图 8-3

图 8-4

3 将图像调整为单色。执行"图像"/"调整"/"渐变映射"命令，在弹出的对话框中进行渐变设置，如图 8-5 所示，设置渐变的颜色值为从（R:81，G:57，B:70）到白色。单击"确定"按钮，得到图 8-6 所示的效果。

拍摄之前首先要设置好对焦点，以免把不该虚化的部分也虚化掉。

虚化掉的前景和主体有着密切的联系，因此虚化并不等于去除。虚化的程度要根据实际情况而定以控制好画面的平衡点。

▲ 景虚化后增强了画面的深度

上图将篮球虚化，增强了画面的深度，但是仍保持了篮球的轮廓，以体现出虚化的前景与主体之间的关系。

▲ 前景和主体的搭配了体现了繁忙的主体

什么是陪体

俗话说："红花还需绿叶配"。我们拍照片的时候，也许会用到这种突出主体的方法。当主体确定了以后，画面如果显得比较单调，不够生动，信息量不足，则应加入适当的陪体，在陪体的陪衬下，主体形象会更加鲜明、更加突出。

不过在选择用陪体来突出主体的方法来拍摄照片的时候，一定要注意陪体的选择必须和主体之间产生呼应关系，而不是独立于主体之外的另一个主体，否则会影响主体的表现，应使之与主体构成情节，使主体成为趣

▲ 图片中的穿红色衣服的演奏者以及后面坐着的人就是这幅照片的"绿叶"，介绍了主题人物所在的演奏场景，烘托了画面的气氛

图 8-5

图 8-6

④ 设置图层混合模式。将"背景 副本"的图层混合模式改为"颜色"，得到图 8-7 所示的效果，此时的"图层"面板如图 8-8 所示。

图 8-7

图 8-8

⑤ 建立颜色调整图层。单击"创建新的填充或调整图层"按钮，在弹出的菜单中执行"色相/饱和度"命令，设置弹出的对话框，如图 8-9 所示。

⑥ 确认颜色调整。设置完"色相/饱和度"对话框中的参数后，单击"确定"按钮，得到图层"色相/饱和度 1"，图像效果如图 8-10 所示，此时的"图层"面板如图 8-11 所示。

图 8-9

图 8-10

图 8-11

⑦ 建立颜色调整图层。单击"创建新的填充或调整图层"按钮，在弹出的菜单中执行"亮度/对比度"命令，设置弹出的对话框，如图 8-12 所示。

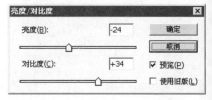

图 8-12

⑧ 确认颜色调整。设置完"亮度/对比度"对话框中的参数后，单击"确定"按钮，得到图层"亮度/对比度1"，图像效果如图 8-13 所示，此时的"图层"面板如图 8-14 所示。

图 8-13   图 8-14

⑨ 为图像添加竖纹的怀旧效果。按快捷键【Ctrl+Shift+Alt+E】，执行"盖印"操作，得到"图层1"，执行"滤镜"/"纹理"/"颗粒"命令，设置弹出的对话框，如图 8-15 所示，得到图 8-16 所示的效果。此时的"图层"面板如图 8-17 所示。

⑩ 建立颜色调整图层。单击"创建新的填充或调整图层"按钮，在弹出的菜单中执行"色阶"命令，设置弹出的对话框，如图 8-18 所示。

图 8-15   图 8-16

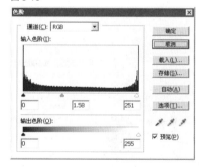

图 8-17   图 8-18

⑪ 确认颜色调整。设置完"色阶"对话框中的参数后，单击"确定"按钮，得到图层"色阶1"，图像效果如图 8-19 所示，此时的"图层"面板如图 8-20 所示。

图 8-19   图 8-20

味中心。总之，一幅作品中，不能随意地加入陪体，所加入的陪体必须是有助于表现主体而不是干扰主体的"绿叶"。

🔘 水平拍摄的画面效果

水平拍摄，就是在拍摄照片的时候，镜头和被摄物体 同处在一个水平线上。在水平角度下拍摄物体的时候，被摄物体所形成的透视感比较正常，不会使被摄的对象因透视变形而遭到损害，与人们在生活中观察物体达到的视觉效果相似。那么，从这个拍摄角度拍出的照片会有三种结果。

（1）会使看照片的人有一种平等、亲切的感觉。所以，我们在大多数的摄影实践中都会以水平拍摄为主。

▲　水平拍摄的照片让人看起来亲切、平等，画面没有因为透视变形而影响视觉效果

原图片

修改后的效果

将电子文件的照片制作成具有烧焦效果的照片，这利用 Photoshop 的各种特效就可以制作出来。这样的照片看起来像是出自史料，显得别有一番意境。本例中主要应用了色相/饱和度、画笔工具、套索工具、通道、蒙版、图层面板中的各项功能，简单地把一张普通的电子照片制作出逼真的烧焦效果。

（2）水平拍摄物体时，不会使物体发生变形和损害，所以用来拍摄建筑物时会给人以稳重的感觉。

▲用水平拍摄的房屋没有任何的透视变形，给人很稳重、安全的感觉

① 打开文件。执行"文件"/"打开"命令，在弹出的对话框中选择随书光盘中的"03章/09制作烧焦效果/素材"文件，如图9-1所示。

② 去除照片的原始色彩。执行"图像"/"调整"/"色相/饱和度"命令，或按【Ctrl+U】快捷键，执行"色相/饱和度"命令，在弹出的图9-2所示的"色相/饱和度"对话框中，选择"着色"复选框，拖动滑块进行调整。执行后的效果如图9-3所示，照片变为黄色的旧照片。

图9-1

图9-2

图9-3

③ 制作旧照片上色彩不均匀的效果。单击"图层"面板中的"创建新图层"按钮，新建一个"图层1"，将此图层的图层混合模式设置为"叠加"。选择工具箱中的"画笔工具"，将前景色设置为黑色，在工具选项栏中单击画笔选项栏中的三角按钮，就会弹出画笔预设面板，如图9-4所示。选择柔和的大笔刷在图像上轻涂，图像效果如图9-5所示。此时"图层"面板如图9-6所示。

图9-4

图 9-5

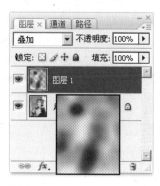

图 9-6

3. 水平拍摄的缺点和不足之处是略显呆板和平淡。把同处在一个水平线的前后景物相对地压缩在一起，对被摄对象的层次感表现较差。

▲ 用水平拍摄的方法把水平线上的景物压缩在一起，表现不出景物的层次感，在视觉效果上会让人觉得没有立体感，过于平淡

④ 描绘烧焦区域并应用快速蒙版模式。在"图层"面板中单击"背景"图层，选择工具箱中的"套索工具"，在要制作烧焦效果的区域勾勒选区，如图 9-7 所示。单击工具箱中的"以快速蒙版模式编辑"按钮，切换到快速蒙版模式，如图 9-8 所示。

图 9-7

图 9-8

⑤ 对图像应用"晶格化"滤镜。执行"滤镜"/"像素化"/"晶格化"命令，在弹出的"晶格化"对话框中将"单元格大小"设置为"5"，如图 9-9 所示。单击"确定"按钮，按【Q】键取消快速蒙版，就得到选定的范围。按【D】键系统将自动设置默认的前景色和背景色，再按【Ctrl+Delete】快捷键填充白色背景色，效果如图 9-10 所示，这时不要取消选取。

仰视拍摄与构图的关系

仰视拍摄也就是处于低角度从下往上来拍摄位置较高的事物。用仰视拍摄的方法拍摄时，可以在画面中形成很低的水平线，能夸张地表现物体的高度，给照片带来特殊的视觉感受。

图 9-9

图 9-10

▲ 用仰视的角度拍摄夸张地表现了建筑物的高度

⑥ 扩展烧焦区域。切换到"通道"面板，单击面板下方的"将选区存储为通道"按钮，将选区保存为 Alphal 通道，如图 9-11 所示。执行"选择"/"修改"/"扩展"命令，在弹出的图 9-12 所示的"扩展选区"对话框中将"扩展量"设置为"10 像素"。执行后就会扩大选区范围，如图 9-13 所示。

比如在拍摄室外景物时，仰视拍摄可以在画面中造成很低的地平线，让近处的景物高耸在比较低的水平线以下，前景高大，主体突出，造成远近强烈的透视效果。

▲ 用仰视的角度拍摄可以剔除景物附近的杂物，使主体更加突出

📷 俯视拍摄与构图的关系

俯视拍摄就是拍摄照片时，从高角度从上往下来拍摄位置较低的事物，以这种俯视的角度拍摄照片，可以更好地表现纵深空间距离。也就是生活中常说的："站得更高，看得更远"的意思。这种从上往下的拍摄角度，可以很好地避开近处的有碍物体，清晰地交待照片的总体环境和地理位置，显示景物的纵深变化，从而增加透视的深远度。

▲ 用俯拍的方法拍摄表现画面的透视性

⑦ 制作烧焦边缘的选区。执行"选择"/"修改"/"羽化"命令，或按【Ctrl+Alt+D】快捷键，执行羽化命令，在弹出的对话框中将"羽化半径"设置为"3像素"，如图9-14所示。执行"选择"/"载入选区"命令，在弹出的对话框中选择"从选区中减去"单选按钮，如图9-15所示。执行后得到两个选区相减形成的烧焦边缘的选区，如图9-16所示。

图9-11

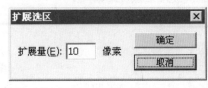

图9-12

图9-13

图9-14

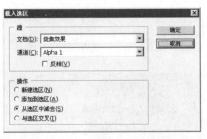

图9-15

图9-16

⑧ 为烧焦的边缘着色，使其颜色更深。执行"图像"/"调整"/"色相/饱和度"命令，或按【Ctrl+U】快捷键，在弹出的"色相/饱和度"对话框中选择"着色"复选框，并进行设置，如图9-17所示。执行后的效果如图9-18所示。

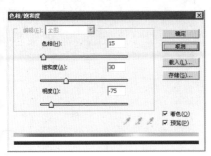

图 9-17

由于俯拍可以更好地表现纵深的空间距离，所以经常用来拍摄一些大规模的建筑群、广阔的原野、宽大的河流等宏大的场面，来突出表现这些景物的 规模和气势。

▲ 用俯拍的方法很好地表现了画面的空间距离

图 9-18

⑨ 添加图层样式。执行"图层"/"新建"/"通过拷贝的图层"命令，或按【Ctrl+J】快捷键将着色后的烧焦边缘的选区复制为一个新的"图层 2"。单击"图层"面板下方的"添加图层样式"按钮，在弹出的菜单中执行"投影"命令，在弹出的对话框中进行设置，如图 9-19 所示。单击"确定"按钮，得到的效果如图 9-20 所示。

图 9-19

图 9-20

⑩ 最终效果。单击"图层"面板底部的"创建新图层"按钮，新建"图层 3"，设置图层混合模式为"颜色加深"，单击工具栏中前景色块，在弹出的对话框中进行前景色的设置，如图 9-21 所示。选择"画笔工具"，设置适当的画笔大小和透明度后，在人物图像的左上角进行涂抹，得到图 9-22 所示的最终效果，"图层"面板如图 9-23 所示。

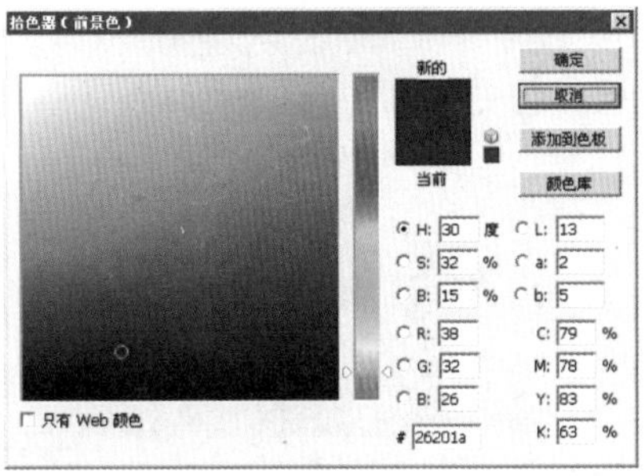

图 9-21

怎样避免人物头上长小树

在户外拍摄以人物为主体的照片时，经常会在照片拍出来之后，发现在人物头部比较近的地方出现了一些电线杆、树木等物体，给人很不舒服的感觉。这是因为在拍摄照片的时候，往往只注意到了抓住人物自身的表情和姿态，而忽略了对背景的观察。所以，在拍摄时要注意尽量避开这些杂物。这就要求我们在构图的时候，要养成先观察环境，剔出掉有可能会影响照片整体效果的一些杂乱背景，然后再考虑突出主体的习惯，这样就不会发生头上长小树的情况了。

图 9-22

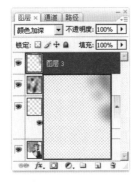

图 9-23

第 3 章　数码照片怀旧修饰

155

10 制作木雕效果

制作时间：20 分钟
难易度：★★★★★

原图片

修改后的效果

本例中我们要学习利用 Photoshop 的滤镜工具和图层添加样式为自己的照片制作富有个性的木雕效果。

▲ 在拍摄室外人像时，要注意人物周围的杂乱景物对照片的影响。在人物的头部最好不要出现树木电线杆等物体，要不然会使照片看起来很不舒服

① 打开文件。执行"文件"/"打开"命令，在弹出的对话框中选择随书光盘中的"03 章/10 制作木雕效果/素材"文件，如图 10-1 所示。

② 调整图像色阶。单击"创建新的填充或调整图层"按钮，在弹出的菜单中执行"色阶"命令，设置弹出的对话框，如图 10-2 所示。

图 10-1

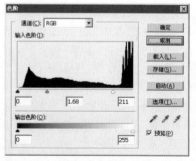

图 10-2

③ 设置完"色阶"对话框中的参数后，单击"确定"按钮，得到图层"色阶 1"，此时的效果如图 10-3 所示，"图层"面板如图 10-4 所示。

④ 查找图像边缘。执行"滤镜"/"风格化"/"查找边缘"命令，这会使图像只强调边缘而忽略图像的中间色，执行查找边缘菜单命令后的图片效果如图 10-5 所示。

图 10-3

图 10-4

图 10-5

拍出的照片地平线不水平，有些倾斜，是什么原因呢？一般情况下造成地平线倾斜的原因有以下几点：

（1）构图取景时，只注意到要拍摄的主体，没有注意到地平线，取景时将地平线拍斜了，怎么样避免呢？应该在拍摄取景时，不仅注意被摄对象，还要观察地平线在取景器中是否水平。

⑤ 切换到"通道"面板。切换到"通道"面板，单击每一个通道，找到一个线条最明显、层次细节最少的通道。按【Ctrl+A】快捷键全选图像，按【Ctrl+C】快捷键复制该通道的图像。按【Ctrl+V】快捷键粘贴到人物图像文件上，得到"图层 2"，此时的"图层"面板如图 10-6 所示，图像效果如图 10-7 所示。

▲ 照片在拍摄时，只注意到了主体人物的表现，而忽略了对地平线的观察，导致拍出的照片地平线有所倾斜

图 10-6

图 10-7

（2）照相机在按下快门时产生了位移，使地平线在取景器中看的是水平的，而在拍出的照片中却是倾斜的，这时最好使用三角架来固定照相机，避免在按快门时机身位移。

⑥ 色调分离。单击"创建新的填充或调整图层"按钮，在弹出的菜单中执行"色调分离"命令，设置弹出的对话框，如图 10-8 所示。单击"确定"按钮，得到"色调分离 1"。执行色调分离后的图像效果如图 10-9 所示，此时的"图层"面板如图 10-10 所示。

⑦ 调整色阶。单击"创建新的填充或调整图层"按钮，在弹出的菜单中执行"色阶"命令，设置弹出的对话框，如图 10-11 所示。单击"确定"按钮，得到"色阶1"，执行后的图像效果如图 10-12 所示，此时的"图层"面板如图 10-13 所示。

▲ 在拍摄夜景时没有使用三角架，小光圈，快门速度慢，超出手持拍摄的稳定范围，致使在按下快门时照相机发生了位移，地平线倾斜

（3）在拍摄取景时，所选的被摄主体和参照物是倾斜的。选取的画面以照片的形式显现出来后，在视觉上产生了误导，会让人觉得主体和参照物是正常的，而地平线倾斜了。最简单的例子就是：如果拍摄已经倾斜的埃菲尔铁塔，要把铁塔拍的直立，那么，地平线就肯定得拍成倾斜的。所以，除非

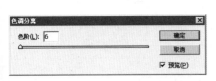

图 10-8

图 10-9

有特殊需要，在拍摄时应尽量选取正确的参照物。

⚠ 上图画面中模特背后的树原本是倾斜的，要把这个树拍直，模特以及画面右侧原本直立的树和模特身后的建筑物和地平线就倾斜了

　　（4）用广角镜头或超广角镜头拍摄时，水平的地平线会显得倾斜，这是由广角镜头的特性决定的。摄影者可以视所拍摄的对象决定是否要使用广角或者超广角镜头。

⚠ 用广角镜头拍摄时，会出现地平线倾斜

📷 如何使画面看起来更紧凑

　　要使画面看起来更紧凑可以以特写的方式将主体加以放大，使其以局部布满画面，这样，就可以使画面紧凑、细腻。尤其是以这种方法来进行人物肖像的微距摄影时对于刻画人物的面部表情有很好的效果。

图 10-10

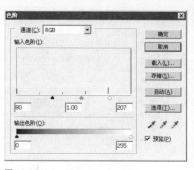

图 10-11

图 10-12

图 10-13

⑧ 为图像添加矩形选区。选择工具箱中的"矩形选框工具"，框选图像，在框选图像时，一定要留出一定的图像边缘，如图 10-14 所示。

⑨ 反选图像。执行"选择"/"反选"命令，此时刚才矩形选框以外的位置被框选了，按【Delete】键删除选框中的图像，如图 10-15 所示。

图 10-14

图 10-15

⑩ 给图像搭边。新建一个图层，得到"图层 3"，执行"编辑"/"描边"命令，在弹出的"描边"对话框中设置参数，如图 10-16 所示。图像边缘就出现了一个边缘，图像描边后的效果如图 10-17 所示，"图层"面板如图 10-18 所示。

⑪ 存储文件。编辑描边效果后，执行"文件"/"存储为"命令，在弹出的对话框中将文件名命名为"木版画"，格式为 PSD，单击"保存"按钮确定。

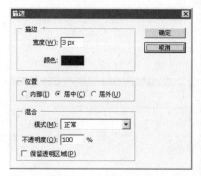

图 10-16

图 10-17

图 10-18

▲ 上图中的向日葵构图使前景留下了比较大的空间，从而使整个画面有了强烈的视觉冲击效果

12 新建文件。执行"文件"/"新建"命令，设置弹出的对话框，如图 10-19 所示。单击"确定"按钮，新建一个图层，得到"图层 1"，用白色填充"图层 1"，此时的"图层"面板如图 10-20 所示。

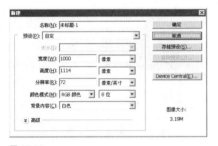

图 10-19

图 10-20

13 添加图层样式。单击"图层"面板中的"添加图层样式"按钮，选择"斜面和浮雕"选项，在弹出的对话框中设置参数，再选择"纹理"、"图案叠加"选项，分别设置弹出的对话框，如图 10-21 所示。执行后的效果及"图层"面板如图 10-22 所示。

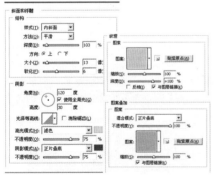

图 10-21

图 10-22

▲ 上图的这张花卉的照片在拍摄时，将其中的一朵进行了放大和特写，并将其布满画面的中间位置，从而形成了非常奇特的视觉效果，远处的花也起到了很好的衬托作用

14 纹理化图像。执行"滤镜"/"纹理"/"纹理化"命令，在弹出的对话框中单击右侧的按钮，出现"载入纹理"选项，选择该选项，在弹出的对话框中找到刚才的文件，单击"打开"按钮把图像作为纹理置入，在对话框中设置参数后单击"确定"按钮确定，如图 10-23 所示。图像添加纹理后的效果如图 10-24 所示。

同一题材从不同角度拍摄

在拍摄同一题材时，要选择什么样的角度，取决于拍摄者的爱好和被摄物体自身的条件。如果要表达被摄对象的高大、宏伟，可以用仰视的角度拍摄；如果想要表达被摄物体的深远、广阔等，最好选择俯视的拍摄角度；想要正确完整地还原被摄物体，就可以选择平面拍摄的角度。

▲ 用俯视的角度拍摄的包含地平线的花卉，给人以深远宽广的视觉效果

▲ 仰视拍摄这些花时，加上蓝天的陪衬，使这些花显得很高大

图 10-23

图 10-24

⑮ 新建图层。单击"图层"面板中的"创建新图层"按钮，创建一个新的图层。单击工具栏中前景色块，在弹出的对话框中进行前景色的设置，如图 10-25 所示。按【Alt+Delete】快捷键填充前景色，填充后的图像效果如图 10-26 所示，"图层"面板如图 10-27 所示。

图 10-25

图 10-26

图 10-27

⑯ 设置图层的混合模式。把刚才填充的颜色放在最上方的图层中，设置图层的混合模式为"颜色"，如图 10-28 所示。这样所填充的颜色就会很好地与图像融合在一起了，最后的效果如图 10-29 所示。

图 10-28

图 10-29

为黑白照片上色

制作时间：18 分钟
难 易 度：*****

原图片

修改后的效果

　　黑白照片有一种复古的气息，但有时让人觉得过于单调，这时我们可以利用 Photoshop 为黑白照片上色。本例中我们要学习 Photoshop 中的"图层混合模式"、画笔工具等技术。

① 打开文件。执行"文件"/"打开"命令，在弹出的对话框中选择随书光盘中的"03 章 /11 为黑白照片上色 / 素材"文件，如图 11-1 所示。"图层"面板如图 11-2 所示。

图 11-1

图 11-2

如何更换外接镜头

　　单反照相机的镜头和机身的连接是通过一个叫卡口的东西来实现的。在安装和更换镜头的时候，要细心地操作，在卸下镜头的时候要小心地向外拔出镜头，镜头要一定垂直，否则不仅不易拔出，还容易损伤镜筒。

　　旋转镜头时手应该握持镜头的镜筒部位，不宜握持光圈或者调焦环，装镜头时应该将镜头上的卡口标记和机身上的卡口标记对准后插入，按要求的方向旋转到底，并听到"咔嚓"的声音为止。

　　在风沙、灰尘较大的地方，尽量不要更换镜头，以防止灰尘进入反光箱既有可能沾到 CCD 上，也有可能进入活动的部件中导致磨损甚至故障。

② 为衣服上色。新建"图层 1"，单击工具栏中前景色块，在弹出的对话框中进行前景色的设置，如图 11-3 所示。选择"画笔工具"，设置适当的画笔大小和透明度后，在图像中人物的裙子上进行涂抹。设置"图层 1"的图层混合模式为"叠加"，图像效果如图 11-4 所示，"图层 1"的涂抹状态和"图层"面板如图 11-5 所示。

▲ 以佳能400D为例，红色的点就是更换普通镜头时须要对准的接口标记，白色的点就是数码镜头须要对准的接口标记

▲ 安装时机身的标记对准镜头的标记，向标识的旋转方向旋转，直到听到"咔嚓"的声音

镜头上的镀膜有用吗

任何物体对光线都有反射作用，无色透明的玻璃也不例外，差别在于光线的角度是否会形成反射的效果。如果是一个理想的镜片，光线就能够完全透过镜头，并正确地在CCD上或者胶片上完全聚焦。可事实上并不是这样，每个镜片都会受到外力因素的限制，导致像差的产生，为了弥补这种缺陷，就可以在透镜上镀上一层膜来增加透光效果。

镀膜的作用就是会把从镜片反射出来的光线再反射回去，也把这层膜下面的那层膜反射出来的光线再反射回去，达到增加光线透过率的效果。

可以说镀膜直接影响着镜头抗炫光的能力，对镜头的色彩倾向有很大的影响，但是并非镀膜越多越好，当光线透过镀膜时，也会有一定的衰减。

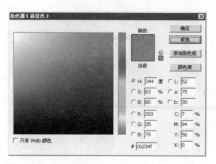

图11-3

图11-4

③ 为皮肤上色。单击"创建新的填充或调整图层"按钮，在弹出的菜单中执行"色彩平衡"命令，设置弹出的对话框，如图11-6、图11-7、图11-8所示。设置完"色彩平衡"对话框中的参数后，单击"确定"按钮，得到图层"色彩平衡1"，此时的图像效果和"图层"面板如图11-9所示。

图11-5

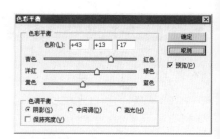

图11-6

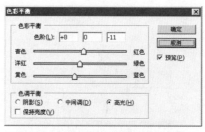

图11-7

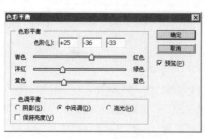

图11-8

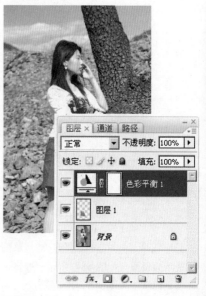

图11-9

④ 编辑图层蒙版。单击"色彩平衡1"图层蒙版，设置前景色为黑色，选择"画笔工具"，设置适当的画笔大小和透明度后，在图层蒙版中涂抹，保留人物皮肤部分，使其只对皮肤起作用，得到图像效果如图 11-10 所示，其涂抹状态及"图层"面板如图 11-11 所示。

图 11-10

图 11-11

⑤ 为树上色。新建"图层 2"，单击工具栏中的前景色块，在弹出的对话框中进行前景色的设置，如图 11-12 所示。选择"画笔工具"，设置适当的画笔大小和透明度后，在树的图像上进行涂抹，设置"图层 2"的图层混合模式为"叠加"，图像效果如图 11-13 所示，"图层 2"的涂抹状态和"图层"面板如图 11-14 所示。

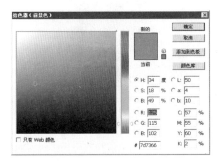

图 11-12

图 11-13

图 11-14

⑥ 为环境上色。新建"图层 3"，单击工具栏中的前景色块，在弹出的对话框中进行前景色的设置，如图 11-15 所示。选择"画笔工具"，设置适当的画笔大小和透明度后，在周边环境图像上进行涂抹，设置"图层 3"的图层混合模式为"叠加"，图像效果如图 11-16 所示，"图层 3"的涂抹状态和"图层"面板如图 11-17 所示。

▲ 镀膜镜头

📷 什么是人像摄影

人像摄影，顾名思义，就是以拍摄人物为主题的摄影。通过摄影的形式来表现人物的外貌形象，并通过人物的外貌形象反映人物的精神面貌。

（1）人像摄影，通常表现的是特定环境中的人物的生存状态，甚至能表达出人物的命运。人像摄影是一个大的概念，它的范围非常广泛，包含了人像摄影、纪念照、人体摄影、时装表演的舞台摄影、新闻摄影、舞台摄影、广告摄影等等。各种摄影之间可以相互交叉。但主要的有实用类、商业类、艺术类、新闻类。人像摄影的风格没有特别具体的限制，可以说是多种多样的，但一般是氛围唯美类、创意类和纪实类三种。

▲ 广告类人像

163

▲ 新闻类人像摄影

▲ 纪实类人像摄影

▲ 旅游纪念类摄影

▲ 创意类人像

▲ 艺术类人像

图 11-15

图 11-16

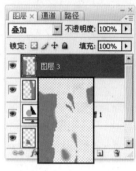

图 11-17

⑦ 为天空上色。新建"图层 4"，单击工具栏中的前景色块，在弹出的对话框中进行前景色的设置，如图 11-18 所示。选择"画笔工具"，设置适当的画笔大小和透明度后，在天空图像上进行涂抹，设置"图层 4"的图层混合模式为"叠加"，图像效果如图 11-19 所示，"图层 4"的涂抹状态和"图层"面板如图 11-20 所示。

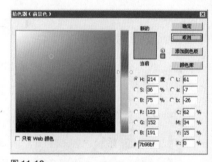

图 11-18

图 11-19

图 11-20

制作素描效果的照片

原图片

┈┈┈┈►
修改后的效果

将风景照片制作为有素描效果的照片，为生活增加几分乐趣，本例运用到Photoshop中的"调色命令"、"滤镜"、"图层混合模式"等技术。

①　打开文件。执行"文件"/"打开"命令，在弹出的对话框中选择随书光盘中的"03章/12制作素描效果的照片/素材"文件，如图12-1所示。单击"图层"面板中的"背景"图层，将其拖动到"创建新图层"按钮上（或按快捷键【Ctrl+J】）复制图层，如图12-2所示。

图12-1

图12-2

②　将照片去色。执行"图像"/"调整"/"去色"命令，图像效果如图12-3所示。按快捷键【Ctrl+L】，打开"色阶"命令对话框，设置该对话框如图12-4所示。单击"确定"按钮，得到图12-5所示的效果。

（2）人像摄影的种类很多，当然它的拍摄方法也很多，包括摆拍、抓拍、甚至偷拍，另外，还可以将几种方法交叉使用。但不管是使用哪种拍摄方法，重要的是要拍出人物的真实情感，塑造具有性格特征的人物形象。在此基础上，又能给人以某种启迪的，就是一幅好的人像摄影作品。

▲　抓拍　抓住小孩子认知能力提高的最有意义的一瞬间

在影棚里拍摄美女，可以摆出美女最为优美的姿势

摆拍加抓拍，在摆拍基础上抓住在拍摄过程中发生的有意思的一瞬间

偷拍 远离被摄者不让其发现，拍摄最为真实和自然的人像

图 12-3

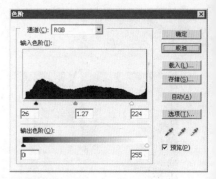

图 12-4

③ 复制图层，制作影印效果。单击"图层"面板中的"背景"图层，将其拖动到"创建新图层"按钮上，得到"背景 副本 2"图层，执行"滤镜"／"素描"／"影印"命令，设置弹出的对话框，如图 12-6 所示。设置完毕后，单击"确定"按钮，得到的图像效果如图 12-7 所示，此时的"图层"面板如图 12-8 所示。

图 12-5

图 12-6

图 12-7

图 12-8

④ 减少杂点，保持线条清晰度。单击"图层"面板中的"背景 副本 2"图层，执行"图像"／"调整"／"色阶"命令，设置弹出的对话框，如图 12-9 所示。设置完毕后，单击"确定"按钮确认操作，得到的图像效果如图 12-10 所示。

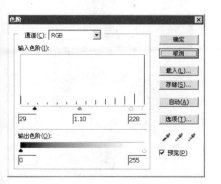

图 12-9

图 12-10

⑤ 更改图层混合模式。在"图层"面板上将"背景 副本 2"图层的图层混合模式设置为"柔光",如图 12-11 所示,效果如图 12-12 所示。

图 12-11

图 12-12

18~40 mm 焦距的镜头称为短焦镜头也叫广角镜头。广角镜头的特点是近镜头视角大,可以摄入宽阔的画面,可以表现出相当大的清晰范围,善于夸张前景和表现景物的远近感,使画面富有感染力。

▲ SIGMA 的 17~35mm F2.8 的广角镜头

⑥ 复制图层,更改图层混合模式。单击"图层"面板中的"背景"图层,将其拖动到"创建新图层"按钮上,得到"背景 副本 3",如图 12-13 所示。将"背景副本 3"的图层混合模式设置为"变暗",如图 12-14 所示。

比如拍摄高大的城市建筑时,用广角镜头就能有效地体现开阔的气势和建筑物高耸入云的雄伟。广角镜头能够强调前景及突出远近对比,也就是所谓的"近大远小"的效果,距离镜头近的物体会显得更大,远的物体会就会显得更小。在纵深方向上产生强烈的透视效果。特别是用焦距很短的超广角镜头拍摄时,近大远小的效果会尤为显著。

图 12-13

图 12-14

▲ 广角镜头近达远小的效果以及透视效果

⑦ 制作线条效果。执行"滤镜"/"素描"/"成角的线条"命令,设置弹出的对话框,如图 12-15 所示。设置完毕后,单击"确定"按钮确认操作,得到的图像效果如图 12-16 所示。

50 mm 焦距的镜头称为标准镜头,一般涵盖 40～70 mm 的范围。对于传统的 135 照相机而言,50 mm 镜头的视角与人眼接近,拍摄时不容易产生变形，纪实性很强，给人以亲近感。在实际的拍摄活动中，标准镜头的使用频率是比较高的。另外，它对于被摄物体的细节表现非常有效，是一种成像质量很好的镜头。不过标准镜头拍摄的效果和人眼所看的视觉效果很相似，所以，用标准镜头拍出来的视觉效果比较普通，没有广角镜头和远摄镜头那样对画面夸张的渲染效果。

▲ 佳能 EF 50MM F1，4 标准镜头

▲ 标准镜头有着非常好的成像质量，和人眼所看到的视觉效果极为相似

📷 什么是望远镜头

135～500 mm焦距的镜头称为望远镜头。这种镜头能把很远景物拉近，使景物充满画面，这部分功能和望远镜有一些相似，所以被称作望远镜头。望远镜头的视角小视野狭窄。有了这一特点，摄影者就可以在拍摄景物时，突出表现景物中的某个局部，拍摄人物特写时对被摄者作细致的刻画。（图：局部特写）望远镜头大大地缩短了景深，焦距长，景深短，得到一些景深很短的照片，而且把被摄物体的前后清晰范围限制在一定的框架内，突出被聚焦的部分。这样拍摄到的照片

图 12-15

图 12-16

⑧ 更改"不透明度"。为了避免生硬现象，在"图层"面板中单击"背景 副本 2"，将此图层的"不透明度"设置为"80%"，让效果相互融合，如图 12-17 所示，其效果如图 12-18 所示。

图 12-17

图 12-18

⑨ 复制图层，更改图层混合模式。单击"图层"面板中的"背景"图层，将其拖动到"创建新图层"按钮上，得到"背景 副本 4"，如图 12-19 所示。将"背景 副本 4"图层的图层混合模式设置为"变暗"，如图 12-20 所示。

图 12-19

图 12-20

⑩ 制作阴影线效果。执行"滤镜"/"画笔描边"/"阴影线"命令，设置弹出的对话框，如图 12-21 所示。设置完毕后，单击"确定"按钮确认操作，将此图层的"不透明度"设置为"50%"，得到的图像效果如图 12-22 所示。

图 12-21

图 12-22

① 复制图层，更改图层混合模式。单击"图层"面板中的"背景"图层，将其拖动到"创建新图层"按钮上，得到"背景 副本 5"图层，如图 12-23 所示。将"背景 副本 5"图层的图层混合模式设置为"变亮"，如图 12-24 所示。

图 12-23

图 12-24

② 制作绘图效果。执行"滤镜"/"素描"/"绘图笔"命令，设置弹出的对话框，如图 12-25 所示。设置完毕后，单击"确定"按钮确认操作，将此图层的"不透明度"设置为"50%"，得到的图像效果如图 12-26 所示。

图 12-25

图 12-26

③ 使图像看起来更自然。单击"背景 副本 4"，执行"图像"/"调整"/"反相"命令，这样就把它变为正相的了，如图 12-27 所示。再执行"滤镜"/"模糊"/"高斯模糊"命令，按照图 12-28 所示对弹出的对话框进行参数设置。

虚实对比鲜明，主体对象清晰而次要对象模糊，具有强烈的艺术性。

▲ SIGMA 的 170~500mm 的望远镜头

📷 变焦镜头与定焦镜头

变焦镜头比普通的定焦镜头增加了转接环，操作转接环能够改变镜头的焦距，像面上的影像大小可以连续改变，使一支镜头可以代替多支定焦镜头，摄影者使用起来非常方便，不但便于携带，而且拍摄时不必频繁地更换镜头，十分快捷方便。

▲ SIGMA 的 18~50mm 变焦镜头

▲ SIGMA 的 18~200mm 变焦镜头

图 12-27

图 12-28

变焦镜头允许摄影者在一定的范围内改变焦距。而定焦镜头就不能，它只有一个固定焦距，所以变焦镜头的主要优势就是能得到不同的构图和透视感。另外，现在很多的高端变焦镜头一般是不会产生容易被察觉的一些低于定焦镜头的成像质量，除非是经过非常大的打印，或者是一双被专业训练过的眼睛才能看得出。定焦镜头的优势就是花费小、重量轻和速度快，一个不贵的镜头往往能够得到同等于或者超过高端变焦镜头的图像质量，一个极小焦段的变焦镜头也会比类似焦距的定焦镜头大和重很多。最好的定焦镜头几乎总是比最好的变焦镜头可以提供更好的收集光的能力。

14 最终效果。为了清晰地看出素描的效果，单击工具箱中的"缩放工具"，放大观看，效果如图 12-29 和图 12-30 所示。

图 12-29

图 12-30

▲ SIGMA 的 105mm 定焦镜头

▲ 尼康的 50mm 定焦镜头

技巧提示 ● ● ● ●

　　在使用其他工具时，如果要临时使用"抓手工具"，按住"空格键"即可。松开"空格键"后将恢复成原工具状态。这种方式在许多对话框中也同样能起作用。

第4章

数码照片特殊效果

本章主要介绍如何制作数码照片的特殊效果，例如制作扎染效果、双胞胎效果、宝宝拼图、线描彩绘效果、玻璃渲染效果、彩色版画效果、点阵图效果等。读者通过对本章的学习就可以在计算机中制作出照片的各种神奇变化。

01 制作扎染效果

制作时间：18 分钟
难易度：✹✹✹✹✹

原图片

修改后的效果

扎染效果是漂染服装的一种特殊的染衣技法，它经常被使用在各类服装或头巾上。本例中我们利用 Photoshop 在照片上添加各种颜色的扎染效果，产生一种别样的民族风情。将扎染效果应用在照片上，要注意照片与扎染效果要融合到一起，制作这种效果主要使用了 Photoshop 中的画笔工具以及蒙版等功能。

Photoshop CS3 数码照片修饰与拍摄技巧

📷 什么是鱼眼镜头

　　鱼眼镜头一般是指焦距在 18mm 以下的短焦超广角镜头，鱼眼镜头是它的俗称，为了使镜头达到最大的摄影视角，这种摄影镜头的前景片直径大且呈抛物线状向镜头前部突出，与鱼的眼睛极为相似，鱼眼镜头因此而得名。

　　鱼眼镜头的最大作用就是使视角范围变大，视角一般可达到220°～330°，这为近距离的拍摄大范围景物创造了条件。鱼眼镜头的成像有两种，一种是和

▲ SIGMA 的 15mm 的超广角镜头

① 新建文档。执行"文件"／"新建"命令 (或按【Ctrl+N】快捷键)，新建一个大小为"788 像素"×"590 像素"，分辨率为"200 像素/英寸"的文档，如图 1-1 所示。新建一个图层，得到"图层 1"，"图层"面板状态如图 1-2 所示。

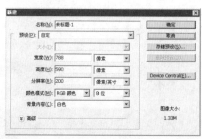

图 1-1

图 1-2

② 设置仿扎染效果的笔刷。选择工具箱中的"画笔工具"，单击画笔选项栏中的三角按钮，打开"画笔预设"面板，选择"载入湿介质画笔"，在"湿介质画笔"列表中选择"浓彩水彩笔"选项，如图 1-3 所示。

③ 分别设置不同的前景色，在"图层 1"中进行涂抹，前景色可以根据自己的喜好进行设置。涂抹的效果如图 1-4 所示，"图层"面板如图 1-5 所示。

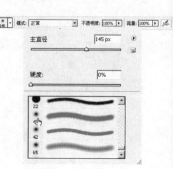

图 1-3

图 1-4

图 1-5

其他镜头一样，成像充满画面。另一种成像为圆型。无论哪种成像，用鱼眼镜头所摄的像，变形都相当的厉害，透视汇聚感强烈。

▲ 鱼眼睛头拍摄的效果，变形相当厉害，透视汇聚感非常强烈

④ 打开文件。执行"文件"/"打开"命令，在弹出的对话框中选择随书光盘中的"04 章 /01 制作扎染效果 / 素材"文件，如图 1-6 所示。使用"移动工具"将其拖动到第 1 步新建的文件中，得到"图层 2"，此时的"图层"面板如图 1-7 所示。

图 1-6

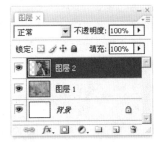

图 1-7

⑤ 添加图层蒙版。单击"添加图层蒙版"按钮，为"图层 2"添加图层蒙版，设置前景色为黑色，选择"画笔工具"，设置适当的画笔大小和透明度后，在图层蒙版中涂抹，得到图 1-8 所示的效果，其涂抹状态和"图层"面板如图 1-9 所示。

图 1-8

图 1-9

⑥ 复制图层。选择"图层 1"按快捷键【Ctrl+J】，复制"图层 1"得到"图层 1副本"，选择"图层 1 副本"，按快捷键【Shift+Ctrl+]】将其置于"图层"面板的最上方，此时的图像效果如图 1-10 所示，"图层"面板如图 1-11 所示。

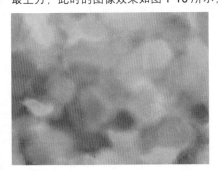

图 1-10

图 1-11

什么是微距镜头

　　微距镜头是以专门拍摄微小被摄物或翻拍小画面图片为目的的摄影镜头，是一种不用装近摄附件就能进行微距和近距摄影的专业微距镜头，分辨率相当高，成像畸变很小，而且反差较高，色彩很好。

▲ 微距镜头对色彩的还原效果

由于微距镜头在拍摄物体时的拍摄距离很短，根据景深的原理，微距摄影的景深也就很浅，为了弥补这一点，微距摄影的光圈都很小，这样才能够保证足够的景深来表现被摄物体。

▲ 微距镜头的景深效果

📷 人像摄影画面的景别

人像摄影中对景别的选取很重要，直接决定了主体在数码照片上呈现出的大小和远近范围，以及作品最后的视觉效果和观众的心理反应。

在人像摄影中，按照所选主体的比例，通常可以分为：远景人像、全景人像、中景人像、近景人像、特写人像。

1. 远景人像

顾名思义，远景人像的画面表现范围宏大，场面和背景广阔深远，适合展现景物的整体结构和气势，体现人物与环境形成的点与面的关系，达到情景交融。

在远景人像中，人物所占画面的比例很小，着重介绍人物所处的环境或者创造某种特定的气氛等，所以在拍摄远景人像时所选远景画面应尽量简

▲ 远景人像的照片人物在画面中所占的比例

⑦ 设置图层混合模式。在"图层"面板中设置"图层 1 副本"的混合模式为"颜色"，得到图 1-12 所示的效果，"图层"面板如图 1-13 所示。

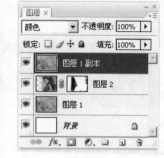

图 1-12   图 1-13

⑧ 添加图层蒙版。单击"添加图层蒙版"按钮，为"图层 1 副本"添加图层蒙版，设置前景色为黑色，选择"画笔工具"，设置适当的画笔大小和透明度后，在图层蒙版中人物的脸部进行涂抹，得到图 1-14 所示的效果，其涂抹状态和"图层"面板如图 1-15 所示。

图 1-14   图 1-15

⑨ 输入文字。设置前景色为红色，选择工具箱中的"直排文字工具"，输入图 1-16 所示的一些文字，得到相应的文字图层，"图层"面板如图 1-17 所示。

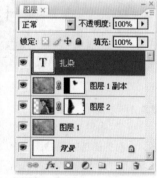

图 1-16   图 1-17

⑩ 添加图层样式。单击"图层"面板底部的"添加图层样式"按钮，选择"外发光"选项，在弹出的"图层样式"对话框中进行参数设置，如图 1-18 所示。继续选择"描边"选项，设置"描边"选项对话框，如图 1-19 所示。

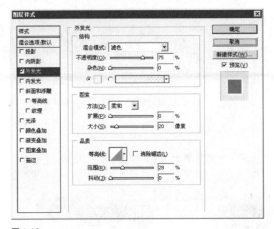

图 1-18

图 1-19

⑪ 最终图像效果。设置完"图层样式"命令对话框后，单击"确定"按钮，得到图 1-20 所示的最终效果，此时的"图层"面板如图 1-21 所示。

图 1-20

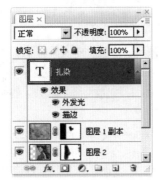

图 1-21

单（像海边、草原、沙漠、广场等），避免色彩五彩缤纷、影调斑斑点点、线条庞杂重叠，干扰了主体，分散了注意力。

2. 全景人像

全景人像照片的取景范围小于远景，可以表现人物的全貌及其所处的环境，比较完整地再现人物和场景的关系。适合用在人物与场景都要同步交待的场合，通过人物的形体动作来反应人物的内心情感和心理状态，通过典型环境和特定的场景来表现特定的人物。

在拍摄全景人像时，应该重视特定范围内人物的视觉轮廓和画面视觉中心的地位，并通过环境的气氛来烘托主题对象。当然，背景环境的选取同样不可繁杂、鲜艳，避免喧宾夺主之嫌。全景人像的画面在保存较大的气势的同时，画面充实，主次分明，可以完整地表现人物的形体动作，所以在拍摄人像时，有时候会用全景来表现群众场面。

▲ 全景人像的照片人物在画面中所占的比例，比远景人像所占的比例大了一些

3. 中景人像

中景人像是一个恰到好处的景别，观看照片的人可以看到人物的动作、

制作双胞胎效果

本例主要介绍 Photoshop 中的仿制图章工具、自由变换工具、修补工具以及一些简单的选择工具，处理同一张图片，使其中的人物复制成两个，产生双胞胎的效果。

原图片

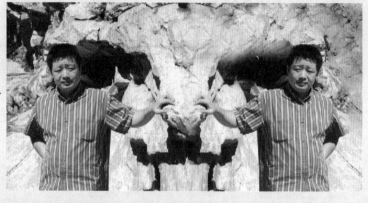

┈┈➡️
修改后的效果

表情、甚至交流时的神态，中景画面看起来会很舒服，因为它符合人们在正常情况下观看事物的习惯。中景人像将空间和整体轮廓降到了次要地位，比较重视人物的动作、表情、情绪等。所以，取景范围比全景人像进一步缩小，大大地减少了背景环境，人物的线条就是画面的主要构成要素，而背景只是作为衬托形式出现。

▲ 中景人像的照片人物所占的比例进一步扩大，背景环境大大减少

① 打开文件。执行"文件"/"打开"命令，在弹出的对话框中选择随书光盘中的"04章/02制作双胞胎效果/素材"文件，如图2-1所示。选择"背景"图层，按【Ctrl+J】快捷键，复制"背景"图层，并更名为"图层 1"，如图2-2所示。

图 2-1

图 2-2

② 放大画布。将背景色设置为白色，执行"图像"/"画布大小"命令，在弹出的"画布大小"对话框中设置各项参数，如图2-3所示。对话框的上面显示的是画布的原始尺寸，下面显示的是画布的新建尺寸，设置"定位"为中左方，执行后的效果如图2-4所示。

图 2-3

图 2-4

③ 变换图像。选择"图层1"，执行"编辑"/"变换"/"水平翻转"命令，使用"移动工具"，将"图层1"移动到照片右侧的合适位置，如图2-5所示。

图2-5

④ 添加图层蒙版。为"图层1"添加图层蒙版，设置前景色为黑色，背景色为白色，选择"渐变工具"，设置渐变类型为从前景色到背景色，在图层蒙版中两张图片的交接处从左往右绘制渐变，将两张照片融合到一起，得到图2-6所示的效果，此时，图层蒙版中的状态和"图层"面板如图2-7所示。

图2-6

图2-7

⑤ 最终效果。交接处的痕迹消除后，复制"图层1"得到"图层1副本"。为了不使画面两侧过于对称，可选择"仿制图章"工具进行修补。使效果更逼真，完成后的最终效果如图2-8所示，"图层"面板如图2-9所示。

图2-8

图2-9

4.近景人像

近景人像比中景人像更接近主题的景别，突出表现人物的特征，虚化环境甚至舍去了环境，使画面看上去简洁明了，充分地表现了人物的神态和个性。

▲ 近景人像可以很好的表现人物的局部特征

近景人像可以充分表现人物有意义的局部，能够在近景画面中得到视觉满足，另外，利用近景拍摄的人像照片可以拉近被摄人物与观看人之间的距离，观看照片的人和被摄人物统一产生交流感。

5.特写人像

画面只表现主题对象的局部，并使这一局部充满画面，强调主体对象的局部特征。所以，特写画面对主体的表现更加集中强烈，以点代面，使之更加突出构图，从细微之处揭示人物的特征。

▲ 特写人像更加强烈的突出人物的局部特征

📷 如何拍摄不同年龄的儿童

儿童是一个极好的拍摄题材，拍摄到儿童天真开心的表情，满足了父母美好的心愿，又可以给孩子留下美好的成长见证。

第4章 **数码照片特殊效果**

177

为版画添加梦幻背景

制作时间：18 分钟
难易度：★★★★★

原图片

修改后的效果

本例通过利用 Photoshop 制作添加杂点的黑白图像效果，制作重叠的图像和加入与背景相协调的人物图像，为版面添加梦幻背景，使效果更加丰富。

　　(1) 处在婴幼儿时期的孩子是一个"见风就长"的阶段，多纪录这个时期孩子的成长变化，一定是一件非常有意义的事情。婴儿的娇嫩肌肤和可爱的面容都是很好的拍摄题材。拍摄时背景要尽量简洁，保持画面的简单。可以逗他们呢动起来或者做一些表情，譬如他们的笑、苦、皱眉等，多拍几张，抓住精彩的瞬间。

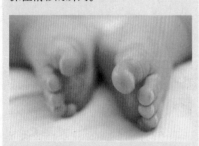

▲ 婴儿娇嫩的肌肤时非常好的拍摄题材

① 打开文件。执行"文件"/"打开"命令，在弹出的对话框中选择随书光盘中的"04 章 /03 为版画添加梦幻背景/素材 1"文件，如图 3-1 所示。在"图层"面板中拖动"背景"到"创建新图层"按钮上，释放鼠标得到"背景 副本"，"图层"面板如图 3-2 所示。

图 3-1

图 3-2

② 将人物图像转换为黑白图像。执行"图像"/"调整"/"阈值"命令，设置弹出的对话框，如图 3-3 所示。设置完"阈值"对话框中的参数后，单击"确定"按钮，得到图 3-4 所示的效果。

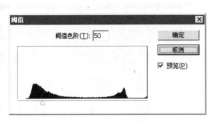

图 3-3

图 3-4

③ 将图像转换为版画效果。复制"背景"得到"背景 副本 2",按快捷键【Shift+Ctrl+】】将其置于"图层"面板的最上方,执行"图像"/"调整"/"阈值"命令,设置弹出的对话框,如图3-5所示。设置完"阈值"对话框中的参数后,单击"确定"按钮,得到图3-6所示的效果,此时的"图层"面板如图3-7所示。

图 3-5

图 3-6

图 3-7

④ 复制图层。复制"背景"得到"背景 副本 3",按快捷键【Shift+Ctrl+】】将其置于"图层"面板的最上方,执行"图像/调整/阈值"命令,设置弹出的对话框,如图3-8所示。设置完"阈值"对话框中的参数后,单击"确定"按钮,得到图3-9所示的效果。

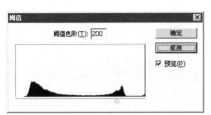

图 3-8

图 3-9

在拍摄婴儿的时候,要注意闪光灯对婴儿眼睛的影响,拍摄的时候在用光上可以使用柔和的灯光效果。

男孩子就可以拍一些体现他们潇洒倜傥或者是认真、努力的照片。

▲ 纪录下婴儿成长的瞬间很有意义

（2）幼儿时期的儿童已经有了一定的思考能力和动手能力,好奇是孩子这个年龄里非常突出的特点,表现的欲望也很强烈。孩子们的身上会有很多有趣的现象和故事发生,尽量开发和深化,通过镜头"定格"下来,别有一番滋味。

▲ 少儿时期的孩子表现欲望很强烈

拍摄这个时期的孩子,要注意孩子的安全,因为这个时期的孩子都很好动,离不开大人,要避免孩子摔跤或者闯祸。

▲ 好奇也是这个时期孩子的心理，拍摄时要注意孩子的安全

（3）少儿时期的孩子心理、生理的发育和见识都有很大的增长，对事物的认知能力和个性也已经初步形成，这个阶段的孩子已经不满足于被动的拍摄。他们有了自己的想法和要求，不要为了拍摄一些自己喜欢的照片而强迫孩子做一些他们不喜欢的动作。

▲ 不打搅孩子，自然的拍摄，能更好地展示孩子的天真

⑤ 改变图像颜色。执行"图像"/"调整"/"色相/饱和度"命令，设置弹出的对话框，如图3-10所示。设置完对话框中的参数后，单击"确定"按钮，得到图3-11所示的效果。

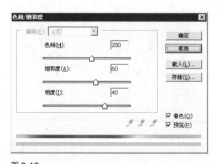

图3-10

图3-11

⑥ 设置图层混合模式。设置"背景 副本3"的图层混合模式为"变暗"，得到图3-12所示的效果，此时的"图层"面板如图3-13所示。

图3-12

图3-13

⑦ 盖印图层。按快捷键【Ctrl+Shift+Alt+E】，执行"盖印"操作，得到"图层1"，如图3-14所示。打开随书光盘中的"04章/03为版画添加梦幻背景/素材2"文件，如图3-15所示。

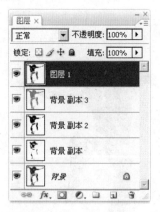

图3-14

图3-15

⑧ 变换图像。使用"移动工具"将其拖动到第1步新建的文件中，得到"图层2"，按快捷键【Ctrl+T】，调出自由变换控制框，将图像调整到和文件一样的大小，如图3-16所示。按【Enter】键确认操作，此时的"图层"面板如图3-17所示。

图 3-16

图 3-17

孩子自身就是有声有色的，所以拍摄这类照片的背景和环境应当以简洁为主，环境明暗差异不要太大，色彩也不应太鲜艳太凌乱。

▲ 用简单的背景更能凸显孩子的纯真

⑨ 将"图层 2"调整到"图层 1"的下方，如图 3-18 所示。执行"选择"/"色彩范围"命令，单击图像中的白色部分，然后设置弹出的对话框，如图 3-19 所示，得到图 3-20 所示的选区效果。

图 3-18

（4）青春期阶段的孩子的生理特征显现，心理上也会发生很大的改变。要给他们拍摄照片，一定不能盲从，但也要尽量少干预。

图 3-19

图 3-20

▲ 并青春期的男孩子已经认为自己是个大男人了，也很想表现自己的帅气

⑩ 选择"图层 1"，按【Delete】键删除选区内的图像，取消选区，按快捷键【Ctrl+T】调出自由变换控制框，将图像缩小移动到图 3-21 所示的位置，按【Enter】键确认操作，得到图 3-22 所示的效果。

这个时期的女孩子已经很注重自己的外形，可以加些点缀，追求点情调与浪漫，都是非常正常的。

图 3-21

图 3-22

▲ 女孩子开始追求美和浪漫

Photoshop CS3 数码照片修饰与拍摄技巧

📷 拍摄老人要拍出精神

我们要拍摄老人时，时常会遭到拒绝，而拒绝的原因就是老人们大都认为自己现在的样子不好看，老态龙钟、满脸皱纹，不愿意上镜头。那么，拍摄老人不用像拍摄年轻人那样讲究形体的多样与优美，也不用过多地要求他们去做各种各样的姿势，这样会让老年人显得比较僵硬、呆板，不知所措。

（1）我们拍老年人的时候应该尽量的去表现老人良好的精神状态。比如可以拍他们下棋的全神贯注、打太极拳时候的神态自若、和儿孙在一起时的心满意足等等，这些都是很好的拍摄题材。

▲ 户外运动表现了老人良好的精神状态和健康状态

⑪ 选择"图层 2"，执行"图像"/"调整"/"色调分离"命令，设置弹出的对话框，如图 3-23 所示。设置完对话框中的参数后，单击"确定"按钮，得到图 3-24 所示的效果。

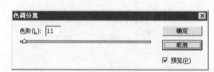

图 3-23

图 3-24

⑫ 复制图层并设置图层混合模式。选择"图层 2"为当前操作图层，按快捷键【Ctrl+J】，复制"图层 2"得到"图层 2 副本"。设置"图层 2 副本"的图层混合模式为"线性加深"，得到图 3-25 所示的效果，此时的"图层"面板如图 3-26 所示。

图 3-25

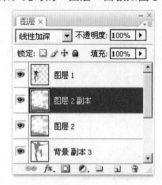

图 3-26

⑬ 制作渐变。单击"创建新的填充或调整图层"按钮，在弹出的菜单中执行"渐变"命令，设置弹出的对话框，在对话框中的编辑渐变颜色选择框中单击，可以弹出"渐变编辑器"对话框，如图 3-27 所示。在对话框中可以编辑渐变的颜色。设置完对话框后，单击"确定"按钮，得到图层"渐变填充 1"，此时的效果如图 3-28 所示，"图层"面板如图 3-29 所示。

图 3-27

图 3-28

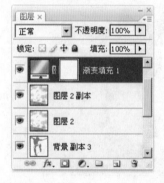

图 3-29

⑭ 设置图层混合模式。选择"渐变填充1"为当前操作图层，设置其图层混合模式为"正片叠底"，得到图3-30所示的效果，此时的"图层"面板如图3-31所示。

图 3-30

图 3-31

△ 和孙子辈的孩子在一起更能体现"老顽童的乐趣"

（2）如果老人脸上的皱纹很多、很深，就须要利用光线来克服缺陷，也可以将画面推大成面部的特写，捕捉老人瞬间的神态，突出刻画老人的精神面貌，使老人在照片中显得神采奕奕。

⑮ 建立新图层并填充黑色。新建"图层3"并将其填充为黑色，如图3-32所示，此时的"图层"面板如图3-33所示。

图 3-32

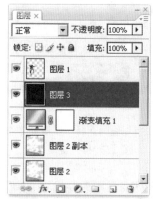

图 3-33

△ 黝黑的脸和脸上的爬满的皱纹更能体现老人经历的的沧桑

⑯ 为图像添加纹理效果。执行"滤镜"/"纹理"/"纹理化"命令，设置弹出的对话框，如图3-34所示。设置完对话框后，单击"确定"按钮，得到图3-35所示的效果。

图 3-34

图 3-35

△ 即使是爬满皱纹，仍保持一颗对生活乐观的心态

⑰ 设置图层混合模式。选择"图层3"为当前操作图层，设置其图层混合模式为"叠加"，使其与下方图层混合，得到图3-36所示的效果，此时的"图层"面板如图3-37所示。

⑱ 制作图像的阴影效果。按住【Ctrl】键单击"图层3"载入选区，如图3-38所示。新建一个图层，得到"图层4"，设置前景色为黑色，按快捷键【Alt+Delete】用前景色填充选区，按快捷键【Ctrl+D】取消选区，此时的"图层"面板如图3-39所示。

拍摄人物题材的照片时，人像完整与不完整首先取决于照片的用途，比如很多证件照，就要求在胸线以上；其次取决于拍摄者的爱好和被摄对象的要求。有的拍摄者可能非常擅长于拍摄半身或者特写等，那么在拍摄人物的时候，就会尽量地运用这类方式。还有的是被摄者根据自己的需要来要求用什么样的拍摄；另外，还取决于拍摄环境和用什么样的镜头，如果拍摄场地很小，就不适宜拍摄完整的人像，可以多拍一些近距离的半身照或者特写。

▲ 半身人像的方式拍摄的小孩子，抓住最富有表现力的上半身

▲ 全身人像的方式拍摄的模特，表现了模特美好的姿态

图 3-36

图 3-38

图 3-37

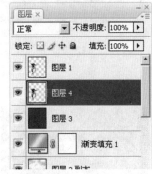

图 3-39

⑲ 变换图像。选择"图层 4"，按快捷键【Ctrl+T】，调出自由变换控制框，将图像放大，按【Enter】键确认操作，得到图 3-40 所示的效果。设置"图层 4"的图层不透明度为"20%"，得到图 3-41 所示的效果。

图 3-40

图 3-41

⑳ 模糊图像。执行"滤镜"/"模糊"/"高斯模糊"命令，设置弹出的对话框，如图 3-42 所示。设置完对话框后，单击"确定"按钮，得到图 3-43 所示的效果。

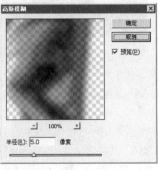

图 3-42

图 3-43

Photoshop CS3 数码照片修饰与拍摄技巧

㉑ 制作光晕效果。新建一个图层，得到"图层 5"，设置前景色为黑色，按快捷键【Alt+Delete】用前景色填充图层。执行"滤镜"/"渲染"/"镜头光晕"命令，设置弹出的对话框，如图 3-44 所示。设置完对话框后，单击"确定"按钮，得到图 3-45 所示的效果。

图 3-44

图 3-45

㉒ 设置图层混合模式。选择"图层 5"为当前操作图层，设置其图层混合模式为"滤色"，得到图 3-46 所示的效果，此时的"图层"面板如图 3-47 所示。

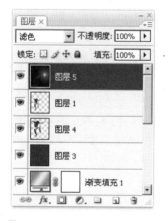

图 3-46

图 3-47

㉓ 输入文字。设置前景色为黑色，选择工具箱中的"横排文字工具"，输入图 3-48 所示的一些文字，得到相应的文字图层，"图层"面板如图 3-49 所示。

图 3-48

图 3-49

如何拍摄美女

美女向来都是摄影爱好者喜爱的拍摄题材。在拍摄美女时，应仔细观察美女并和她沟通，找到她身上的个性和特点，这样在拍摄之前就能够预测到将拍出的照片的整体效果。

另外，在拍摄时，给予适当的引导和指点。有的美女模特在镜头前的表现力非常好，常常自己做出很符合气氛和自己个性的姿态和神情，这当然最好，但是有的美女模特在镜头前的表现力一般，这时就须要摄影师给予适当的指点和提示，以拍出模特最好的状态。

在很多数码照相机里都有人像拍摄模式，基本上都是用女性的符号来代表，所以这个模式也很适合用来拍摄美女。大光圈、小景深，可以很好地表现出美女迷人的气质。

▲ 自然的笑容，不做作的动作，几乎很难看出照片中的人物是摆拍的，这就需要很好的沟通，让模特充分了解摄影师的想法

姿势的重要性

在人像摄影中，姿势也是一种非常重要的表达方式。人物所做的姿势要与其气质相符合，还要符合摄影师的要求。

04 制作宝宝拼图

原图片

┈┈➤ 修改后的效果

通过 Photoshop 的"图层样式"对话框中的"拼图"选项功能，可以为亲朋好友制作出具有拼图效果的照片。

有时候，几个姿势或者几个表情，就能重新塑造一个人的形象，这就是把握住了不同职业、不同年龄的人物的姿势和表情特点，同时能够惟妙惟肖地将其表现出来。年轻人抬头挺胸的姿势，就会显得有朝气，有活力；儿童坐着玩游戏或者模仿大人的姿势就可以表现出可爱活泼、俏皮；老年人靠在椅子上读报纸的姿势就会显得很稳重。

所以，在组织姿势的时候，根据不同的年龄、不同的生活习惯、不同的性格，不同的经历，选取有利于表现被摄人物形象美、形体美的角度来拍摄。

① 打开文件。执行"文件"/"打开"命令，在弹出的对话框中选择随书光盘中的"04 章 /04 制作宝宝拼图 / 素材"文件，如图 4-1 所示。单击"图层"面板中的"背景"图层，将其拖动到"创建新图层"按钮上（或按快捷键【Ctrl+J】）复制图层，如图 4-2 所示。

图 4-1

图 4-2

② 添加图像样式。选择"背景 副本"，单击"图层"面板底部的"添加图层样式"按钮，或执行"图层"/"图层样式"/"样式"命令，在弹出的"图层样式"对话框中设置所需的图案，如图 4-3 所示。单击"确定"按钮，得到的图像效果如图 4-4 所示。

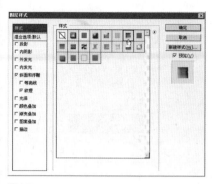

图 4-3

图 4-4

③ 添加纹理效果。执行"图层"/"图层样式"/"斜面和浮雕"/"纹理"命令，或单击"图层"面板底部的"添加图层样式"按钮，在弹出的对话框中设置参数值，如图 4-5 所示，或者用鼠标拖动滑块进行调节。单击"确定"按钮，图像添加纹理后的效果如图 4-6 所示。

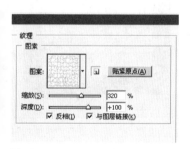

图 4-5

图 4-6

④ 放大画布。单击工具栏中的背景色块，在弹出的对话框中进行前景色的设置，如图 4-7 所示。执行"图像"/"画布大小"命令，设置弹出的对话框，如图 4-8 所示。设置完"画布大小"命令对话框后，单击"确定"按钮，得到图 4-9 所示的图像效果。

⑤ 新建图层并填充颜色。在"背景 副本"下方新建一个图层，得到"图层 1"，按【Ctrl+Delete】用背景色填充"图层 1"，此时的"图层"面板如图 4-10 所示。

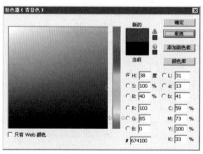

图 4-7

图 4-8

▲ 盘腿坐在沙发上的姿势，使人感觉亲切、自然

衣饰如何搭配使用

衣饰的搭配对于人物摄影也很重要。下面介绍使衣饰起到锦上添花作用的几种方法：

首先，衣饰的搭配要看衣饰与环境的关系，比如公司宣传照片，就不能穿的太随意，饰品更不能夸张，自我特点不能太明显。

▲ 宣传公司形象的照片人物的衣饰要符合上班族的特点，不能太个性

第 4 章 数码照片特殊效果

187

其次，要看衣饰的颜色是否和画面背景相匹配，绿色的树林为背景，就可以配红色的衣饰，或者黑色的背景中配亮色的衣饰，这样，衣饰就不会在背景中失去亮点。

▲ 鹅黄色的衣服在白兰相间的背景中更加清纯、温柔

🎬 色彩对儿童摄影表现有什么影响

拍摄儿童，应创造一种和谐、活泼、融洽的气氛和环境。

（1）要表现这种气氛很环境，在拍摄时，可以在小孩的周围布置一些红色或者黄色的灯暖色调的东西，会使小孩显得很可爱。

▲ 上图的照片在拍摄时让小女孩拿上暖色调的红的抱枕，使这个画面看起来和谐、活波

图 4-9

图 4-10

⑥ 制作选区。单击工具箱中的"矩形选框工具"按钮，在画面中拖动矩形选区，如图 4-11 所示。按快捷键【Ctrl+Shift+I】，执行"反选"操作，此时的选区效果如图 4-12 所示。

图 4-11

图 4-12

⑦ 填充相框颜色。新建一个图层，得到"图层 2"，设置背景色为黑色，按快捷键【Ctrl+Delete】，用背景色填充"图层 2"，得到图 4-13 所示的效果，此时的"图层"面板如图 4-14 所示。

⑧ 为图像添加艺术相框。单击"添加图层样式"按钮，在弹出的菜单中执行"内发光"命令，设置弹出的"内发光"命令对话框，如图 4-15 所示，设置内发光的颜色为淡黄色。在图层样式对话框中继续设置"斜面和浮雕"、"颜色叠加"、"渐变叠加"选项，如图 4-16、图 4-17、图 4-18 所示。

图 4-13

图 4-14

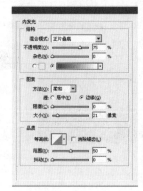

图 4-15

图 4-16　　　　　　　　　图 4-17　　　　　　　　　图 4-18

⑨　确认图层样式设置。设置完"图层样式"命令对话框后，单击"确定"按钮，得到图 4-19 所示的艺术相框效果，此时的"图层"面板如图 4-20 所示。

图 4-19　　　　　　　　　　　　　　　　图 4-20

⑩　制作选区。为了使拼图具有真实感和立体感，可选择抠出一块拼图，单击"钢笔工具"按钮，建立拼图块的路径，如图 4-21 所示。按快捷键【Ctrl+Enter】将路径转换为选区。执行"图层"/"复制图层"命令（或按快捷键【Ctrl+J】），得到"图层 3"，如图 4-22 所示。

图 4-21　　　　　　　　　　　　　　　　图 4-22

⑪　调整图层顺序。按快捷键【Shift+Ctrl+]】，将"图层 3"置于"图层"面板的最上方，按住【Ctrl】键单击"图层 3"，载入其选区，如图 4-23 所示。

⑫　添加图层蒙版。按住【Alt】键单击"添加图层蒙版"按钮，为"图层 3"添加图层蒙版，此时选区部分的图像就被隐藏起来了，"图层"面板如图 4-24 所示。

（2）可以多用原色补色对比，如紫配黄、橙配兰、蓝配白、绿配黄等，在色彩和空间搭配上最好以明亮、轻松、愉悦为选择方向，不妨多点对比色。过渡色彩一般可选用白色。设计得五彩缤纷，不仅适合儿童天真的心理，而且鲜艳的色彩在其中会洋溢起希望与生机。如图 1、图 2 就很好地突出了儿童天真无邪、纯净的内心世界。

（3）不适合的就是切忌用那些狰狞怪诞的形象和阴暗的色调，因为这些饰物会使幼小的孩子产生可怕的联想。

▲　图 1 拍摄小孩子适合用颜色比较明亮的颜色，符合孩子的心理

▲　图 2 明亮的颜色也可以提亮整个画面的色调，加上生动的情节，更能将小孩子的天真无邪表现得淋漓尽致

如何获得眼神光

眼神光又叫醒目光。人物摄影中，最能传神的就是人物的眼睛，眼睛所传达的感情和个性是无法用语言形容清楚的。在人物摄影中，眼睛一直都是刻画的重点，拍摄时光线照在人物眼球的瞳孔上形成微小的光斑，使眼神传神生动。但是，灯光不能太多，要不然会形成大面积的眼神光，使人物的神态显得呆板。

在拍摄时，可以随身携带一块用来制造出眼神光的反光板，以备不时之需。

▲ 图例中美女的眼睛中就有非常漂亮、传神的眼神光，使眼睛显得很生动、迷人，这种眼神光就是在模特的前方用反光板形成的

▲ 画面中美女的眼睛就没有眼神光，虽然画面整体的色彩很漂亮，但没有了点睛之笔，就这张照片中的美女没有了灵气，显得呆板、平淡

拍摄人像的对焦法则

在拍摄人像的时候，拍摄者作为一个活动的、具有意识的动体，往往很容易被拍摄者分心，动作变换快、不稳定，结果就会出现对焦不准的情况，因此拍摄者的注意力一定要专注于拍摄活动，不能被其他事物打扰，同时不能使被拍摄者分心。

图 4-23

图 4-24

13 为拼图块制作立体效果。使用"移动工具"将"图层 3"移动到文件的右下角，做出镂空的效果。双击"图层 3"的图层缩览图，在弹出的"图层样式"对话框中选择"投影"选项，设置"投影"选项对话框，如图 4-25 所示。继续设置"斜面和浮雕"对话框，如图 4-26 所示。

14 确认图层样式设置。设置完"图层样式"命令对话框后，单击"确定"按钮，得到图 4-27 所示的效果，此时的"图层"面板如图 4-28 所示。

图 4-25

图 4-26

图 4-27

图 4-28

15 最终效果。重复上述的做法，再制作出几块拼图，结合"自由变换"命令，将图像变换到满意效果后按【Enter】键确定，最终制作效果如图 4-29 所示，"图层"面板如图 4-30 所示。

图 4-29

图 4-30

制作人物线描彩绘效果

原图片

本实例应用了 Photoshop 的各种调色命令，以及滤镜、图层蒙版和图层混合模式等，来制作一张普通人物照片的线描彩绘效果，通过对本例的学习，读者可以快速地将"高斯模糊"滤镜命令和混合模式中的"线性减淡"结合来制作淡淡的素描效果。

修改后的效果

① 打开文件。执行"文件"/"打开"命令，在弹出的对话框中选择随书光盘中的"04章/05制作人物线描彩绘效果/素材"文件，如图5-1所示，下面将要制作此人物照片的彩色素描效果。

② 为照片去色。单击"创建新的填充或调整图层"按钮，在弹出的菜单中执行"通道混合器"命令，设置弹出的对话框，如图5-2所示。

以人物为主题的照片，人物往往在画面中占有很大的比例，这种情况下怎样对焦呢？人像拍摄最主要的部位常常是脸部，而眼睛又是五官中最具有表现力的部位，因此，在大多数情况下，比较保险的方法就是对眼睛对焦，以保证眼睛的清晰。当然，只有眼睛清晰是不够的，还要保证鼻子也足够清晰，这样的话，即使采用很小的近摄，只要保证眼睛和鼻子的清晰，整个脸部就是清晰的。

图 5-1

图 5-2

③ 确认颜色调整。设置完"通道混合器"对话框中的参数后，单击"确定"按钮，得到图层"通道混合器1"，此时的效果如图5-3所示，"图层"面板如图5-4所示。

▲人像照片以眼睛和鼻子对焦，整个脸部就
会清晰

📷 如何选择人像的拍摄环境

选择人像的拍摄环境，要看拍的
照片是怎样的类型。

如果是生活照，那么拍摄的环境
就可以选择被摄者熟悉的环境，例如
被摄者的家中或者公园等，这些都是
拍摄生活照的很好的环境；要是拍摄
艺术照片或者商用照片，那最好还是
选择专业的影棚，影棚里提供很专业
的设备可以营造出很好的艺术气氛；
要是拍摄宣传类照片，就可以根据要
宣传的对象来决定在什么样的环境下
拍摄，例如，公司用来宣传本公司员
工形象的照片就可以用公司的办公室
或者公司外型建筑作为拍摄环境；用
来做医疗方面宣传的就用医院或者疗
养院来作为拍摄的环境。

图 5-3

图 5-4

④ 盖印图层。按快捷键【Ctrl+Alt+E】，执行"盖印"操作，将得到的新图层重命
名为"图层 1"。按快捷键【Ctrl+I】，执行"反相"操作，此时的图像效果如图 5-
5 所示，"图层"面板如图 5-6 所示。

图 5-5

图 5-6

⑤ 模糊图像。执行"滤镜"/"模糊"/"高斯模糊"命令，设置弹出的对话框，
如图 5-7 所示。设置完"高斯模糊"对话框中的参数后，单击"确定"按钮，得
到图 5-8 所示的模糊效果。

图 5-7

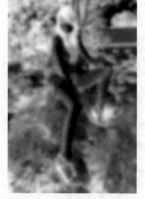

图 5-8

⑥ 设置图层混合模式，制作淡淡的素描效果。设置"图层 1"的图层混合模式为
"线性减淡"，使其与下方图像混合，此时的图像效果如图 5-9 所示，"图层"面板如
图 5-10 所示。

图 5-9

图 5-10

▲ 拍摄家庭成员的生活照，厨房、卧室、客厅都是很好的拍摄环境

⑦ 添加图层蒙版。单击"添加图层蒙版"按钮，为"图层 1"添加图层蒙版，设置前景色为黑色，选择"画笔工具"，设置适当的画笔大小和透明度后，在图层蒙版中人物的头部进行涂抹，得到图 5-11 所示的效果，其涂抹状态和"图层"面板如图 5-12 所示。

图 5-11

图 5-12

⑧ 调整图像色阶。单击"创建新的填充或调整图层"按钮，在弹出的菜单中执行"色阶"命令，在弹出的对话框中单击"自动"按钮，此时的对话框如图 5-13 所示。

⑨ 设置完"色阶"对话框中的参数后，单击"确定"按钮，得到图层"色阶 1"，此时的效果如图 5-14 所示，"图层"面板如图 5-15 所示。

图 5-13

图 5-14

图 5-15

⑩ 复制图层并设置图层混合模式。选中"背景"图层，按快捷键【Ctrl+J】，得到"背景 副本"。将"背景 副本"调整到图层"色阶 1"的上方，设置其图层混合模式为"强光"，此时的图像效果如图 5-16 所示，"图层"面板如图 5-17 所示。

如何使用道具增加情节

在拍照片时，可以使用道具来满足造型和构图的需要。

比如在拍摄小孩时，可以给小孩那些他们感兴趣的玩具，一方面可以增加照片的趣味性，另一方面又可以吸引小孩的注意力，有利于拍摄。

▲ 小孩子不顾自己的能力拿着比自己还要高的吸尘器使照片具有很强的趣味性

▲ 白领丽人拿着饮料杯在惬意的喂鸽子，让看的人可以体会到劳累的工作之余适量放松的时间很愉快

如何拍摄家庭活动

　　家庭摄影是拍摄家庭生活的方方面面，最主要的是拍出情感和乐趣，像家庭成员的活动、兴趣爱好等等。

　　家庭摄影可以不拘形式、不拘条件，以朴素、自然、不做作为整体风格。既然可以不拘于形式和条件，像日常生活中的一些聚会、活动，或单人的照片都可以成为很好的拍摄题材，最主要的是尽可能地真实记录任务活动的特征以及周围的环境，使拍摄出来的照片生动自然。比若说母亲在厨房里做饭、孩子在公园里玩耍等都是最亲切自然的瞬间。那些生动的表情、夸张的手势，日后一定会让被摄者享受到一份意外的惊喜。只要善于发现，对瞬间的把握就有一种敏感，越是普通的对象往往就越具有亲切感，越有保存的价值。

图 5-16

图 5-17

⑪ 查找图像的边缘。继续复制"背景"图层，得到"背景 副本 2"，将其调整到所有图层的上方。执行"滤镜"/"风格化"/"查找边缘"命令，得到图 5-18 所示的效果，此时的"图层"面板如图 5-19 所示。

图 5-18

图 5-19

⑫ 设置图层混合模式。设置"背景 副本 2"的图层混合模式为"正片叠底"，去除图像中的白色然后与下方图像混合，此时的效果如图 5-20 所示，"图层"面板如图 5-21 所示。

图 5-20

图 5-21

⑬ 添加图层蒙版。单击"添加图层蒙版"按钮，为"背景 副本 2"添加图层蒙版。设置前景色为黑色，选择"画笔工具"，设置适当的画笔大小和透明度后，在图层蒙版中涂抹，将人物身上的杂点去除，此时的图像效果如图 5-22 所示，"图层"面板如图 5-23 所示。

图 5-22

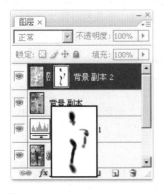

图 5-23

⑭ 增加图像的颜色饱和度。单击"创
建新的填充或调整图层"按钮,在弹出
的菜单中执行"色相/饱和度"命令,设
置弹出的对话框,如图 5-24 所示。

⑮ 设置完"色相/饱和度"对话框中的
参数后,单击"确定"按钮,得到图层
"色相/饱和度 1",此时的效果如图 5-25
所示,"图层"面板如图 5-26 所示。

图 5-24

图 5-25

图 5-26

⑯ 降低图像的亮度,提高对比度。单击"创建新的填充或调整图层"按钮,在弹
出的菜单中执行"亮度/对比度"命令,设置弹出的对话框,如图 5-27 所示。单击
"确定"按钮,得到图层"亮度/对比度 1",此时的效果如图 5-28 所示,"图层"面
板如图 5-29 所示。

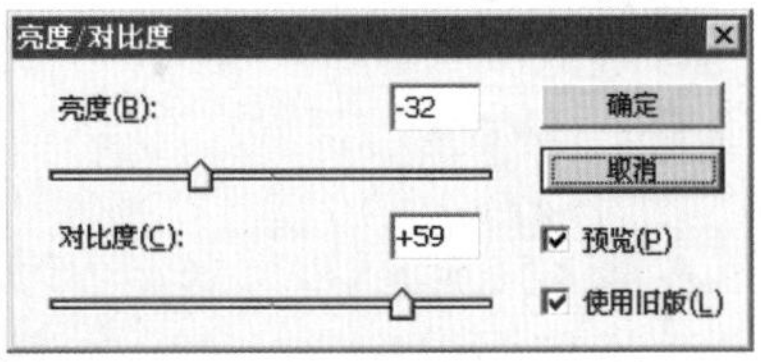

图 5-27

图 5-28

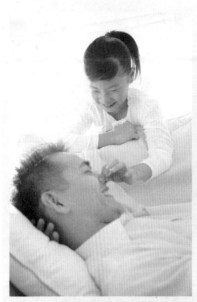

▲ 家人之间的玩耍使照片散发着浓浓
的亲情

📷 如何拍摄群体照片

对于群体照片的拍摄方法,可以分
为两种:

(1)正式的群体照片,这类照片包
括会议合影、毕业合影等,拍摄这类照
片要注意以下几点。

①使用三角架,避免镜头抖动。在
站位的时候,尽量让人以排位单位站
在台阶上,重要人物一般在头排的中
间。不要出现有前排的人遮挡住后排
人的情况。

②运用小光圈,保证前后排成像的
清晰度。还要注意光线的运用,尽量避
免直射光和逆光。

（2）非正式的群体照片，这类照片包括结伴出游、同学聚会等，这种照片的拍摄不要太规矩，以随意为主。

▲ 非正式群体照片不必太讲究规矩，地板上随意地坐着更能表现温馨、和谐的家庭气氛

📷 拍摄婚礼须要选择时机

拍摄婚礼的时候，要提前了解婚礼进行的程序和婚俗，提前和婚礼方商量好拍摄的基本要求，还要将新人将要路过或活动的场地事先勘查好，找好最佳的拍摄位置和角度，做到心里有谱。在进行拍摄的时候，既不会妨碍婚礼程序的进行，又可以将拍摄工作做的有条不紊，像新娘在家穿嫁衣、新郎上门迎亲、宣誓仪式等等这些场面都绝不能遗漏。

▲ 婚礼前期的布置也是很好的拍摄题材

⑰ 编辑图层蒙版。单击"亮度/对比度1"的图层蒙版缩览图，设置前景色为黑色，选择"画笔工具"，设置适当的画笔大小和透明度后，在图层蒙版中涂抹，提高涂抹处的亮度，降低对比度，此时的图像效果如图 5-30 所示，"图层"面板如图 5-31 所示。

⑱ 模糊图像。按快捷键【Shift+Ctrl+Alt+E】，执行"盖印"操作，得到新图层"图层2"。执行"滤镜"/"模糊"/"高斯模糊"命令，设置弹出的对话框中的参数，如图 5-32 所示。得到图 5-33 所示的效果。

图 5-29

图 5-30　　　　图 5-31　　　　图 5-32

⑲ 最终效果。设置"图层2"的图层混合模式为"变亮"，使其与下方图层自然混合，此时的效果如图 5-34 所示，"图层"面板如图 5-35 所示。

图 5-33

图 5-34

图 5-35

制作模拟夜景的射灯效果

制作时间：25 分钟
难易度：✱✱✱✱✱

原图片

夜景灯可以增加建筑物的宏伟气势，也为夜景的照片增添了美丽的效果。使用 Photoshop 可以轻松地模拟出夜景射灯的效果。本例主要使用了 Photoshop 中的 "高斯模糊" 滤镜、"自由变换" 等功能。

↑ 修改后的效果

① 打开文件。执行 "文件" / "打开" 命令，在弹出的对话框中选择随书光盘中的 "04 章 /06 制作模拟夜景的射灯效果 / 素材" 文件，如图 6-1 所示。
② 制作灯光光柱。单击工具箱中的 "矩形选框工具" 按钮，设定工具选项栏中 "羽化" 参数为 "1"，如图 6-2 所示。在图像内创建一个选区，如图 6-3 所示。

拍摄婚礼的时候，可以忽略那些刻板的婚礼影集照片，找到最佳的位置，选择一些真实的现场来拍摄，比如交换信物、亲吻的时候。捕捉伉俪间最典型、最传神的挚爱瞬间，是确保照片获得成功的一个极为重要 的因素。

另外，在婚礼进行的过程中，有时还会出现一些小插曲，摄影师应该眼观六路、耳听八方，一旦发现有趣的场面，立即抓拍。

图 6-1

图 6-2

图 6-3

室内拍摄人像为何常会出现模糊

一般在室内拍摄人像，会出现拍摄出来的人物主体比较模糊。这是由于光线比较暗，当光线太弱时数码照相机会很容易对不上焦。在室内的弱光下拍摄人像，往往会因为照相机的光圈不够大，而导致快门速度过慢，在手持的情况下端不稳照相机，导致画面出现模糊的效果。

▲ 室内光线不足，在手持情况下，为了得到充分的曝光度，快门速度太慢，造成照片模糊

在室内的弱光条件下，想要得到充分的曝光量，就需要较慢的快门速度，这时当人物处于运动状态的时候，拍摄出来的人物也会比较模糊，这也是由于速度太慢的原因。

▲ 人物处在运动状态，快门速度不够，导致人物模糊

③ 制作光柱颜色。单击工具箱中的"渐变工具"按钮，然后单击工具栏中的"可编辑渐变"按钮，如图6-4所示。弹出"渐变编辑器"对话框，如图6-5所示。

图6-4 图6-5

④ 设置渐变颜色。在"渐变编辑器"对话框中双击色标，在弹出的对话框中设置颜色参数，如图6-6所示。单击"确定"按钮，回到"渐变编辑器"对话框，继续设置参数，如图6-7所示。

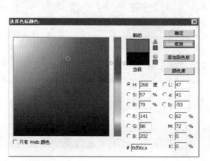

图6-6 图6-7

⑤ 填充渐变颜色。单击"图层"面板下方的"创建新图层"按钮，创建一个新的图层，得到"图层1"，如图6-8所示。并给矩形选区填充渐变颜色，单击"渐变工具"按钮，沿水平方向拖动渐变线，得到的效果如图6-9所示。

图6-8 图6-9

⑥ 变换光柱形状。执行"编辑"/"变换"/"透视"命令，使用鼠标将光柱左侧的控制点向中心进行对齐，如图6-10所示。通过这种方式模拟射灯光柱的形状。调整后的光柱效果如图6-11所示。

⑦ 给灯柱做模糊效果。执行"滤镜"/"模糊"/"高斯模糊"命令，在弹出的"高斯模糊"对话框中设置所需要的数值，如图6-12所示。单击"确定"按钮，调整后的效果如图6-13所示。

图 6-10

图 6-11

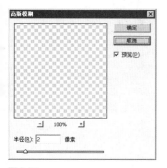

图 6-12

图 6-13

不要忘记拍摄建筑的内部特征

很多的摄影爱好者在拍摄以建筑为主题的照片时，很喜欢用广角或者超广角来拍摄建筑的外部，以此来表现建筑物的高大和宏伟，获得有强烈冲击力的视觉效果。不过，不要忘记拍摄建筑物的内部时用细节表现建筑物的特征。

用特定的形状和图案来表现细节，可以很好地表现建筑物的风格特点。对于那些没有主题特征的建筑物，就更要寻找出一些装饰物的特点，比如建筑物内部的门把手、楼梯的扶手、照明设备等，这些都是表现建筑物风格的题材。

当然在充分地表现建筑物内部特征的同时，一定要注意与建筑的外部特征相统一，不能出现统一建筑拍摄出来的照片内部和外部没有协调和统一。

⑧ 调整灯柱的方向。可以适当调整一下灯柱的不透明度，先确认"图层 1"在编辑状态下，调整"图层"面板上方的"不透明度"，设置所需的数值，如图 6-14 所示。确认后得到的效果如图 6-15 所示。

图 6-14

图 6-15

▲　建筑内部的特点也可以很好地体现建筑物的整体风格

⑨ 为建筑安置射灯。执行"编辑"/"自由变换"命令（或按快捷键【Ctrl+T】），调出自由变换控制框，将图像旋转、移动到图 6-16 所示的状态，用自由变换控制框调整好图像后，按【Enter】键确认操作，得到图 6-17 所示的效果。

图 6-16

图 6-17

黑白摄影拍摄建筑时的魅力

黑白摄影就像传统的水墨画，追求的是神态相似而不是形态相似的美学观点。黑白摄影一向给人的印象就是结构干练、线条明快，很适合用来拍摄建筑物。

黑白摄影表面上看起来很简单，但

⑩ 制作多个射灯效果。为了增加效果还可以复制几个灯柱，并以不同的角度放置，如图 6-18 所示。此时的"图层"面板如图 6-19 所示。

是要想拍摄出好的作品却并不容易。要仔细观察景物的特点，并从中体会彩色与黑白的关系，这才是拍好黑白照片的关键。

黑白摄影最大的魅力就是表现造型艺术，通过鉴定细微的影调层次，可使平时肉眼无法注意到的地方得到很好的强化，使建筑物上的特殊纹理清晰可见。黑白摄影对于形态比较单一的物体会有更好的发挥空间，黑白之间强烈的反差会让主体和背景明确地分离，突出建筑物的造型之美。

▲ 黑白摄影表现了建筑的结构干练、线条明快

📷 如何表现画面的透视感

通常所说的透视，就是表现画面中物体之间的位置关系或者是空间关系。如果透视关系运用得好，就能够增加画面的深度和画幅的容量，同时丰富画面的层次增大画面的视觉空间。

表现画面透视感的一种方法就是线条透视。利用线条透视的方法可以看到物体在地平线上近处的大，远处的小，平行的线条越远越集中，直到最后消失在一个点上。景物的前大后小，有了远、中、近的多层景次，就可以很好的表现出空间感。尤其是建筑物的平行线会收缩的更加明显，最后消失在一个点上，表现的透视感更明显。

图 6-18

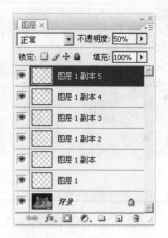

图 6-19

⑪ 对左侧灯光重叠部分进行调整。单击"添加图层蒙版"按钮，为"图层1副本3"添加图层蒙版，设置前景色为黑色，选择画笔工具，设置适当的画笔大小和透明度后，在图层蒙版中涂抹，将左侧灯光重叠部分降低不透明度，得到图6-20所示的效果，其涂抹状态和"图层"面板如图6-21所示。

图 6-20

图 6-21

⑫ 对右侧灯光重叠部分进行调整。单击"添加图层蒙版"按钮，为"图层1副本5"添加图层蒙版，设置前景色为黑色，选择画笔工具，设置适当的画笔大小和透明度后，在图层蒙版中涂抹，将右侧灯光重叠部分降低不透明度，得到图6-22所示的效果，其涂抹状态和"图层"面板如图6-23所示。

图 6-22

图 6-23

制作玻璃渲染效果

制作时间：25分钟
难易度：＊＊＊＊＊

原图片

修改后的效果

此例带领大家制作一个玻璃渲染的效果，使照片别具一格，本例中我们要学习Photoshop中滤镜的运用和历史画笔的强大功能。

① 打开文件。执行"文件"/"打开"命令，在弹出的对话框中选择随书光盘中的"04章/07 制作玻璃渲染效果/素材"文件，如图7-1所示。

② 复制背景图层。将"背景"图层拖动到"图层"面板下方的"创建新图层"按钮上，生成"背景 副本"图层。"图层"面板如图7-2所示。

要表现画面透视感还有一种方法，就是阶梯透视，也叫空气透视。由于空气、水蒸气、云雾尘埃的作用，使物体在远近场景的色调中会有所变化。距离近的景物清晰度就高、反差大、色彩饱和度高；而距离远的景物清晰度就低、反差小、色彩饱和度就低。

图7-1

图7-2

▲ 平行的线条越来越集中，最后消失在一个点上，表现出很明显的透视感

如何拍摄出明朗的脸蛋

拍摄人像照片尤其是美女和儿童时，一副明朗的脸蛋是必不可少的。那么，怎样才能拍出明朗的脸蛋呢？

（1）利用反光体的发光，拍出非常明亮的人物面部。在背光的条件下借助于反光体的光线反射到人物的面部上，例如图1中拍摄者面对太阳进行拍摄，模特周围的环境接受了充分的光线，显得很明亮，而模特由于背光无法接受到光线，所以显得比较暗。图2中的照片是同样的拍摄环境，在拍摄时运用了反光体，把光线反射到模特的面部。模特的面部就比较明朗，显得比较亮丽。

▲ 图1 面部较暗

▲ 图2 面部明朗

③ 添加滤镜效果。选择"背景 副本"图层为当前图层，执行"滤镜"/"扭曲"/"玻璃"命令，在弹出的"玻璃"对话框中设置"纹理"为"小镜头"，如图7-3所示，对其他参数进行适当的调整，执行后的效果如图7-4所示。

图7-3

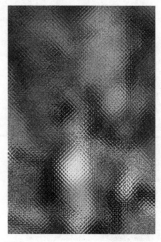

图7-4

④ 突出主体效果。选择工具箱中的"历史记录画笔工具"，在工具选项栏中按照如图7-5所示设置柔角画笔类型，将"主直径"设为"65px"，并将不透明度调整为"65%"。用设置好的画笔在图像人物的脸部进行涂抹，突出脸部的原始效果。另外，可以在图像的其余部分进行涂抹，使图像产生类似渲染的实景效果。根据自己的需要进行涂抹直到满意为止，执行后得到最终的图像效果，如图7-6所示。

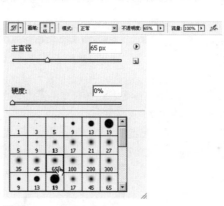

图7-5

图7-6

脸部合成效果

制作时间：18 分钟

难易度：✱✱✱✱✱

原图片

修改后的效果

本实例我们带领大家利用 Photoshop 的缩放工具、图层蒙版、曲线命令、加深工具制作脸部合成效果，将自己的脸制作到另外一张图片上。

1️⃣ 打开文件。执行"文件"/"打开"命令，在弹出的对话框中选择随书光盘中的"04 章 /08 脸部合成效果 / 素材 1、2"文件，如图 8-1、图 8-2 所示。

图 8-1

图 8-2

2️⃣ 确定脸部的选取范图。选择工具箱中的"缩放工具"，将人物照片的面部放大显示，选择"多边形套索工具"，按住【Alt】键建立选区，如图 8-3 所示。按【Ctrl+C】快捷键，单击艺术照文档，按【Ctrl+V】快捷键，将选取的脸部粘贴到文档中并调整大小，如图 8-4 所示。

技巧提示 ● ● ● ●

可利用自由变换命令对头部大小进行调整，为了能够减小脸部的角度与原图角度的误差，可以通过调整脸部选区的不透明度来进行操作。

（2）不是只要使用了反射体就能把人物的面部拍摄得光鲜亮丽，还要注意到反射光线的强弱和色调的问题。

如图 3 和图 4 两张照片同样使用了反射体拍摄，但拍出的照片却有失败和成功之分，为什么呢？是因为图 3 的摄影者没有掌握好反射体的使用方法。

图 3 的照片使用了金色的反光体，而且反光效果很强，将这种强烈的金色反射光线投射到人物的面部，虽然增强了人物面部的亮度，但是由于投射的光线很不自然，使人物的面部显得僵硬。

图 4 的照片在拍摄时使用了白色的柔光板作为反射体，大大地减少了光线的强度，拍摄出来的人物面部就比较柔和。

▲ 图 3 照片中人物的脸上用了比较强烈的金色反光体，使得人物的面部显得很僵硬

▲ 图 4 用了比较柔和的白色柔光板反光，使模特的脸上的光线显得很柔和很舒服

📷 怎样拍出温暖的黄昏

　　有的摄影爱好者在拍摄黄昏时总觉得拍出的画面给人的感觉不怎么舒服，没有那种温暖的感觉，造成这种结果的原因有可能是没有设置好白平衡。如图1中的照片白平衡设置得不合适，虽然是在黄昏时拍摄的，但温暖的色调却打了折扣，而图2的白平衡就设置得很合适，拍出了黄昏时温暖的气氛。

图 8-3

图 8-4

③ 修饰脸部选区较生硬的部分。执行"图层"/"添加图层蒙版"/"显示全部"命令，选择工具箱中的"画笔工具"，调整适当的画笔尺寸，将前景色设置为黑色，用画笔涂抹需要去掉的部分，如图8-5所示，效果如图8-6所示。

图 8-5

图 8-6

④ 调整皮肤的颜色。执行"图像"/"调整"/"曲线"命令，设置弹出的对话框，如图8-7所示。选择工具箱中的"减淡工具"，选择合适的笔刷大小，在人物面部涂抹，使肤色接近原来照片的颜色，其效果如图8-8所示。

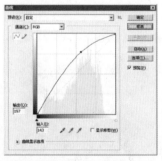
图 8-7

图 8-8

⑤ 选择工具箱中的"加深工具"，对脸部眼睛、嘴、眉需要加深的部位进行处理，选择工具箱中的"模糊工具"，在两张照片交接的位置进行涂抹，让边缘自然融合，最终效果如图8-9所示，"图层"面板如图8-10所示。

图 8-9

图 8-10

制作彩色版画效果

原图片

修改后的效果

在众多数码特效中，制作成版画效果的照片很常见，大多用在海报和招贴中，本例将具体讲解制作方法。

1️⃣ 打开文件。执行"文件"/"打开"命令，在弹出的对话框中选择随书光盘中的"04 章 /09 制作彩色版画效果 / 素材"文件，如图 9-1 所示。

2️⃣ 调整照片的亮度，单击"创建新的填充或调整图层"按钮，在弹出的菜单中执行"色阶"命令，在弹出的对话框中分别选择"通道"下拉列表框中的选项并进行参数设置，如图 9-2、图 9-3、图 9-4、图 9-5 所示。

图 9-1

数码照相机都有白平衡设置的菜单，可以参考照相机的说明书来调节需要的白平衡。

▲ 图 1 白平衡设置得不合适，没有拍出黄昏的温暖

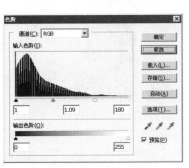

图 9-2

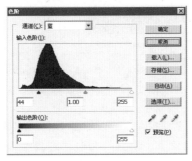

图 9-3

▲ 图2 白平衡设置得合适，拍出了黄昏的温暖

🔘 如何拍出腿长效果

在拍摄人像时，如果把腿拍得长了，那么男士会显得高大一些，而女士会显得窈窕一些，所以很多被摄者都喜欢把自己的腿拍摄的稍长一些，那怎么能让腿显得长一些呢？方法其实并不难，只要注意照相机拍摄的焦距和角度就可以达到。如果使用变焦镜头，把焦距调到最短，才能突出远近感，才能把人的腿拍得长一些或者短一些。另外，也可以用仰拍的方法来拍摄，腿也会显得长一些。

▲ 图1 用俯拍的方式拍摄人物使腿显得很短

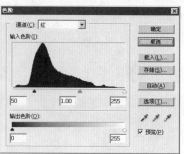

图9-4

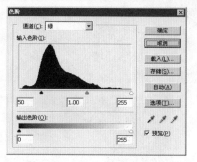

图9-5

③ 确认色阶调整。设置完"色阶"对话框中的参数后，单击"确定"按钮，得到图层"色阶1"，此时的效果如图9-6所示，"图层"面板如图9-7所示。

④ 编辑图层蒙版。单击"色阶1"的图层蒙版缩览图，设置前景色为黑色，选择"画笔工具"，设置适当的画笔大小和透明度后，在图层蒙版中人物的位置进行涂抹，得到图9-8所示的效果，其涂抹状态和"图层"面板如图9-9所示。

图9-6   图9-7   图9-8

⑤ 盖印图层。按快捷键【Ctrl+Shift+Alt+E】，执行"盖印"操作，得到"图层1"，如图9-10所示。

⑥ 对"图层1"应用"木刻"滤镜效果，在"图层"面板中选择"图层1"，执行"滤镜"/"艺术效果"/"木刻"命令，在弹出的"木刻"对话框中进行设置，如图9-11所示，执行后的效果如图9-12所示。

图9-9

图9-10   图9-11

图9-12

⑦ 改变图像的颜色。执行"图像"/"调整"/"色相/饱和度"命令，在弹出的"色相/饱和度"对话框中拖动滑块来调整图像的颜色，如图9-13所示。执行后的效果如图9-14所示。调整图像的颜色是任意的，可以根据自己搭配的颜色进行设置。

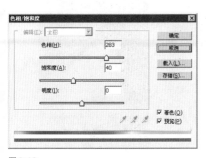

图 9-13

图 9-14

▲ 图 2 用短角镜头结合仰视拍摄，模特的腿显得很长

8 框选人物边缘。选择工具箱中的"多边形套索工具"，框选人物的边缘，如图 9-15 所示。然后按【Ctrl+C】快捷键执行复制命令，再按下【Ctrl+V】快捷键执行粘贴命令，将人物复制到一个新的图层中，此图层被系统默认为"图层 2"，如图 9-16 所示。

图 9-15

图 9-16

9 改变复制的人物图层的颜色。在"图层"面板中选择"图层 1"，执行"图像"/"调整"/"色相/饱和度"命令，在弹出的"色相/饱和度"对话框中调整人物图像的颜色，如图 9-17 所示。调整后的效果如图 9-18 所示。

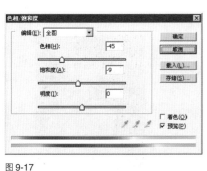

图 9-17

图 9-18

10 选择"色阶 1"，隐藏"图层 1"、"图层 2"，按快捷键【Ctrl+Shift+Alt+E】执行"盖印"操作，得到"图层 3"，如图 9-19 所示。在"图层"面板中选择"图层 3"图层，将"图层 3"拖动到"图层"面板最上方，如图 9-20 所示。设置图层的混合模式为"点光"，执行后的效果如图 9-21 所示，"图层"面板如图 9-22 所示。

拍摄桥梁技巧

桥梁是在拍摄风景时经常接触的建筑物。

（1）要想表现出桥梁的远近感，同时又要表现出桥梁壮观的一面，须要使用短焦距广角镜头，相反，若要表现桥梁和周围其他风景的协调性或者拍摄桥上的景物，须要使用望远镜头来压缩远近感。图 1 用仰拍的方法使用广角镜头，将桥梁拍摄得雄伟、壮观。

▲ 图 1 用仰拍的方法使用广角镜头，将桥梁拍摄得雄伟、壮观

（2）要着重表现桥梁时，背景不能太凌乱鲜艳，否则使桥体显得过小，淹没在了背景中，失去了画面的视觉中心。例如图2背景中的树木高大、杂乱、颜色鲜艳，而桥体颜色发灰，占画面的比例又小，使得整个画面失去了视觉中心。

▲ 图2 桥的颜色不明亮，背景又凌乱，使桥体淹没在背景中

3. 对于喜欢拍摄夜景的人来说，桥梁是一个非常好的拍摄题材，特别是装置了照明灯的桥梁。当夜晚来临时，桥梁上的灯光映射到水面上，拍摄者可以拍出很好的照片来。

如图3，在夜间拍桥梁时，要设计好构图把桥梁和灯光投射到江面上的情景一起拍摄下来，不能过分注重桥梁照明而忽略了江水折射的光线。

▲ 图3 夜间拍摄装置有照明灯的桥梁，可以拍出很好的效果

◎ 拍摄有露珠和落有霜的植物

露珠和霜雾对于植物有美化和装饰的作用，晶莹剔透的露珠会使花朵变得更加娇嫩，霜雾可以使植物的表面形成一种奇特的图案，增加了观赏性。

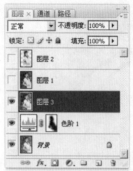

图 9-19

图 9-20

图 9-21

⑪ 调整照片的亮度。单击"创建新的填充或调整图层"按钮，在弹出的菜单中执行"色阶"命令，在弹出的对话框中分别选择"通道"下拉列表框中的选项并进行参数设置，如图9-23、图9-24、图9-25 所示。

⑫ 确认色阶调整。设置完"色阶"对话框中的参数后，单击"确定"按钮，得到图层"色阶2"，此时的效果如图9-26所示。

图 9-22

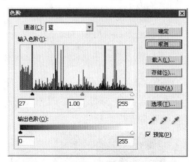

图 9-23

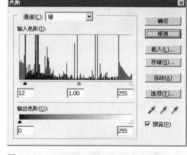

图 9-24

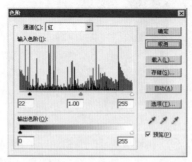

图 9-25

图 9-26

⑬ 新建图层。在"图层"面板中，单击"创建新图层"按钮，新建一个"图层4"。选择工具箱中的"矩形选框工具"，将前景色设置为白色，在图像中拖动出一个矩形选区，按【Alt+Delete】快捷键填充前景色，再按【Ctrl+D】快捷键取消选区，将此图层的混合模式设置为"叠加"，如图9-27 所示，执行后效果如图9-28 所示。

⑭ 在"图层"面板中，单击"创建新图层"按钮，新建一个"图层5"。选择工具

箱中的"矩形选框工具"，将前景色设置为白色，在图像边缘再次拖动出矩形选区，按【Alt+Delete】快捷键填充前景色，再按【Ctrl+D】快捷键取消选区。将此图层的混合模式设置为"叠加"，将"图层3"拖动到"创建新图层"按钮上，新建一个"图层5副本"图层，如图9-29所示，执行后的效果如图9-30所示。

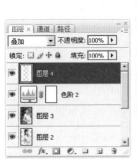
图9-27

图9-28

图9-29

⑮ 添加文字。选择工具箱中的"直排文字工具"，适当设置字体的大小、字体、行距和颜色，在图像中加入文字，根据自己的需要添加文字效果，如图9-31所示。此时的"图层"面板如图9-32所示。

图9-30

图9-31

图9-32

⑯ 调整图像。单击"创建新图层"按钮，新建"图层6"。选择工具箱中的"渐变工具"，将前景色设置为黑色，背景色设置为白色，在工具选项栏中选择"前景到背景"的渐变，在图像中从下方向中间拖动。然后把"图层6"的填充值设置为"20%"，得到的最终效果如图9-33所示，此时的"图层"面板如图9-34所示。

图9-33

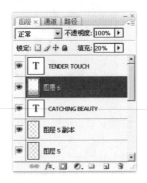
图9-34

▲ 图1 带有露珠的叶子

▲ 图2 带霜的花

🎦 拍摄地铁

　　随着全国各大城市开始大手笔地修筑地铁，以地铁为题材的拍摄也越来越多。地铁的拍摄素材是多种多样的，比如地铁本身、地铁站、地铁里形形色色的人群等等，这些都是很好的拍摄素材。摄影者可以根据自己的喜好或意图的不同来拍摄各种各样的照片。如果要拍摄奔驰中的地铁，需要的快门必须得快，250/1s或者以上都可以，还可以借助连拍模式来捕捉精彩的瞬间。

在文字内镶图效果

制作时间：18分钟
难易度：*****

原图片

Always Be My Baby...

修改后的效果

当翻看小孩子的照片时，经常想把它们整理到一起，永久地收藏记忆。我们可以通过 Photoshop 中的蒙版功能以及制作条纹的背景将照片完美地整合到一起。本实例主要讲解在文字内镶图像的方法，通过文字的轮廓来修饰和美化图像。

Photoshop CS3 数码照片修饰与拍摄技巧

▲ 图1 奔驰中的地铁 1

①打开文件。执行"文件"/"打开"命令，在弹出的对话框中选择随书光盘中的"04章/10在文字内镶图效果/素材1"文件，如图10-1所示。单击矩形选框工具，在图像中绘制选区，如图10-2所示。执行"选择"/"羽化"命令，在弹出的"羽化选区"对话框中将"羽化"值设置为"50像素"，单击"确定"按钮，按【Ctrl+C】快捷键复制选区。

图 10-1

图 10-2

②新建文件。执行"文件"/"新建"命令，新建一个宽"20厘米"，高"15厘米"，像素为"150"的文件，或直接按【Ctrl+N】快捷键进行设置，如图10-3所示。

③粘贴图像并移动其位置。单击新建的图像窗口，按【Ctrl+V】快捷键，粘贴图像。执行"编辑"/"自由变换"命令，调节图片大小，直到合适为止，并将其放置在画布的右侧位置，"图层"面板如图10-4所示。

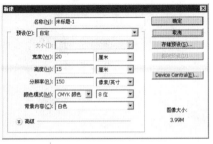

图 10-3

图 10-4

④ 柔化图像边缘。单击"图层"面板，按住【Ctrl】键单击"图层 1"，显示出"图层 1"的选区，执行"选择"/"反选"命令，或直接按【Shift+Ctrl+I】快捷键反选选区。执行"选择"/"羽化"命令，将"羽化"值设置为"20 像素"，如图 10-5 所示。单击"确定"按钮，得到图 10-6 所示的选区。按【Delete】键删除选区。要重复两次才能达到柔化边缘的效果，得到的最终效果如图 10-7 所示。

图 10-5

图 10-6

图 10-7

⑤ 对图像进行模糊处理并合并图层。将"图层 1"拖动到"创建新图层"按钮上，复制出"图层 1 副本"。执行"滤镜"/"模糊"/"高斯模糊"命令，在弹出的"高斯模糊"对话框中将"半径"设置为"1.0 像素"，如图 10-8 所示。得到图 10-9 所示的效果。

图 10-8

图 10-9

⑥ 设置图层混合模式。在"图层"面板中将图层的混合模式设置为"强光"，如图 10-10 所示。得到图 10-11 所示的效果，最后将两个图层合并为一个。

⑦ 转换为灰色模式。执行"图像"/"调整"/"色相/饱和度"命令，或直接按【Ctrl+U】快捷键，在弹出的"色相/饱和度"对话框中选择右侧的"着色"复选框，并进行具体参数设置，如图 10-12 所示。单击"确定"按钮得到图 10-13 所示的效果。

▲ 图 1 奔驰中的地铁 2

狗狗们一般都比较好动，一旦动起来就无法把握它们的方向，所以，拍摄狗狗的难度还是比较大。在拍摄狗狗之前可以准备一些它们喜欢的东西，暂时安抚一下它们，还有在拍摄中尽量不要使用闪光灯，狗狗对闪光灯还是很敏感的。也不要让他们摆出一些姿势。

可以拍一些日常的活动，最自然的表情才是最好的。对于活泼好动的狗狗，拍摄时要抓住它们安静的瞬间，采用合适的构图拍摄，拍摄的角度也没有特定的方式，俯拍、仰拍、平拍都可以，如图 1 所示。

▲ 图 1 俯拍 给狗化化妆，打扮得漂亮一些

第 4 章　数码照片特殊效果

211

还可以根据自己狗狗的习性事先预测出它的行动和反应选取合适的时机，使用半快门对焦抓取精彩的瞬间，如图2所示。

▲ 图2 拍摄之前 把狗狗洗得干干净净，毛也梳理得漂亮一些，会有意想不到的效果，你能看出哪边是狗狗的头哪边是狗狗的尾巴吗

也可以拍一些狗狗做的表情，不管是古怪的、搞笑的，还是深沉的都可以拍出来表现狗狗的特征，如图3所示。

▲ 图3 画面中的狗狗吐着舌头做凝视的表情，这样的表情会让人感觉狗狗似乎有什么心思，很是拟人化

图 10-10

图 10-11

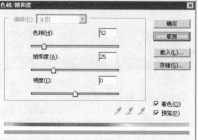

图 10-12

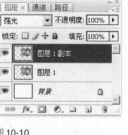

图 10-13

⑧ 制作条纹，新建并使用图案。反复按【Crl+Alt++】快捷键，将新建的操作窗口扩大到最大。选择工具箱中的"矩形选框工具"，绘制一个占整个画布 1/2 的矩形，并将其填充设置为"黑色"，按【Ctrl+D】快捷键取消选区。执行"编辑"/"定义图案"命令，输入图案名称为"条纹"，单击"确定"按钮。在"图层"面板中单击"创建新图层"按钮新建图层。执行"编辑"/"填充"命令，在弹出的图 10-14 所示的"填充"对话框中注意不要选择"保留透明区域"复选框，条纹效果如图 10-15 所示。

图 10-14

图 10-15

⑨ 调节细纹的不透明度。用条纹填充图像，在"图层"面板中将"不透明度"调节为"10%"。应用条纹图案，完成背景的制作，效果如图 10-16 所示，"图层"面板如图 10-17 所示。

图 10-16

图 10-17

Photoshop CS3 数码照片修饰与拍摄技巧

212

10 输入文字。单击"横排文字工具"，在"字符"面板中设置适当的文体和字号。输入字母"B"。如图 10-18 所示，按住【Ctrl】键单击文本图层，使其载入选区，执行"选择"/"修改"/"扩展"命令，在弹出的"扩展选区"对话框中，将选项值设置为"10 像素"，如图 10-19 所示。

图 10-18　　　　　　　　　　　　　图 10-19

11 为扩大后的文字选区填充并应用投影效果。单击"创建新图层"按钮，创建一个新的图层，按【Alt+Delete】快捷键用前景色进行填充，取消选区。将字母"B"的文本图层拖动到"删除图层"按钮上，以便操作。单击"图层"面板下端的"添加图层样式"按钮，选择"投影"，得到的效果如图 10-20 所示，其投影参数的设置如图 10-21 所示。

图 10-20　　　　　　　　　　　　　图 10-21

12 对文字应用内阴影效果。单击"图层"面板下端的"添加图层样式"按钮，选择"内阴影"效果，并设置各项参数，如图 10-22 所示。在"图层样式"对话框中，分别设置"内发光"、"描边"选项，如图 10-23 和图 10-24 所示。单击"确定"按钮，最后效果如图 10-25 所示。

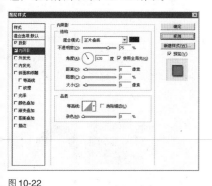

图 10-22　　　　　　　　　　　　　图 10-23

白色的背景在表现人物明朗的面部方面相对于其他的颜色会更出色一些。

在白色的背景下拍摄时，要注意使用的曝光值要高于正常的曝光值。因为在白色的背景前拍摄时照相机会认为光线比较充足，然后自动减少曝光值，如图 1 所示。所以，在白色的背景下拍摄时，可以把曝光值上调 1/2Stop 左右。

▲　图 1　在以白色背景拍摄时，使用的是正常曝光值，照相机会认为光线过多而减少曝光值，所以上幅照片的画面就显得比较暗

另外，还须要注意的是：在拍摄以白色为背景的照片时，要注意主体人物的衣饰或者使用的道具都要与白色的背景相称，不能太凸显，否则，会影响到整个画面的色彩，如图 2 所示。

再者，在拍摄白色背景的照片时，可以同时混合运用其他色彩作为对比色，这样可以增加照片的新鲜感，如图 3 所示。

第 4 章　数码照片特殊效果

213

▲ 图2 在干净整洁的白色背景前面，使用黄色的道具，使整个画面的色彩和和谐

▲ 图3 这张照片同时运用了白色背景和蓝色背景，鲜明的颜色对比再加上黄色的前景，使整个照片散发着浓浓的新鲜感

📷 **胡同应该拍什么**

　　随着城市的现代化建设越来越多，胡同的数量也越来越少，很多的摄影爱好者都渐渐地开始喜欢胡同。用镜头记录下历史。而胡同的拍摄也是多

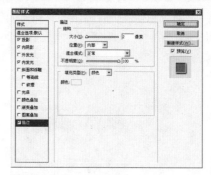

图 10-24

图 10-25

⑬ 完成"BABY"文字。在画面中输入"ABY"文字，用与上一步相同的方法修饰处理输入的文字，选择工具箱中的"移动工具"，移动单独处理好的字母，按照实际情况排列文字，完成效果如图 10-26 所示。

⑭ 在文字中嵌入图像。打开光盘中另外一张照片图像，按【Ctrl+A】快捷键全选，按【Ctrl+C】快捷键复制后，选择"图层3"，并按【Ctrl+V】快捷键粘贴。如图 10-27 所示。按住【Alt】键将鼠标放置在"图层3"与"图层6"之间，可以发现鼠标指针的形态发生了变化。单击，图片便会在文字内显示出来，如图 10-28 所示。

图 10-26

图 10-27

图 10-28

⑮ 缩小或放大图像。按【Ctrl+T】快捷键自由缩放图片，使其达到满意的效果。每个字母以不同的图片作为装饰，如图 10-29 所示。

⑯ 制作条形图像。选择工具箱中的"矩形选框工具"，在图像中拖动出一个矩形条形选区，填充为"白色"。在制作好的条形图像中输入文字，例如"Always Be My Baby…"，选择"移动工具"，将文字拖动到条形图像的最右端，制作完成，最终效果如图 10-30 所示。

图 10-29

图 10-30

11 制作下雨效果

制作时间：25分钟
难易度：★★★★★

原图片

修改后的效果

利用 Photoshop 除了可以给照片添加下雪效果外，还可以添加下雨效果。本例中我们就来学习利用 Photoshop 的动感模糊滤镜与添加杂点滤镜在照片中添加下雨的效果。

① 打开文件。执行"文件"/"打开"命令，在弹出的对话框中选择随书光盘中的"04章/11制作下雨效果/素材"文件，如图11-1所示，"图层"面板如图11-2所示。

种多样的，但不管是哪种拍摄方式，重要的是拍摄出胡同本身的特色。

图 11-1

图 11-2

② 创建新的图层。在"图层"面板中单击"创建新图层"按钮，创建新的"图层1"，在"图层1"中进行操作可以使原图像不发生改变，如图11-3所示。

③ 填充"图层1"。单击工具箱中的"设置背景色"按钮，也可以按【D】键将前景色与背景色恢复为默认的黑白色。将前景色设置为黑色，按【Alt+Delete】快捷键进行填充，如图11-4所示。

▲ 胡同里有特点的建筑是很好的拍摄题材，这些有历史的建筑背后几乎都有一段动人的故事

上图拍摄的胡同在构图时把很多的比例给了屋顶的鸽子，这幅照片就增加了很多的生命力。看照片时就会联想到这是一家喜欢养鸽子的人家还是这些鸽子只是暂时在这里休息

随着时间的推移，很多胡同都渐渐消失了，连带着那些有意思的名字也渐渐被人忘记，用镜头记录下这些即将消失的名字是非常有意义的

图 11-3　　　　　　　　　　　　　图 11-4

④ 给"图层 1"制作添加杂点效果。执行"滤镜"/"杂色"/"添加杂色"命令，在弹出的"添加杂色"对话框中设置"数量"为"120"，"分布"为"平均分布"，并选择"单色"复选框，如图 11-5 所示。白色的杂色被加入照片中，执行后的效果如图 11-6 所示。

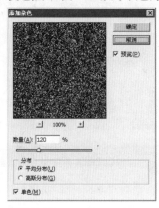

图 11-5　　　　　　　　　　　　　图 11-6

⑤ 添加高斯模糊效果。执行"滤镜"/"模糊"/"高斯模糊"命令，设置弹出的"高斯模糊"对话框，如图 1-7 所示。执行后的效果如图 11-8 所示。

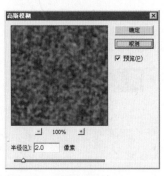

图 11-7　　　　　　　　　　　　　图 11-8

⑥ 调整图像色阶。在"图层"面板中选择"图层 1"，执行"图像"/"调整"/"色阶"命令，设置弹出的对话框，如图 11-9 所示。执行后的效果如图 11-10 所示。

⑦ 添加动感模糊效果。执行"滤镜"/"模糊"/"动感模糊"命令，在弹出的"动感模糊"对话框中设置"角度"为"56 度"，"距离"为"40 像素"，如图 11-11 所示。使"图层 1"的雨滴效果更加逼真，执行后的效果如图 11-12 所示。

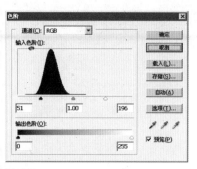

图 11-9

图 11-10

图 11-11

图 11-12

⑧ 改变图层混合模式。在"图层"面板中选择"图层1",将"图层1"的图层混合模式设置为"滤色",使用这种混合模式的照片颜色通常比较浅,具有漂白效果,效果如图 11-13 所示。

⑨ 调整照片的曲线。在"图层"面板中选择"背景"图层,执行"图像"/"调整"/"曲线"命令,在弹出的图 11-14 所示的"曲线"对话框中调整曲线,使照片的整体色调变暗,更真实地体现出下雨的效果,最终效果如图 11-15 所示。

图 11-13

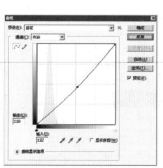

图 11-14

图 11-15

▲ 胡同游现在成为了一种新的旅游方式,而这些带着原汁原味的三轮车夫会带着游人尽情地欣赏胡同

如何拍摄船只

拍摄船只时,不用像拍摄汽车或者火车的那样急促,快门也不用设得很快。毕竟船只的移动速度不像汽车和火车那样迅速。

如果在拍摄船时,能够拍摄到船只因为行驶而掀起的波浪,也会给照片增加许多生动感。

拍摄的船只一种是油轮类或者是军事上退下来的比较大的船,还有一种是比较小型的旅游观光船。

▲ 拍摄大型船只可以用仰拍的方法,突出船只的高大

12 制作立体照片

制作时间：18 分钟
难易度：＊＊＊＊＊

原图片

修改后的效果

利用 Photoshop 强大的功能可以很简单地将照片的电子文件制作成立体照片的效果，另外，使用这种方法还可以制作自己的电子相册。使用 Photoshop 中的图层样式和动作面板可以将一张普通的电子照片制作出艺术效果。

▲ 具有民族特点的船只是拍摄首选

▲ 海面上的一叶小舟加上绚烂的晚霞，使整个画面祥和、安宁，尤其是停留在小舟上面的一只小鸟，更使画面有了灵性

① 打开义件。执行"文件"/"打开"命令，在弹出的对话框中选择随书光盘中的"04 章 /12 制作立体照片 / 素材 1"文件，如图 12-1 所示。再打开文件中一张漂亮的底图用来搭配照片，如图 12-2 所示。

图 12-1

图 12-2

技巧提示 ● ● ● ● ●

在选用搭配照片时，注意底图的图案要与照片搭配，底图最好选用浅色，产生柔和的效果，这样才能突出照片中的人物。

② 编辑"背景"图层。在"图层"面板中双击"背景"图层，在弹出的"新建图层"对话框中单击"确定"按钮，将此图层保存为"图层 0"，如图 12-3 所示。

图 12-3

③ 为照片添加相框。按【Ctrl+T】快捷键执行自由变换命令，然后按住【Shift】键拖动变换框四角上的调节点将照片成比例缩小。选择工具箱中的"移动工具"，把照片移动到中间位置，再单击"图层"面板下方的"创建新图层"按钮，新建"图层1"，并将此图层拖动到最下方，将前景色设置为白色，按【Alt+Delete】快捷键填充前景色，如图12-4和图12-5所示。此外，相框的颜色可以任意设定，同时还可以尝试添加各种滤镜效果，就会得到更为丰富的效果。

图 12-4

图 12-5

④ 将照片移动到底图上。单击"图层"面板右侧的"扩展选项"按钮，在弹出的菜单中执行"拼命图层"命令，将所有图层合并为一个"背景"图层。选择工具箱中的"移动工具"，打开底图，将人物照片直接拖动到图中，系统将自动新建一个"图层1"，按【Ctrl+T】快捷键执行自由变换命令，将照片调整到合适的位置上，如图12-6。此时的"图层"面板如图12-7所示。

图 12-6

图 12-7

⑤ 添加图层样式。在"图层"面板中选择"图层1"，单击"图层"面板下方的"添加图层样式"按钮，执行"投影"命令，在弹出的图12-8所示的"图层样式"对话框中进行设置，另外，还可以根据自己的需要添加"描边"样式，如图12-9所示，得到的最终效果如图12-10所示，此时的"图层"面板如图12-11所示。

图 12-8   图 12-9

图 12-10

图 12-11

▲ 灯火辉煌的船只加上水面上的五彩的倒影，整个画面色彩斑斓，显得非常耀眼，非常具有观赏性

▲ 停靠在岸边的小船，加上搁置的划桨，还有另外一只陪衬的船只，可以联想到那些在海面上努力争先的队员们此时此刻应该在另外的地方惬意的休息。照片用近大远小的方法，使整个画面具有强烈的透视感

📷 观看演出时怎样摄影

拍摄白天的演出比较简单，主要是注意突出舞台的表现，不要使背景过于华丽，也要注意画面简洁，主题突出。关键是拍摄夜晚的演出，灯光的色温是拍摄效果的最大干扰，数码照相机将这一点解决得比较好，数码照相机的白平衡设置可解决复杂的色温问题。而且数码照相机的快门几乎没有声音，不会干扰到表演现场的其他观众。舞台表演的拍摄不必太在意噪点

13 制作点阵图效果

制作时间：18 分钟
难易度：★★★★★

原图片

修改后的效果

本实例我们学习利用 Photoshop 中的图像模式将一张普通照片制作出点阵图效果。

借助现场光还原表现场气氛

问题。

　　除了演奏会，一般的表演现场灯光都不会太亮，只能用较高的 ISO 值。在拍摄时多尝试使用手动对焦、半按快门等技巧，会发现意外的收获。

如何进行动态拍摄

　　动态摄影是捕捉瞬间美感和变化的摄影。主要在于确实地掌握稍纵即逝的美妙镜头，为了拍出精彩的镜头，则必须磨练体力、耐力、创造力，以及熟练的摄影技巧。

① 打开文件。执行"文件"／"打开"命令，在弹出的对话框中选择随书光盘中的"04 章/13 制作点阵图效果/素材"文件，如图 13-1 所示，"图层"面板如图 13-2 所示。

图 13-1

图 13-2

② 如果是 RGB 模式，则先执行"图像"／"模式"／"灰度"命令，在弹出的"信息"对话框中单击"扔掉"按钮，如图 13-3 所示。将其转换为灰度模式，执行后的效果如图 13-4 所示。

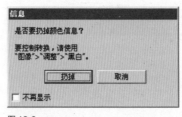

图 13-3

图 13-4

③ 将灰度模式图变为位图。执行"图像"/"模式"/"位图"命令，在弹出的"位图"对话框中，设置"使用"为"扩散仿色"，如图 13-5 所示，执行后的效果如图 13-6 所示。

图 13-5

图 13-6

④ 将位图变为灰度模式图。执行"图像"/"模式"/"灰度"命令，设置弹出的"灰度"对话框，如图 13-7 所示。将其转换为灰度模式，执行后的效果如图 13-8 所示。

图 13-7

图 13-8

▲ 平稳的构图不平稳的动感的瞬间

⑤ 将灰度模式图变为 RGB 模式图。执行"图像"/"模式"/"RGB"命令，将其转换为 RGB 模式，执行后的效果如图 13-9 所示，复制"背景"图层得到"背景 副本"，"图层"面板如图 13-10 所示。

图 13-9

图 13-10

▲ 凝结瞬间的精彩

🔳 动态摄影表现方法

　　动态摄影通常都是表达两种主题，一种是精彩的瞬间，比如灌篮时篮球刚接触球筐的瞬间，或是突发事件发生的刹那等；另一种是体现强烈动感的画面，比如飞驰的赛车等。前一种题材就要求将动作凝固下来，而后一种

⑥ 模糊图像。执行"滤镜"/"模糊"/"高斯模糊"命令，在弹出的对话框中设置"半径"的值为"2 像素"，如图 13-11 所示。单击"确定"按钮，得到图 13-12 所示的效果。

题材则多以运动主体和背景的虚实对比来表现速度。通常有跟踪拍摄、模糊法、凝结法等等。不论何种形式，主要技术是跟踪拍摄。还有一个小窍门，就是拍摄舞蹈表演时，可根据旋律抓拍，或是多张连拍。

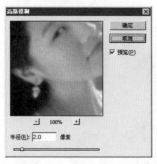

图 13-11

图 13-12

⑦ 设置图层混合模式，设置"背景 副本"的图层混合模式为"强光"，使其与下方图层自动混合，得到图 13-13 所示的效果，"图层"面板如图 13-14 所示。

▲ 不平衡的构图动感十足

图 13-13

图 13-14

▲ 用长焦捕捉到的飞翔的精彩瞬间

⑧ 为图像添加颜色。单击"创建新的填充或调整图层"按钮，在弹出的菜单中执行"渐变"命令，设置弹出的对话框，如图 13-15 所示。在对话框中的编辑渐变颜色选择框中单击，可以弹出"渐变编辑器"对话框，在对话框中可以编辑渐变的颜色，如图 13-16 所示。设置完对话框后，单击"确定"按钮，得到图层"渐变填充 1"，此时的效果如图 13-17 所示。

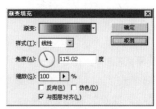

图 13-15

跟踪拍摄的方法

跟踪拍摄，又称摆镜，或者称 Pan 镜，基本原理是使用一个相对较慢的快门追着正在移动的主体拍摄，令背景变成有速度感的模糊，而主体因为与镜头的摆动速度同步而显得清晰。一般宜选用测光或逆光。暗背景也此

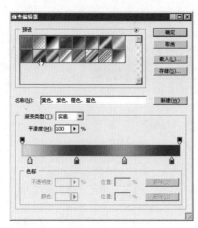

图 13-16

图 13-17

⑨ 设置图层混合模式。设置"渐变填充 1"的图层混合模式为"滤色"，得到图 13-18 所示的效果，"图层"面板如图 13-19 所示。

图 13-18

图 13-19

⑩ 还有许多种方法可以制作点阵图效果，执行"图像"/"模式"/"位图"命令，在弹出的"位图"对话框中，设置"使用"为"半调网屏"，如图 13-20 所示。单击"确定"按钮，弹出"半调网屏"对话框，设置对话框，如图 13-21 所示。执行后的效果如图 13-22 所示。

图 13-20

图 13-21

图 13-22

⑪ 使用上面介绍的方法将图像转换为 RGB 模式，为其添加颜色，得到图 13-23 所示的效果，此时的"图层"面板如图 13-24 所示。

图 13-23

图 13-24

较容易有效果，最好是有树、山、房屋或人等景物，这样在转动照相机时才能出现模糊的线条。

▲ 拉成线的虚化背景给人一种速度感

◉ 瞬间的动态表现

顾名思义就是将主体的一刹那动作冻结起来。由于照片可以很清晰地记录肉眼看不见的凝结瞬间的动态画面，拍出的照片一般具有很强的视觉冲击力。

基本技巧是使用较高的快门速度。注意光圈的大小，光圈愈大，快门速度便可以愈快。若拍摄光线充足，而主体动作又不太快的话，可以尝试调低一级光圈以增加景深，而且

▲ 大光圈高快门捕捉到小狗的可爱动作

▲ 起飞的瞬间抓拍得很好

第 4 章　数码照片特殊效果

14 水粉画效果

制作时间：18分钟
难易度：*****

原图片

修改后的效果

这一实例是将普通的照片制作出艺术感很强的丝网效果。主要应用了图像调整中的"变化"命令，调整图像的色彩，然后通过图案的填充，制作丝网纹理。设置图层混合模式得到丝网效果。最后还调整了"通道混合器"来增强色彩的气氛，添加文字完整图像。

光圈缩小也有助于提高照片的整体清晰度。若光圈调到最大时快门仍不够快，尝试调高一级感光度。

在室内时，闪光灯可以起到辅助作用，但是要注意，内置闪光灯的光无法达到很远的地方。

📷 模糊的动态特征

在保持照片清晰的前提下，让被摄主体模糊。要控制照片主体的模糊程度，就要改变照相机的快门。根据不同的主体运动速度，拍摄所需要的快门速度也有所不同。

拍摄这种照片，感光度越低越好，在室内却需要高感光度的设置，以便利用现场光来捕捉动作。

① 打开照片。执行"文件"/"打开"命令，在弹出的对话框中选择"04章/14水粉画效果/素材"文件，如图14-1所示。

② 复制图层。在"图层"面板中拖动"背景"到"创建新图层"按钮上，释放鼠标得到"背景 副本"，将"背景 副本"的图层混合模式改为"滤色"，设置其图层不透明度为"75%"，得到图14-2所示的效果，此时的"图层"面板如图14-3所示。

图14-1

图14-2

图14-3

③ 添加干画笔效果。按快捷键【Ctrl+Shift+Alt+E】，执行"盖印"操作，得到"图层1"。执行"滤镜"/"艺术效果"/"干画笔"命令，设置弹出的对话框，如图14-4所示，得到图14-5所示的效果，此时的"图层"面板如图14-6所示。

图 14-4　　　　　图 14-5　　　　　图 14-6

④ 添加水彩效果。执行"滤镜"/"艺术效果"/"水彩"命令，设置弹出的对话框，如图 14-7 所示，得到图 14-8 所示的效果，此时的"图层"面板如图 14-9 所示。

图 14-7　　　　　图 14-8　　　　　图 14-9

⑤ 制作选区。选择"磁性套索工具"沿花卉边缘绘制选区，如图 14-10 所示。执行"滤镜"/"艺术效果"/"水彩"命令，设置弹出的对话框，如图 14-11 所示，得到图 14-12 所示的效果。

图 14-10　　　　　图 14-11　　　　　图 14-12

⑥ 建立颜色调整图层。单击"创建新的填充或调整图层"按钮，在弹出的菜单中执行"色相/饱和度"命令，设置弹出的对话框，如图 14-13 所示。

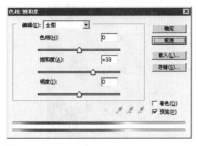

图 14-13

还要调整一下光圈。快门速度一慢，入光量自然会提高，则要使用一个较小的光圈去作相应调整。

▲ 夜间的灯光变得很梦幻

▲ 速度用虚化的物体表现出来了

📷 风光摄影的技巧

1. 对焦清楚

照相机一定要绝对静止，可以使用三脚架或是利用身边的物体，比如大石头，树干等等。

2. 画面简洁

拍摄时一定要注意是否有电线杆、垃圾桶等与画面完全无关的物体。

3. 从自然中选择线条来进行构图

有时前景中的一段低矮篱笆，或是横过画面的枝干，都能巧妙地引导观众的视线走向。

4. 光线是第一位的

光线的色温直接影响着照片的气氛，根据拍摄的主题选择适合自己的光线，早上或者下午都是摄影师愿意选择拍摄的时间。

△ 有时繁华的场景很适合用简洁的画面表现

5. 三分法则

将主体放在画面的三分之一处，画面主体更具吸引力。

6. 灵活运用构图

特别的构图有时反而能达到意外的效果，多实践，多观察。

在拍摄过程中还应多尝试不同的构图，将多种技术组合起来进行拍摄。

△ 光线影响着整个画面的气氛

△ 构图简洁

△ 这种构图很有纵深感

⑦ 确认颜色调整。设置完"色相/饱和度"对话框中的参数后，单击"确定"按钮，得到图层"色相/饱和度 1"，图像效果如图14-14 所示，此时的"图层"面板如图14-15 所示。

图 14-14

图 14-15

⑧ 添加调色刀效果。按快捷键【Ctrl+Shift+Alt+E】，执行"盖印"操作，得到"图层 2"。执行"滤镜"/"艺术效果"/"调色刀"命令，设置弹出的对话框，如图14-16 所示，得到图14-17 所示的效果，此时的"图层"面板如图14-18 所示。

图 14-16　　　　图 14-17　　　　图 14-18

⑨ 建立颜色调整图层。单击"创建新的填充或调整图层"按钮，在弹出的菜单中执行"曲线"命令，设置弹出的对话框，如图14-19 所示。

⑩ 确认颜色调整。设置完"曲线"对话框中的参数后，单击"确定"按钮，得到图层"曲线 1"，图像效果如图14-20 所示，此时的"图层"面板如图14-21 所示。

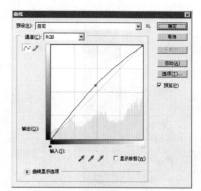

图 14-19

图 14-20

图 14-21

第 5 章

数码照片艺术设计

在拍摄风景照片的过程中，由于拍摄技术和拍摄器材的原因，使拍摄出来的风景照片不能达到理想的效果，本章讲解了将照片依其风格的不同做一些艺术性的添加，来增强视觉效果。如：艺术照的漫画表现技巧、逆光剪影效果、朦胧艺术效果、插画效果等。

01 制作梦幻艺术照

制作时间：18 分钟
难易度：★★★★★

原图片

修改后的效果

把自己的照片制作成这种具有梦幻效果的艺术照，再将它收藏到电子影集中，可以展现自己的个性。将照片与背景图像进行合成，通过利用 Photoshop 中的图层蒙版、图层混合模式及样式面板等工具，制作理想的画面融合效果。

📷 选择风光摄影拍摄题材

风光摄影的内容非常丰富，是众多摄影爱好者所喜好的摄影题材，如自然风光、田园风光、城市风光等。即使对于一般家庭用户来讲，也会在出游时，以风光做背景拍摄照片以作留念。但由于户外拍摄光线充足，所以不少人以为风光摄影容易，其实这是一个错误的想法。要让每一张照片都能表现出风景的特别之处，是要求摄影者

⚠ 拍摄的事物无大小但要别具风格

① 打开文件。执行"文件"/"打开"命令，在弹出的对话框中选择随书光盘中的"05 章 /01 制作梦幻艺术照 / 素材 1、2"文件，如图 1-1、图 1-2 所示。

图 1-1

图 1-2

② 裁切多余的图像。选择人物素材图像，选择工具箱中的"裁切工具"，在人物图像中拖动，如图 1-3 所示。然后在裁切区域中双击裁切图像得到图 1-4 所示的效果。

③ 使用"移动工具"将人物图像移动到雪景素材图像上，得到"图层 2"。然后将人物图像移动到雪景图像的右侧，如图 1-5 所示。此时的"图层"面板如图 1-6 所示。

图 1-3

图 1-4

图 1-5

图 1-6

④ 设置图层混合模式。在"图层"面板中设置"图层 1"的混合模式为"亮度",图层不透明度为"80%",使其与下方图层混合,得到图 1-7 所示的效果,"图层"面板如图 1-8 所示。

图 1-7

图 1-8

⑤ 添加图层蒙版。单击"添加图层蒙版"按钮,为"图层 1"添加图层蒙版,设置前景色为黑色,选择"画笔工具",设置适当的画笔大小和透明度后,在图层蒙版中人物以外的部分进行涂抹,得到图 1-9 所示的效果,其涂抹状态和"图层"面板如图 1-10 所示。

图 1-9

图 1-10

⑥ 输入文字。设置前景色为白色,选择工具箱中的"直排文字工具",输入图 1-11所示一些文字,得到相应的文字,"图层"面板图 1-12 所示。

具备一定的摄影技术以及艺术功力的,只有这样才能够为每一张照片注入灵魂。

▲ 民风民俗都是很好的拍摄素材

选景对风光摄影的意义

一张画面平平的的作品,是不能感染读者的。景美,是风光摄影的一个重要标志。

选择拍摄的地点不要有一个思维的定性,只要能够表现出自己的摄影思路,都是绝妙的拍摄地点。地点的选择在拍摄风光性题材中是很重要的,拍摄风景的选址得当,就等于成功了一半!

▲ 别具诗画感觉的画面

▲ 好构图使普通的物体也有一番情调

⬛ 时机对成功拍摄的影响

　　有些场景稍瞬即逝，如果没有抓拍到真是令人十分遗憾，这就须要做好准备，并对事物的发展有预见性。拍摄者在拍摄时会以为风光中的景物是静止不动的，其实在画面上的造型效果要受多种因素的制约，所以拍摄风光片也要抓住瞬间。在风光片的拍摄中，要求有较强的瞬间观念，以求抓景快，不至于错过最佳的拍摄时机。

▲ 女孩优美的动作刚好凝结在瞬间

▲ 在黑色画面中天鹅正要展翅欲飞

图 1-11

图 1-12

　　⑦ 添加图层样式。单击"图层"面板底部的"添加图层样式"按钮，选择"内阴影"复选框，在弹出的"内阴影"对话框中进行参数设置，如图 1-13 所示。继续在图层样式对话框框中设置"内发光"、"斜面和浮雕"选项，如图 1-14、图 1-15 所示。

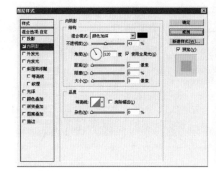

图 1-13

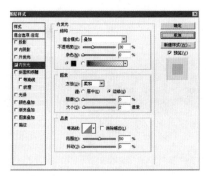

图 1-14

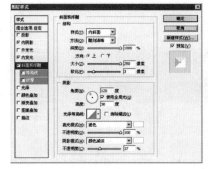

图 1-15

　　⑧ 最终图像效果。设置完"图层样式"命令对话框后，单击"确定"按钮，设置图层的填充值为"30%"，得到图 1-16 所示的最终效果，此时的"图层"面板如图图 1-17 所示。

图 1-16

图 1-17

艺术照的漫画表现技法

制作时间：18分钟
难易度：★★★★★

原图片

············> 修改后的效果

　　将照片中的真实人物制作成艺术的漫画表现形式，可以突出人物的个性，这个技巧十分简单，在操作上可以随心所欲，并能达到理想的效果。这种效果主要使用了Photoshop中的"颗粒"滤镜、"阈值"等功能。

① 打开文件。执行"文件"/"打开"命令，在弹出的对话框中选择随书光盘中的"05章/02艺术照的漫画表现技法/素材"文件，如图2-1所示。单击"图层"面板中的"背景"图层，将其拖动到"创建新图层"按钮上（或按快捷键【Ctrl+J】）复制图层，如图2-2所示。

图2-1

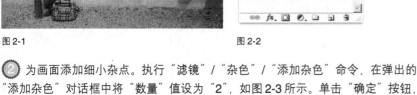

图2-2

② 为画面添加细小杂点。执行"滤镜"/"杂色"/"添加杂色"命令，在弹出的"添加杂色"对话框中将"数量"值设为"2"，如图2-3所示。单击"确定"按钮，这样照片中的细小杂质就会被清除，如图2-4所示。

📷 山景应该怎么拍

　　一般情况下，许多人习惯站在山下举起照相机仰拍，但是这种拍摄方法很难拍出好作品，缺少新鲜感。换一个角度，比如在所要拍摄的山峰的同一高度进行拍摄，更能显现出高山峻岭，山峦叠嶂，画面会更具有层次感。

　　竖拍易于表现山峰的高大和险峻，能够加强画面的纵深感。拍摄山景时背景的天空比例不宜过大，否则体现不出山的气势。云彩也一样。顺光山景，画面明亮，色彩可以充分还原侧光拍摄山景，因为侧光可以更好地体现出山的线条，从而展现山岭的层次，画面更具立体感，并有色调的明暗对比，视觉效果更好。

▲ 画面因为加入了很多素材并不显单调

📷 拍摄水景的题材

　　水景大致分为海滩、河流、瀑布、湖泊等几种。拍摄的时候多注意利用周边的景色来衬托水体的魅力。也可以利用海浪的作用来体现水面的波澜，或者只是单纯的水体的壮观。

▲ 用剪影表现小桥流水的幽静感

▲ 冰雪初融的的溪水晶莹剔透

图 2-3

图 2-4

③ 为图像添加颗粒效果。执行"滤镜"/"纹理"/"颗粒"命令，在弹出的"颗粒"选项对话框中设置参数，如图 2-5 所示。设置完成后，单击"确定"按钮。

④ 显示效果。应用颗粒后的图像会以最少的色彩和最突出的线条表现出来，与真实照片有很大区别，其效果如图 2-6 所示，图 2-7 为放大显示效果。

图 2-5

图 2-6

图 2-7

⑤ 设置图层混合模式。单击"图层"面板中的背景图层，将其拖动到"创建新图层"按钮上，然后将"背景 副本 2"拖动到所有图层的最上面。将此图层的混合模式设置为"叠加"，如图 2-8 所示。叠加后的效果如图 2-9 所示。

图 2-8

图 2-9

⑥ 用黑白两色来表现图像。单击"图层"面板中的"背景 副本 2"层，单击"创建新的填充或调整图层"按钮，在弹出的菜单中执行"阈值"命令，将"阈值色阶"值设置为"60"，如图 2-10 所示。

图 2-10

⑦ 设置完"阈值"对话框中的参数后，图像的明暗效果会以黑白显示，单击"确定"按钮，得到图层"阈值 1"，此时的效果如图 2-11 所示，"图层"面板如图 2-12 所示。

图 2-11

图 2-12

⑧ 进行细节调整。单击"阈值 1"的图层蒙版缩略图，设置前景色为黑色，选择"画笔工具"，设置适当的画笔大小和透明度后，在图层蒙版中涂抹，其涂抹状态和"图层"面板如图 2-13 所示，涂抹后得到图 2-14 所示的最终效果，图 2-15 为放大显示的效果。

图 2-13

图 2-14

图 2-15

▲ 很有地域特色的水景

怎样拍摄溪流

雨季时溪流的水量都比较丰沛，由于大部分位于山谷中，故通常晨昏时均不容易照到阳光，为表现其丰富的色彩，宜选择接近正午顶光时拍摄。

▲ 溪流像盛开的花朵

▲ 蜿蜒的溪流纵深感很强

原图片

修改后的效果

在 Photosop 中可以利用多张照片制作出胶片的效果。本例中我们要学习利用 Photoshop 的画笔工具、定义画笔以及切变来完成此效果。

📷 怎样拍摄湖泊

应以水面为基准控制曝光量，力求表现好水的形象和质感。由于水面较明亮并有不同程度的反射光，故拍摄时最好用手动光圈挡，"锁住"光圈以避免水面的闪烁引起画面亮度的变化，同时采用收半挡光圈的方法，另

⚠ 侧光下湖泊很幽静

① 新建一个文件。按【Ctrl+N】快捷键，弹出"新建"对话框，设置"宽度"为"1000 像素"，"高度"为"1404 像素"，"分辨率"为"72 像素／英寸"，如图 3-1 所示。

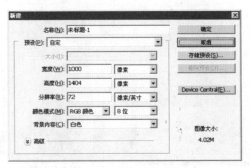

图 3-1

② 打开文件。执行"文件"／"打开"命令，在弹出的对话框中选择随书光盘中的"05 章 /03 制作胶片艺术照 / 素材 1、2、3"文件，选择工具箱中的"裁切工具"，将三张照片裁切成相同尺寸，如图 3-2、图 3-3、图 3-4 所示。

③ 选择工具箱中的移动工具，将三张照片拖动到新建文件中，并按【Ctrl+T】快捷键，打开自由变换框，按住【Shift】拖动变换框四个角上的点，成比例地缩小图像，按【Enter】键确定，在"图层"面板中选中"图层 1"、"图层 2"和"图层 3"，如图 3-5 所示，执行"图层"／"对齐"／"水平居中"命令，得到的效果如图 3-6 所示。

图 3-2　　　　　　　　　图 3-3　　　　　　　　　图 3-4

④ 在"图层"面板中单击"创建新图层"按钮，得到"图层 4"，并放在"图层 1"下方，如图 3-7 所示。在工具箱中选择"矩形选框工具"，制作一个矩形选框，在工具箱中设置前景色为黑色，按【Alt+Delete】快捷键将选框填充为黑色，如图 3-8 所示。

图 3-5

图 3-6　　　　　　　　　图 3-7　　　　　　　　　图 3-8

⑤ 将图像放大，选择工具箱中的"矩形选框工具"，绘制一个矩形选框，如图 3-9 所示。执行"编辑"/"定义画笔预设"命令，弹出"画笔名称"对话框，对画笔进行命名后单击"确定"按钮，如图 3-10 所示。

图 3-9　　　　　　　　　图 3-10

外，在阳光强烈而直射的情况下并不是表现水面的最佳时刻。选择阳光入射角比较低，或在天空中带有一定程度散射光的假阴天中进行拍摄，常能得到好的水面造型效果。

▲ 湖泊树木远山在冷色基调中很协调

📷 怎样拍摄大海

　　海滩一般都比较空旷，所以在海边拍摄风光，选择画面时要注意多观察，适当地安排前景（礁石、椰树）、中景（海沙的渔船）、远景（天边的云彩、天空的海鸥）。还要注意海平面的平衡，否则照片中抢眼的斜线会使观者感到别扭。同时，若海滩线条缺少变化，可以选择较高位置以海浪或海滩为对角线进行拍摄，营造一种独特的视觉效果。横幅的构图更能显示出大海的宽广。若海滩光线充足，ISO 用自动即可。

▲ 拍摄时宜用一些树枝做前景

▲ 阳光下大海像绿色的玉佩

🔘 怎样拍摄瀑布

　　快门速度不同会产生不同的效果。若拍摄时采用较慢的曝光速度，可把瀑布表现得缓缓流淌，充满柔情蜜意。用较快的速度则可表现出飞流直下、雷霆万钧之势。然而速度太慢会使瀑布失去动感。具体快门速度可以用不同速度多拍几张，以获得最佳的效果。

　　有手动控制的数码照相机可设置为速度优先，当然也可自行设置光圈、速度的参数。但无论是采用什么样的快门速度，在拍摄瀑布照片时，要采用短焦距镜头而不要使用长焦距镜头，因为广角可以尽可能多地表现出瀑布的全景，使人能欣赏到那独特的优美景色。

　　这里还须注意曝光的问题。在晴日光线明亮的条件下拍摄，采用较慢的快门速度，往往会遇到曝光过度的问题。在这种情况下，要解决这个问题，可以将曝光补偿设置为 -0.5 至 -1，把 ISO 设置为最小值。当曝光速度慢于 1/15s 时，照相机就必须用三角架固定住，以确保画面的清晰。

⑥ 在"图层"面板中单击"创建新图层"按钮，生成一个新图层，得到"图层 5"，如图 3-11 所示。在工具箱中选择"画笔工具"，在工具选项栏中选择所定义的样本画笔，如图 3-12 所示，打开"画笔"面板，设置"间距"为"175%"，如图 3-13 所示。

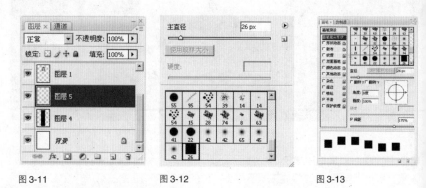

图 3-11　　　　　　　图 3-12　　　　　　　图 3-13

⑦ 在工具箱中设置前景色为白色，按【Shift】键，用"画笔工具"在"图层 5"上绘制一条间断的白线，如图 3-14 所示。按住【Alt+Shift+Ctrl】快捷键用鼠标水平拖动到另一侧，如图 3-15 所示。

图 3-14　　　　　　　　　图 3-15

⑧ 盖印图层。在"图层"面板中选中"图层 1"至"图层 5"，如图 1-16 所示。按快捷键【Ctrl+Alt+E】，执行"盖印"操作，将得到的新图层重命名为"图层 6"，如图 1-17 所示。

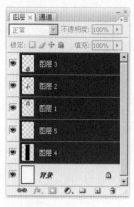

图 3-16　　　　　　　　　图 3-17

⑨ 执行"滤镜"／"扭曲"／"切变"命令，调出"切变"对话框，进行设置，如图 3-18 所示，得到的图像如图 3-19 所示。使用"移动工具"将图像向右移动，如图 3-20 所示。

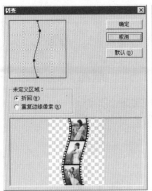

图 3-18　　　　　　　图 3-19　　　　　　　图 3-20

▲ 瀑布用长时间曝光会使水珠拉成线

⑩　打开文件。执行"文件"/"打开"命令，在弹出的对话框中选择随书光盘中的"05 章/03 制作胶片艺术照/素材 4"文件，如图 3-21 所示，将其拖动到胶片图像中充当底图，得到"图层 7"，将其调整到"图层 6"的下方，然后移动图像到图 3-22 所示的位置，此时的"图层"面板如图 3-23 所示。

◉ 怎样拍摄倒影

　　从背光的角度拍摄背景可以得到清晰的倒影，让明亮的天空和因背光而显得较为黯淡的实景形成较强的明暗对比，这样，就可以拍到清晰分明的水中倒影。为使倒影色彩鲜明轮廓清晰，拍摄镜面效果的影一般不宜取逆光，因逆光时强烈光线会在水中形成反光，明显影响效果。相对来说，在顺光或前侧光时，被摄对象的色彩、影纹等在水中比较鲜明，所以最好选择顺光或前侧光取景拍摄。

图 3-21

图 3-22

⑪　最终效果。在"图层"面板中设置不透明度为"40%"，如图 3-24 所示，得到的图像如图 3-25 所示。

▲ 画面如水墨画一般恬静

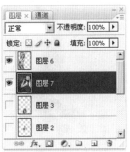

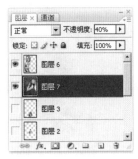

图 3-23　　　　　　　图 3-24　　　　　　　图 3-25

▲ 小品式的画面倒影

制作逆光剪影效果

制作时间：18 分钟
难易度：✳✳✳✳✳

原图片

修改后的效果

拍摄漂亮的逆光照片是有一定难度的，不过可以在 Photoshop 中将普通的照片处理成逆光剪影的效果，使图像增加一些神秘感，本例运用了 Photoshop 中的"钢笔工具"、"图层混合模式"、"图层样式"、调色命令等技术。

因为光的作用天空的云像火焰一般

📷 **云景应该怎么拍**

飘逸的云景可以赋于画面以灵气，烘托渲染画面。拍摄云景也是别有一番情趣的。

拍摄云景的基本原则是缩小光圈、速度快、聚焦在无限远。拍摄白云镜头前要加灰镜。在曝光量的选择上，应适当参考机器测光系统提供的参数，但不必完全依照执行。比如晚霞，应选择对其暗部测光，白云则应选择对其亮

① 打开文件。执行"文件"/"打开"命令，在弹出的对话框中选择随书光盘中的"05 章 /04 制作逆光剪影效果/素材"文件，如图 4-1 所示。选择工具箱中的"钢笔工具"，沿人物边缘绘制图 4-2 所示的路径，按快捷键【Ctrl+Enter】将路径转换为选区，如图 4-3 所示。按快捷键【Ctrl+C】复制。

图 4-1

图 4-2

图 4-3

② 新建空白文档。执行"文件"/"新建"命令，在弹出的"新建"对话框中进行参数设置，如图 4-4 所示。设置完毕后单击"确定"按钮，一个新的空白文档就建成了。

③ 将人物图像放入新建的文件中。按快捷键【Ctrl+V】粘贴图像，得到"图层 1"，使用"移动工具"将图像移动到图 4-5 所示的位置，此时的"图层"面板如图 4-6 所示。

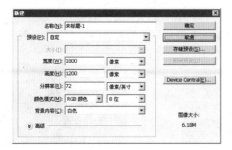

图 4-4

图 4-5

图 4-6

④ 为人物填充黑色。按住【Ctrl】键,在"图层"面板中单击人物图层中的缩略图,得到人物的选区。再按【D】键使前景色默认为黑色,按【Alt+Delete】快捷键填充前景色,图像效果如图 4-7 所示。

图 4-7

图 4-8

⑤ 制作影子效果。在"图层"面板中将"人物"图层拖动到"创建新图层"按钮上,得到"图层 1 副本"。执行菜单"编辑"/"变换"/"垂直翻转"命令,然后按【Ctrl+T】快捷键自由变换图像到图 4-8 所示的状态,用自由变换调整好图像后,按【Enter】键确认操作,图像效果如图 4-9 所示,"图层"面板如图 4-10 所示。

图 4-9

图 4-10

部测光。构图取景应避免阳光直接进入镜头。照相机固定在三脚架上,移动时应随时对流动的云彩进行构图和调焦。

▲ 云彩的层次表现很细腻

◎ 阴天怎么拍

　　由于阴天光线暗,所测量出来的快门值可能还达不到"安全快门"(所谓安全快门,就是指快门的速度必须等于或者高于镜头焦距的倒数,例如采用50mm的焦距,那么快门必须等于或高于1/50s,这样能保证画面的清晰),而在这种情况下利用手持拍摄无法保证画面的清晰,因此在阴天拍摄中三脚架的使用是必要的。使用三脚架不仅可以提高拍摄的稳定性,同时还可以设定更长的曝光时间而达到不同的效果。

　　如果还觉得快门不够快,对于数码照相机来说,在使用大光圈、脚架的情况下,还可以调高一级的ISO值,例如ISO 200,这样会获取更高的快门。但是要注意提高 ISO 值会影响画面的质量,因此不要调得太高。

▲ 阴天状态下的风景照片

📷 阴天摄影的利与弊

阴天光线较暗，导致快门速度降低，天气比较灰，拍出的照片颜色也不够漂亮。但这种阴暗的光线也容易营造出低沉的气氛，适合拍摄古建筑、枯树、寺庙、石佛等。阴天的光线比较柔和，没有晴天那么强烈的直射光线，拍摄人像照片时会使人物皮肤显得光滑。同时表现一些安详以及宁静的风景主题也是很有情调的。

▲ 漫散射物体表现平板

⑥ 新建图层填充黑色。单击"图层"面板底部的"创建新图层"按钮，新建"图层 2"，如图 4-11 所示。设置前景色为黑色，按【Alt+Delete】快捷键填充前景色，图像效果如图 4-12 所示。

图 4-11

图 4-12

⑦ 绘制选区，制作光晕的形状。单击工具箱中的"椭圆选框工具"，在画面上选取一个圆形选区，如图 4-13 所示。单击"图层"面板底部的"创建新图层"按钮，新建"图层 3"，如图 4-14 所示。设置背景色为白色，按【Ctrl+Delete】快捷键填充背景色为白色，图像效果如图 4-15 所示。

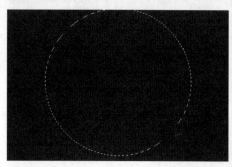

图 4-13

图 4-14

图 4-15

⑧ 添加光晕效果。在"图层"面板中双击"图层 2"，在弹出的"图层样式"对话框中选择"外发光"复选框，设置弹出的"外发光"对话框，如图 4-16 所示，此时圆形图像边缘就出现了光晕的效果，如图 4-17 所示。

图 4-16

图 4-17

⑨ 合并图层。双击背景图层，弹出图4-18所示的"新建图层"对话框，单击"确定"按钮，将背景图层转换为可编辑图层，得到"图层0"，如图4-19所示。

图 4-18

图 4-19

⑩ 然后选择"图层1"、"图层1副本"、"图层0"，按【Ctrl+E】快捷键将人物图层与背景图层合并，合并后的"图层"面板如图4-20所示。

⑪ 调整图层。将人物图层拖动到整个"图层"面板的最上方，并将其图层混合模式设置为"变暗"，得到图4-21所示的效果，此时的"图层"面板如图4-22所示。

图 4-20

图 4-21

图 4-22

⑫ 在"图层"面板中单击人物图层前的"指示图层可视性"图标，设置成隐藏状态，"图层"面板如图4-23所示。

⑬ 载入选区。切换到"通道"面板，按住【Ctrl】键单击RGB模式，如图4-24所示。得到图像中高亮度图像的选区，如图4-25所示。

图 4-23

图 4-24

⑭ 在"图层"面板中单击人物图层前的"指示图层可视性"图标，设置成显示状态后，选择人物图层，"图层"面板如图4-26所示。

▲ 阴天拍摄颜色不饱和

📷 雾天怎么拍

雾景的颜色相对比较单调，画面反差小，雾天的光线属于散射光，物体形态和色彩等受雾的浓度影响越远颜色就越淡，因此远景中的物体常常呈白色或浅灰色，很具朦胧之美，很有水墨画的韵味。

由于雾景画面主要以浅色调为主，通常在测光获得的曝光量上再增加0.5~1挡曝光量，如果须要将画面处理的更具高调效果（即色泽更淡雅些），拍摄时曝光量可增加一挡。虽然雾天光线呈现散射光，但光线仍有照射方向的顺逆之分。顺光拍摄画面容易过于平淡，而逆光拍摄雾景时有近浓远淡特征，可明显增加画面透视效果。

▲ 雾天的色彩尤为突出

虚实对比的好处

画面中经常以虚实对比来表现空间感，可把主体与背景分离出来，吸引读者目光，突出主题。须要注意的是：在对比的使用中，要求统一的整体感，视觉要素的各方面要有一定总的趋势，有一个重点，相互烘托。如果处处对比，反而强调不出对比的因素。

▲ 原本杂乱的背景被虚化掉，突出主体

▲ 同等视觉的物体中突出重点

图4-25　　　　　　　　　　　图4-26

⑮ 模糊图像。执行"滤镜"/"模糊"/"高斯模糊"命令，在弹出的"高斯模糊"对话框中进行参数设置，如图4-27所示。取消选区后得到的图像效果如图4-28所示。

图4-27　　　　　　　　　　　图4-28

⑯ 对人物图像应用色阶命令。选择"图层0"，执行"图像"/"调整"/"色阶"命令，在弹出的"色阶"对话框中进行参数设置，如图4-29所示。得到的图像效果如图4-30所示。此时的人物图像和投影就更具有剪影的效果了。

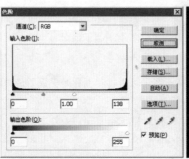

图4-29　　　　　　　　　　　图4-30

⑰ 为图像添加颜色。单击"创建新的填充或调整图层"按钮，在弹出的菜单中执行"渐变映射"命令，在弹出的"渐变映射"对话框中单击中央的渐变条，在弹出的"渐变编辑器"对话框中直接设置渐变的颜色，左右拖动色标，如图4-31所示。设置完对话框后，单击"确定"按钮，得到图层"渐变映射1"，此时的效果如图4-32所示，"图层"面板如图4-33所示。

⑱ 增加云彩效果。单击"图层"面板底部的"创建新图层"按钮，得到"图层4"。执行"滤镜"/"渲染"/"云彩"命令，图像效果如图4-34所示。

图 4-31

图 4-32

图 4-33

⑲ 增加分层云彩效果。执行"滤镜"/"渲染"/"分层云彩"命令，图像效果如图 4-35 所示。

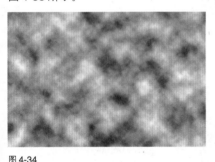

图 4-34

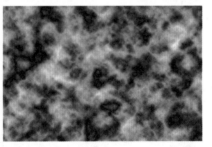

图 4-35

⑳ 制作海洋波纹效果。执行"滤镜"/"扭曲"/"海洋波纹"命令，在弹出的"海洋波纹"对话框中进行参数设置，如图 4-36 所示。得到的图像效果如图 4-37 所示。

图 4-36

图 4-37

◎ 风天怎么拍

　　风会影响植物的静态，难以拍摄到清晰的微距照片。所以最先要解决的就是清晰度，一种是使用高快门"凝固"景物，再就是照相机的稳定性。要想把风摇树叶的微微动感拍出来，可用 1/2s 或 1/5s 的快门速度。要把大树的摇曳，河水的涟漪，海浪的浪潮拍出来，可能需要 1/30s 的快门速度。7~8 级大风时候，拍摄一幅逆风行走的生活照，会显示出人物的坚强性格。风天也是拍摄室外人像作品的有利天气，模特的头发和衣裙会自然飘起，凸显女性的婀娜多姿。

▲ 风天摇曳的美丽

◎ 晴天是不是最佳拍摄天气

　　晴天色彩饱和度高，光线的方向感明显。顺光的话画面宜平板，应注意光线方向。充足的光线是曝光的基本要求，好的光线能够使得画面更加有趣、色彩更加丰富，并具有立体感。

　　一般选择上午的 9 点到 11 点，或下午的 3 点到 5 点来进行拍摄都不错。

▲ 大的环境中侧光笼罩出宁静的气氛

▲ 颜色很饱满

▲ 影子使画面更有空间感

📷 雨天能拍什么

雨天的拍摄如果掌握好技术，一样可以拍到精彩的照片。

（1）在避雨处拍雨中仓皇奔跑的人们；

（2）雨中的情侣；

（3）各色花伞像雨中之花；

（4）雨中的植物也会比平常更加翠绿；

▲ 善于观察不同寻常的景象

㉑ 增加红色。执行"图像"/"调整"/"色相/饱和度"命令，在弹出的"色相/饱和度"对话框中进行参数设置，如图4-38所示。得到的图像效果如图4-39所示。

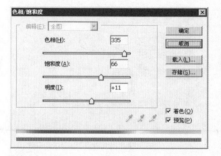

图4-38

图4-39

㉒ 设置图层混合模式，将"图层4"的图层混合模式设置为"叠加"，得到图4-40所示的效果，此时圆形图像的边缘具有一种参差不齐的效果，"图层"面板如图4-41所示。

图4-40

图4-41

㉓ 制作最终效果。可适当在图片中添加文字，使较为空白的画面显得充实一些，完成后的最终效果如图4-42所示，"图层"面板如图4-43所示。

图4-42

图4-43

05 朦胧艺术效果

制作时间：18 分钟
难 易 度：★★★★★

原图片

修改后的效果

效果描述模糊的图像可以给人一种幽静和迷蒙的感觉。此例将运用滤镜中的高斯模糊和图层模式效果来完成此效果。

① 打开文件。执行"文件"/"打开"命令，在弹出的对话框中选择随书光盘中的"05 章 /05 朦胧艺术效果 / 素材"文件，如图 5-1 所示，"图层"面板如图 5-2 所示。

图 5-1

图 5-2

② 为人物制作朦胧的艺术效果，须要先把人物圈选出来。在工具箱中选择"磁性套索工具"，在图像中进行圈选，圈选后人物便会变成选区，如图 5-3 所示。按快捷键【Ctrl+Alt+D】，在弹出的对话框中设置"羽化半径"为"10 像素"，得到图 5-4 所示的选区效果。

（5）叶下躲雨的青蛙等等，尽可能地开动你的脑筋，寻找比往常更富情趣的画面。

▲ 空荡的街道、润湿的空气

📷 如何拍摄雨景

雨天光线变化很大，对于测光的要求比较严格。而且宁可曝光不足，也不能曝光过度，这样有助于提高画面反差。选择深色背景宜衬托出雨丝。雨水不会是垂直落到地面，一般使用1/30s至1/60s速度为好。注意在镜头和雨点之间拉开距离。在室内，如想透过窗户表现室外雨景，可在室外玻璃上涂一层薄薄的油。这样，水珠容易挂在玻璃上，渲染雨水的气氛。根据天气阴沉的程度适当调节白平衡，才可以做到不偏色。下暴雨时，远处的景色相当沉闷，最好选择中等距离和近处的物体拍摄。

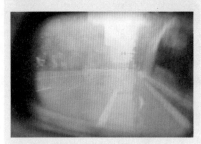

▲ 从后视镜角度拍摄雨景很有意思

▲ 雨天绽放的"鲜花"

📷 **照相机防潮的几点注意事项**

（1）一个专用防潮箱，电子的防潮箱湿度可控制，不过价钱不便宜，30升的大概要400元左右。囊中羞涩的朋友可以不考虑。

（2）买一些干燥剂，一般用硅胶，

图5-3

图5-4

③ 对周围的环境进行色调的调整。按【Ctrl+Shift+I】快捷键对选区进行反选，执行"图像"/"调整"/"色相/饱和度"命令，在弹出的图5-5所示的"色相/饱和度"对话框中对各项参数进行设置，执行后的效果如图5-6所示，同时得到"色相/饱和度1"图层，"图层"面板如图5-7所示。

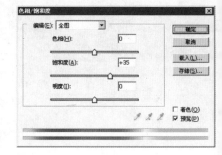

图5-5

图5-6

图5-7

④ 复制图层。按快捷键【Ctrl+Alt+Shift+E】，执行"盖印"操作，得到"图层1"。接着对画面进行模糊处理，执行"滤镜"/"模糊"/"高斯模糊"命令，在弹出的对话框中设置"半径"为"10像素"，如图5-8所示。执行后的效果如图5-9所示，图像此时已经看不清了。

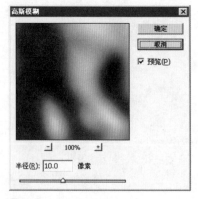

图5-8

图5-9

⑤ 设置混合模式。在"图层"面板中将图层的混合模式设置为"变暗"，图层不透明度为"65%"，如图5-10所示。执行后的图像如图5-11所示。照片中人物的模糊效果不见了，人物周围的外轮廓清晰可见。

图 5-10

图 5-11

⑥ 再次复制图层。在"图层"面板中拖动"图层 1"到"创建新图层"按钮上，生成"图层 1 副本"，如图 5-12 所示。将此图层的模式设置为"柔光"，并将"图层 1 副本"的不透明度设置为"50%"，执行后的效果如图 5-13 所示。

图 5-12

图 5-13

⑦ 调整人物的色彩，使之与周围的环境相融和。执行"图像"/"调整"/"亮度/对比度"命令，在弹出的"亮度/对比度"对话框中进行设置，如图 5-14 所示，执行后的效果如图 5-15 所示，同时得到"亮度/对比度 1"图层，"图层"面板如图 5-16 所示。

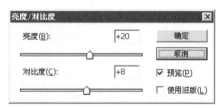

图 5-14

图 5-15

▲ 电子防潮箱

（3）器材不多的朋友，可考虑用茶叶，找一个木制或玻璃器皿，下半部放茶，上半部放器材，半个月换一次茶叶即可。

（4）器材较多的，可考虑利用饮水机的臭氧消毒柜，利用臭氧的杀菌作用防止霉变，同时防止已经有霉变的镜头进一步的恶化，提醒大家！

（5）书柜或书箱也是个好地方，纸张可以吸湿。已经发霉的镜头在书柜里放置 3~6 个月，霉斑可以变小或消失。

（6）在梅雨季节，有真皮套的照相机，一定要分开来放置，使照相机的通风状态得以改善。

蓝色的颗粒状。然后将器材和干燥剂一起密封在塑料袋中或玻璃器皿中。如果天气十分湿热的话，干燥剂在开包后没多久就会变红，告诉大家一个窍门，可以用微波炉烘干，然后就可以接着使用了。

06 制作插画效果

制作时间：18 分钟
难易度：★★★★★

原图片

修改后的效果

本实例我们学习利用 Photoshop 各种色调的整和滤镜将一张普通照片制作成插画效果。

镜头凝结水汽怎么办

镜头凝结了水汽时，可将照相机放置在通风处风干即可，尽量不要用布去擦。在寒冷地带，如果长期不用数码照相机，可以准备一个塑料袋，里面放一袋干燥剂，然后将照相机密封即可。

▲ 干燥剂

① 打开文件。执行"文件"/"打开"命令，在弹出的对话框中选择随书光盘中的"05 章 /06 制作插画效果 / 素材"文件，如图 6-1 所示。

② 复制背景图层。将"背景"图层拖动到"图层"面板下端的"创建新图层"按钮上，生成"背景 副本"图层，此时的"图层"面板如图 6-2 所示。

图 6-1

图 6-2

③ 添加滤镜效果。执行"滤镜"/"纹理"/"颗粒"命令，在弹出的"颗粒"对话框中设置"颗粒类型"为"斑点"，适当调整强度和对比度，如图 6-3 所示，得到效果如图 6-4 所示。

④ 调整色阶。单击"图层"面板下端的"创建新的填充或调整图层"按钮，在弹出的菜单中执行"色阶"命令。弹出"色阶"对话框，移动滑块将图像的色调调整适中，对话框设置如图 6-5 所示，执行后的效果如图 6-6 所示。

图 6-3

图 6-4

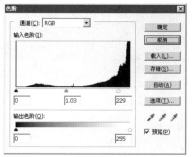

图 6-5

图 6-6

⑤ 调整色相/饱和度效果。同样单击"图层"面板下端的"创建新的填充或调整图层"按钮，在弹出的菜单中执行"色相/饱和度"命令。弹出"色相/饱和度"对话框，将图像的饱和度降低，如图 6-7 所示，执行后的效果如图 6-8 所示。

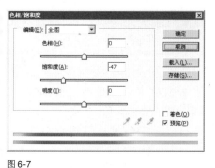

图 6-7

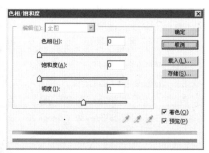

图 6-8

技巧提示 ● ● ● ●

　　在调整色相/饱和度时，可以根据自己的需要进行调整。要想将图像制作成单色的插画效果，可以在"色相/饱和度"对话框中选择"着色"复选框，并移动滑块，将饱和度降至最低，如图 6-9 所示，执行后的效果如图 6-10 所示。

图 6-9

图 6-10

春天拍什么

　　万物复苏，生机勃勃，田野里一片春意盎然，这也是春天的最大特色。妖艳的花朵，翠绿的小草，刚出头的嫩芽都是不错的拍摄素材。

▲ 打破常规的构图容易抓住人的视线

▲ 斜射过来的光线照射出柳叶的嫩绿

▲ 看似繁乱的枝叶像一幅构成图画

抓住春天的颜色特征

　　雪刚刚融化，还有微微的寒冷，水开始融化，柳条抽出新叶，万物复苏，等待着生命的蓬勃发展。但是就像刚睡醒后的懒腰一样，虽然是新生，但是仍略

制作条纹效果的照片

原图片

修改后的效果

利用 Photoshop 中多种混合模式与各种滤镜效果的合成，并在整个画面上应用条纹图案，就可以制作出具有条纹感觉的照片。在本例中主要讲解 Photoshop 中的滤镜、图层混合模式以及图案功能的综合运用。

带慵懒，所以是灰色而略带绿色的。

当然我们身处城市这个水泥丛林中，接触不到大自然景物时，可试着从身边找一些不同的题材进行拍摄，例如家里的小宠物、小摆设等等都可以成为拍摄的对象。

▲ 小景深使绿叶在一片绿色中凸显出来

① 打开文件。执行"文件"/"打开"命令，在弹出的对话框中选择随书光盘中的"05 章/07 制作条纹效果的照片/素材"文件，如图 7-1 所示，"图层"面板如图 7-2 所示。对图像应用"高斯模糊"滤镜，去掉图像中的颗粒和细小划痕。

图 7-1

图 7-2

② 模糊图像。执行"滤镜"/"模糊"/"高斯模糊"命令，在弹出的图 7-3 所示的"高斯模糊"对话框中将"半径"值设置为"1.0"像素。复制"背景"图层。在"图层"面板中选择"背景"图层，将"背景"图层直接拖动到"创建新图层"按钮上，系统将自动新建一个"背景 副本"图层，"图层"面板如图 7-4 所示。

③ 对"背景"图层应用"木刻"命令。在"图层"面板中选择"背景"图层，执行"滤镜"/"艺术效果"/"木刻"命令，在弹出的"木刻"对话框中进行设置，如图 7-5 所示。执行后的效果如图 7-6 所示。应用此滤镜后，图像被处理成好像是由剪下的彩色纸片组成的效果。

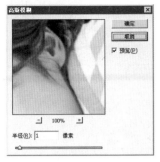

图 7-3

图 7-4

图 7-5

图 7-6

▲ 从高空照射田地组成特殊的构图

春天的近景与微距

　　花鸟鱼虫、岩石、草木、冰霜等都是春天不可多得的拍摄近景与微距的好素材。拍摄近景的时候应该更多地考虑简化画面，以素材的局部，或几条柳枝，或一丛小草做前景更会添加一丝情调。

④ 在"背景 副本"图层中使用"干画笔工具"。选择"背景 副本"图层，执行"滤镜"／"艺术效果"／"干画笔"命令，在弹出的"干画笔"对话框中进行设置，如图 7-7 所示。执行后的效果如图 7-8 所示。

图 7-7

图 7-8

⑤ 设置"背景 副本"的图层混合模式。在"图层"面板中将"背景 副本"的图层混合模式设置为"叠加"，如图 7-9 所示。这样，把应用了干画笔的图层叠加在木刻效果上，效果如图 7-10 所示。另外，还可以尝试应用其他滤镜并改变图层混合模式的效果。

图 7-9

图 7-10

▲ 绿叶融入背景中并不显得突兀

▲ 虚化的前景使原本单调的画面变得不单调

📷 夏天拍什么

能反映夏季主题的摄影，主要有三类：植物、昆虫和人们的消暑活动。

▲ 戏水的儿童抓拍得很好

▲ 向日葵是夏季的标志

▲ 光线充足色彩饱和

⑥ 制作条纹图案。单击"图层"面板上的"创建新图层"按钮，新建一个"图层1"，选择工具箱中的"缩放工具"，把图像放大到最大的显示比例。再选择工具箱中的"铅笔工具"，把画笔大小设置为"1像素"。按【D】键，系统将前景色和背景色设置为黑色与白色，绘制两种颜色各占一半的图案，如图7-11所示，此时的"图层"面板如图7-12所示。

图7-11

图7-12

⑦ 定义图案。在"图层"面板中按住【Ctrl】键单击"图层1"调出图案的选区，如图7-13所示。执行"编辑"/"定义图案"命令，在弹出的"图案名称"对话框中定义图案的名称，如图7-14所示。

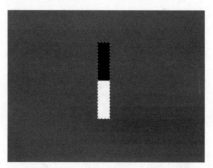

图7-13

图7-14

⑧ 执行"编辑"/"填充"命令，在弹出的"填充"对话框中进行设置，如图7-15所示。单击"自定图案"的下三角按钮，选择定义好的图案，再单击"确定"按钮，把保存好的图案应用到"图层1"上，整个图像都被覆盖上定义好的线形图案，效果如图7-16所示。

图7-15

图7-16

⑨ 对图案与人物图像进行合成。在"图层"面板中，将"图层1"的图层混合模式设置为"柔光"，如图7-17所示。这样，深色的线条就和人物图像自然地合成在一起了，效果如图7-18所示。

图 7-17

图 7-18

⑩ 调整条纹的明暗效果。设置图层混合模式后的条纹有些亮，单击"图层"面板中的"添加图层蒙版"按钮，选择工具箱中的"渐变工具"，将前景色设置为黑色，背景色设置为白色，在工具选项栏中选择"前景到背景"的渐变方式，在图像中由左上方向右下方拖动鼠标。此时，图像的上部显示的线形图案就会加深，效果如图 7-19 所示，此时的"图层"面板如图 7-20 所示。

图 7-19

图 7-20

⑪ 在图像中添加文字。选择工具箱中的"横排文字工具"，设置适当的字体、大小、行距及颜色，在图像上添加简单的文字，这样就完成整个图像的制作，最终效果如图 7-21 所示，此时的"图层"面板如图 7-22 所示。

图 7-21

图 7-22

夏天拍摄的光线特征

　　由于夏季光线强，气温高，可以用较高的快门和较小的光圈。由于很多题材处于反差较大的照明条件下，容易产生对主体曝光时间判断上的失误。另外，场景的稍许转换和人物姿态的稍有不同都要立刻进行曝光调整，否则就会出现曝光过度或者半边过度、半边欠曝的情况，所以应仔细把握每张照片的曝光数据。

▲ 浓郁的绿色给夏季带来清凉的感觉

▲ 斑驳的光影是夏季阳光的特点

使照片产生网点效果

原图片

·····➤
修改后的效果

本实例带领大家学习利用 Photoshop 的滤镜工具和图层样式为照片添加网点效果，并添加文字。

怎样拍摄秋天

秋季蕴含着一股成熟的韵味，吸引着人们走向自然。如果想拍摄顺光，最佳时间是下午4点以后，此时的日光具有暖色调，配合秋季树叶的颜色，更具秋意。秋天适宜登高拍摄，因为在山区环境或前景比较素乱，所以要利用望

▲ 秋天丰收的季节

① 打开背景图片。为了使图片出现网点效果，图像一定要是物写画面，有大面积的人物图像，这样制作出的图像效果会比较好，执行"文件"/"打开"命令，在弹出的对话框中选择随书光盘中的"05章/08使照片产生网点效果/素材"文件，如图 8-1 所示。

② 将图像转换为灰度模式。执行"图像"/"模式灰度"命令，使图像呈灰色调，在弹出的对话框中单击"扔掉"按钮确定，如图 8-2 所示。图像呈灰色的效果，如图 8-3 所示。

图 8-1

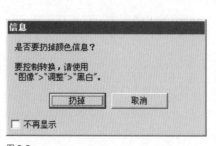

信息

是否要扔掉颜色信息？

要控制转换，请使用
"图像">"调整">"黑白"。

[扔掉]   [取消]

☐ 不再显示

图 8-2

图 8-3

③ 模糊图像。执行"滤镜"/"模糊"/"高斯模糊"命令，在弹出的"高斯模糊"对话框中设置模糊的半径值，如图8-4所示。执行模糊后的效果如图8-5所示。

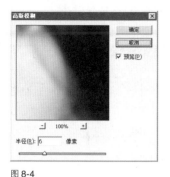

图 8-4

图 8-5

④ 设置图像模式为位图。执行"图像"/"模式位图"命令，在弹出的"位图"对话框中进行设置，如图8-6所示。执行后的效果如图8-7所示。

图 8-6

图 8-7

⑤ 存储图像。执行"文件"/"存储为"命令，把处理好的图像存储在文件夹中。打开图像。执行"文件"/"打开"命令，打开原来的图片，如图8-8所示。

图 8-8

⑥ 生成图层。打开存储的文件，按【Crtl+A】快捷键全选，按【Ctrl+C】快捷键复制图像，选择原图像，按【Ctrl+V】快捷键粘贴图像到原图像，"图层"面板将自动生成"图层1"，设置"图层1"的混合模式为"叠加"，如图8-9所示。执行后效果如图8-10所示。

图 8-9

图 8-10

远端框取最精彩的画面。像小花、小草颜色艳丽，适合微距拍摄。

▲ 大块颜色组成的构图

🎞 怎样表现红叶

拍摄红叶，可以采用逆光、斜侧光线，以突出叶片的形状、线条和脉络。为了消除叶片反光，使主题层次分明、色彩饱和，最好再加上遮光罩、偏振镜、减光镜等配件。

采用自动模式拍摄的时候，偏红色系的叶片，适当施加负的曝光补偿则会显得更加浓烈，而偏黄色系的叶片，则可以进行正的曝光补偿。

▲ 红绿相配色彩醒目

▲ 树干分割成优雅的构图

🎞 冬天有哪些拍摄题材

冬季看起来比较荒芜，如果细心观察会发现拍摄题材同样丰富多彩。冬季的特色摄影主题应该是雪景和雪地上的人物以及落叶以后的树木。

▲ 斜侧光表现冬日小草的优雅

▲ 红果在白雪的陪衬下很醒目

⑦ 给图像添加图层蒙版。单击"添加图层蒙版"按钮，为"图层 1"添加图层蒙版，如图 8-11 所示。执行"编辑"/"填充"命令，在弹出的"填充"对话框中设置"使用"为"50% 灰色"，如图 8-12 所示。图像填充"50% 灰色"后的效果如图 8-13 所示，"图层"面板如图 8-14 所示。

图 8-11

图 8-12

图 8-13

图 8-14

⑧ 编辑图层蒙版。设置前景色为黑色，选择"画笔工具"，设置适当的画笔大小和透明度后，在图层蒙版中涂抹，得到图 8-15 所示的效果，其涂抹状态和"图层"面板如图 8-16 所示。

图 8-15

图 8-16

⑨ 创建图层副本。把"图层 1"拖动到"图层"面板中的"创建新图层"按钮上，创建一个"图层 1 副本"，设置图层的混合模式为"叠加"，"图层"面板如图 8-17 所示，图像效果如图 8-18 所示。

⑩ 处理图像。把"图层 1 副本"拖动到"图层"面板中的"创建新图层"按钮上，把图层混合模式改为"实色混合"，得到图 8-19 所示的效果，"图层"面板如图 8-20 所示。

图 8-17

图 8-18

图 8-19

图 8-20

▲ 冬季光线不很强烈

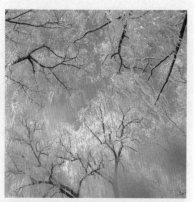

如何拍摄冬天的树木

冬季，树木凋零，光秃秃的，似乎没有什么美感，其实不然，晴空之下，富有别样的力度和震撼。若是一株造型独特的树冠，以蓝天白云做背景，一定会是一幅优秀的作品。雪后的枝条更是婀娜多姿，东北的雾凇则是不可多得的摄影题材。

⑪ 编辑图层蒙版。选择图层蒙版缩览图，把背景色设置为黑色，选择工具箱中的"画笔工具"，涂抹人物的脸部，"图层"面板如图 8-21 所示，图像如图 8-22 所示。

图 8-21

图 8-22

⑫ 文字输入。选择工具箱中的"横排文字工具"，输入文字后，在选项栏中选择"创建变形文本"选项，在样式栏中选择"旗帜"选项，"图层"面板中会自动生成文字，选择该图层，按【Ctrl+T】快捷键，出现自由变换框，拖动自由变换框的角放大文字，达到满意效果后释放鼠标，按【Enter】键确定。对"变形文字"对话框进行设置，如图 8-23 所示，图像输入文字后的效果如图 8-24 所示。

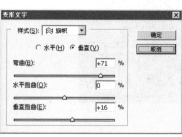

图 8-23

图 8-24

▲ 枝干有时也是很好的线条图画

▲ 简单的枝条配以层次丰富的云彩

怎样拍摄雪景

拍摄雪景，最好是雪后晴天，如能赶上清晨的光线最好。在阳光下，运用侧光和侧逆光，最能表现雪景的明暗层次和雪粒的晶莹质感，影调也富有变化。利用早晨或傍晚的阳光拍摄雪景，地面上将会映照出金黄色的高光，此时效果最佳。如果拍摄时有色彩或者质感都非常不同的反衬色彩做背景，效果会比较好。

▲ 仙境一般的雪景

▲ 醒目的绿色在冬季很少见

怎样拍摄冰景

在阳光低角度照射时，拍摄条件是理想的，这样可以表现出阴影和质感。可以试着在寒冷、冰冻的下午出去拍摄，湖面上和湖岸上结着冰，留在树木上的冰凌在阳光下闪烁。这正是我们拍摄冰景的大好时机。

⑬ 给文字添加渐变效果。单击"图层"面板底部的"添加图层样式"按钮，在下拉菜单中执行"渐变叠加"命令，在弹出的"图层样式"对话框中设置编辑渐变栏，编辑渐变的样式颜色，如图 8-25 所示。

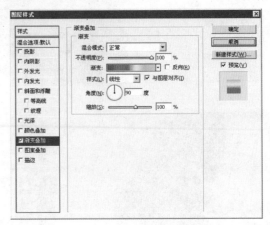

图 8-25

⑭ 给文字添加斜面和浮雕效果。选择"斜面和浮雕"选项，在弹出的对话框中设置参数，如图 8-26 所示。单击"确定"按钮，得到图 8-27 所示的图像效果。

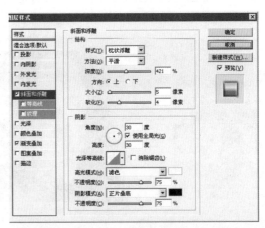

图 8-26

图 8-27

09 为人像添加梦幻效果

制作时间：18 分钟
难易度：＊＊＊＊＊

原图片

修改后的效果

　　蓝色的雨和金色的落英使人物仿佛置身于梦境之中，本例中我们要学习利用 Photoshop 的滤镜功能和图像调整功能为人像添加梦幻效果。

① 打开文件。执行"文件"/"打开"命令，在弹出的对话框中选择随书光盘中的"05 章 /09 为人像添加梦幻效果 / 素材"文件，如图 9-1 所示。为人像去掉杂点，执行"滤镜"/"杂色"/"去斑"命令，得到图 9-2 所示的效果。可重复执行此命令以达到满意的效果。

　　随着太阳的下落，光线带有暖调，不妨拍几张裹在冰凌中的花蕾与枝条的逆光照片。这是拍摄大特写照片的好时刻，为此，最好把照相机装在三脚架上，或是调高感光度。若多雪的背景不利于在近距离拍摄冰凌的细节，还可以利用黑背景增加反差。

图 9-1

图 9-2

② 制作云雾效果的纹理。新建一个图层并将人像图层隐藏，将前景色设置为黑色，背景色设置为白色，执行"滤镜"/"渲染"/"分层云彩"命令，得到图 9-3 所示的效果。重复按【Ctrl+F】快捷键，直到制作出满意的效果为止，最终的效果如图 9-4 所示。

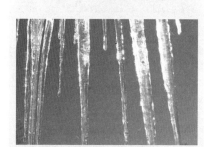

▲ 画面拍摄得很简洁但不简单

259

▲ 颜色表达得很好给人冷硬的感觉

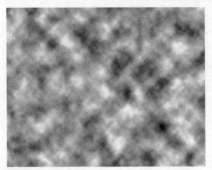

图 9-3

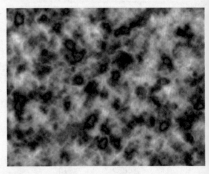

图 9-4

📷 冬季照相机保养方法

冬季气温低，在室外，要注意为照相机保暖，可将照相机包裹在棉衣内部，不使其受冻。如果照相机突然从低温处进入温暖的房间，可能造成照相机表面和其内部零件结露。为防止结露，请先将照相机放入密封的塑胶袋中，然后等其温度逐步升高后再从袋中取出。平时不用时可将其放入电子防潮箱。

③ 制作调色刀效果。执行"滤镜"/"艺术效果"/"调色刀"命令，在弹出的"调色刀"对话框中进行设置，如图 9-5 所示。得到图 9-6 所示的效果。

图 9-5

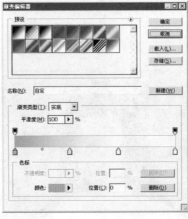

图 9-6

④ 为图像添加颜色。执行"图像"/"调整"/"渐变映射"命令，弹出"渐变映射"对话框，单击渐变条，弹出"渐变编辑器"对话框，分别设置渐变颜色的 RGB 值为（"99"，"175"，"255"）、（"145"，"233"，"255"）和（"255"，"254"，"174"），白色，如图 9-7 所示，单击"确定"按钮退出对话框，得到图 9-8 所示的效果。

▲ 电子防潮箱

📷 如何使天空显得更蓝

一般摄影用偏振镜来突出蓝天色调，如果无法安装滤光镜也无妨，只要选择画面得当，曝光准确，即使不加偏振镜也可拍摄到非常有特点的蓝天白云效果。

如果画面中蓝天白云占较大面积，就应该针对蓝天白云的实际亮度来测

图 9-7

图 9-8

⑤ 变换画布。执行"图像"/"旋转画布"/"任意角度"命令，在弹出的"旋转画布"对话框中设置角度为"50 度（顺时针）"，如图 9-9 所示。单击"确定"按钮退出对话框，得到图 9-10 所示的效果。

⑥ 执行"滤镜"/"风格化"/"风"命令，在弹出的"风"对话框中进行设置，如图 9-11 所示，制作出漂亮的粒子飞舞效果。为了得到更好的效果，可以按【Ctrl+F】快捷键重复执行此命令，强调风中飞舞的效果，最终效果如图 9-12 所示。

图 9-9

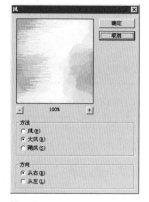

图 9-11

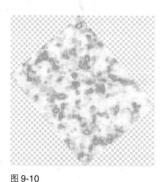

图 9-10

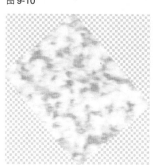

图 9-12

光拍摄。对蓝天白云本身测光时，最好按照测光亮度再放 1/3~1/2 挡的曝光量比较合适，如果直接按测光读数来曝光，尽管蓝天看起来色调比较浓重，可是白云却往往发灰，而且地面景物会明显曝光不足，如果增加 1/3~1/2 挡曝光量就可以得到明显改善。

▲ 加镜之后天空很干净

▲ 合适的曝光使云彩的层次都表现出来了

⑦ 执行"滤镜"/"模糊"/"动感模糊"命令，在弹出的"动感模糊"对话框中进行设置，如图 9-13 所示。得到图 9-14 所示的效果。

图 9-13

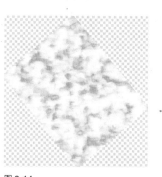

图 9-14

⑧ 执行"滤镜"/"模糊"/"高斯模糊"命令，在弹出的"高斯模糊"对话框中进行设置，如图 9-15 所示。得到图 9-16 所示的效果。

图 9-15

图 9-16

如何拍摄彩虹

　　可以尝试用广角端或者各种焦距的远望端去拍摄彩虹并试验各种构图，或者拍出彩虹的一端与地面垂直相交的构图。

　　像拍摄日落一样去曝光，才能使所拍摄的彩虹具有饱和的色彩。如果彩虹后面的天空很暗，那还就应该缩小光圈。

▲ 倒影使天上地上都出现了彩虹

▲ 彩虹的瞬间美丽实在是难得一见

📷 如何拍摄日出

日出的时候应该从太阳尚未升起，天空开始出现彩霞的时候就开始拍摄。拍摄日出的时候，当太阳已经升到了足够的高度，产生了比较强烈的光线的时候就应该停止拍摄了。

等待日出的过程是漫长的，而红日跳出地平线的过程是短暂的，所以在拍摄日出的过程中一定要集中注意力，做到手疾眼快，在待机的同时注意观察云彩的变化，当云彩渐渐变为橘红色时，就要打开机器，随时调整曝光，开始正式拍摄了。

▲ 太阳旁边的云彩很有层次

⑨ 再次执行"图像"/"旋转画布"/"任意角度"命令，在弹出的"旋转画布"对话框中进行设置，如图 9-17 所示。设置完后使用"裁切工具"对其进行裁切，如图 9-18 所示，"图层"面板如图 9-19 所示。

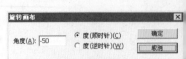

图 9-17

图 9-18

图 9-19

⑩ 制作人物选区并复制选区内的图像。显示人像图层，使用"套索工具"将人像部分选取，如图 9-20 所示。按快捷键【Ctrl+J】得到"图层 2"，将"图层 2"调整到"图层"面板的最上方，得到图 9-21 所示的效果，"图层"面板如图 9-22 所示。

图 9-20

图 9-21

图 9-22

⑪ 设置图层混合模式。将人像图层的混合模式改为"亮度"，使其与下方图像自然混合，如图 9-23 所示，得到的最终效果如图 9-24 所示。

图 9-23

图 9-24

> **技巧提示** ● ○ ○ ○
>
> 在执行渐变映射命令时，可以根据个人的喜好设置不同的颜色渐变，制作出不同的艺术效果。

使人物舞动起来

制作时间：18 分钟

难 易 度：＊＊＊＊＊

原图片

修改后的效果

变幻的霓虹射灯，闪动的身影，绚丽的色彩，使人物仿佛置身于舞池之中欢快地舞动。本例中我们要学习利用 Photoshop 的滤镜中的风格化功能来制作绚丽的舞动效果。

① 打开文件。执行"文件"/"打开"命令，在弹出的对话框中选择随书光盘中的"05 章 /10 使人物舞动起来 / 素材"文件，如图 10-1 所示。单击"图层"面板中的"创建新图层"按钮，新建"图层 2"，将其放置于"图层 1"下方并填充为白色，此时的"图层"面板如图 10-2 所示。

图 10-1

图 10-2

② 复制图层。为"图层 1"复制 6 个副本图层，并调整其位置，使它们有序地排列起来，得到图 10-3 所示的效果，"图层"面板如图 10-4 所示。

③ 此时人物排列起来的舞姿动作还须要调整，降低复制得到的图层的不透明度值，可以从中心到两侧依次降低不透明度，如图 10-5 所示。再将两侧的图层分别进行链接并合并，此时的"图层"面板如图 10-6 所示。

▲ 高山被晨光笼罩着

📷 **如何拍摄日落**

日落的时候，应该从太阳光开始减弱，周边天空或者云彩开始出现红色或者黄色的晚霞时就开始拍摄。如果时机太早，太阳的亮度还很强，对准强烈的太阳光的话会让拍摄者的眼睛感到不适，另外强烈的太阳光也会灼伤数码照相机的 ccd。

不管在野外还是在城市，选择的地点应该比较开阔，地势以高为宜。在野外拍摄的时候选择地势比较高的地点，比如高山上，拍摄的视角选择高处向下的角度，这样在取景时近处和地面就不会有什么多余的物体遮挡太阳，有利于主要内容的表现。重峦叠嶂在旭日东升时处于大逆光会产生一种层次丰富的效果。如果在城市中拍摄，可以选择一个比较高的楼，具有同样效果，层次也比较丰富。

▲ 华灯初上时最有日落的气氛

图 10-3

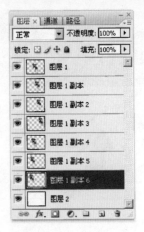

图 10-4

图 10-5

图 10-6

④ 分别为两侧的人物图层添加舞动效果。执行"滤镜"/"风格化"/"凸出"命令，在弹出的"凸出"对话框中进行设置，如图 10-7 所示。执行后的效果如图 10-8 所示。

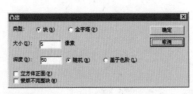

图 10-7

图 10-8

📷 何时是拍摄夜景的好时机

太阳下山后，当天空呈现宝蓝色时的五至十分钟内，空气清新，透光度高是夜景最佳的拍摄时机。

▲ 夜景中的霓虹灯衬托出都市的繁华

⑤ 制作渐变。选择工具箱中的"渐变工具"，单击渐变颜色条，在弹出的"渐变编辑器"对话框中进行设置，如图 10-9 所示。选择"图层 2"使用"渐变工具"从左向右拖动得到图 10-10 所示的效果，图层"面板"如图 10-11 所示。

图 10-9

图 10-10

图 10-11

▲ 在车灯的陪衬下远处的灯光像繁星点点

⑥ 制作凸出效果。执行"滤镜"/"风格化"/"凸出"命令,在弹出的"凸出"对话框中进行设置,如图 10-12 所示。执行后的效果如图 10-13 所示。

图 10-12

图 10-13

▲ 特殊的灯光使用使夜晚气氛神秘

⑦ 调整图像色阶。单击"创建新的填充或调整图层"按钮,在弹出的菜单中执行"色阶"命令,设置弹出的对话框,如图 10-14 所示。

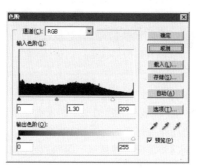

图 10-14

◎ 夜景模式与夜景人像模式

夜景模式——至少 1s 以上的曝光时间,用较长的曝光获得夜景中微弱的亮光,不使用闪光灯。只要拍摄的主体会发光,如亮着昏黄光的老房子,或是万家灯火鸟瞰夜景,都可以在照片上呈现足够的亮度。

⑧ 确认色阶调整。设置完"色阶"对话框中的参数后,单击"确定"按钮,得到图层"色阶 1",此时的效果如图 10-15 所示,"图层"面板如图 10-16 所示。

图 10-15

图 10-16

▲ 夜景中的灯光本来亮度就很高

11 利用颜色通道复制人物效果

制作时间：18分钟
难易度：★★★★★

原图片

修改后的效果

利用 Photoshop 的通道功能可将原照片制作成由不同颜色组成的图像。通过移动 RGB 颜色通道，应用滤镜效果，完成具有独特感觉的照片图像。利用 Photoshop 中的颜色通道，按照不同的颜色分离图像，并利用文字工具添加文字，完成图像处理。

夜景人像——如用闪光灯给夜景中的人物作补光，就可以让人物和美丽的夜景做完美的搭配，这样才能既保留了夜晚的气氛，又让画面中的人物清晰可见。

▲ 人景溶于一体

① 打开文件。执行"文件"/"打开"命令，在弹出的对话框中选择随书光盘中的"05章/11利用颜色通道复制人物效果/素材"文件，如图11-1所示。利用"矩形选框工具"选定选区，执行"图像"/"裁切"命令，或直接按【Alt+l+P】快捷键将选区外的部分裁切掉，得到的效果如图11-2所示。

图 11-1

图 11-2

② 观察通道。单击"通道"面板，在 RGB 模式下观察图像，可以看到图像已经被分离成 R，G，B 这三个通道了。单击"红"通道并隐藏 RGB 与"绿"通道，由于此通道只包含图像的红色与蓝色信息，所以整个图像的效果如图11-3所示。

③ 移动通道中的图像。在"通道"面板中，单击 RGB 通道的"指示图层可见性"图标，分别显示 RGB 颜色。选择工具箱中的"移动工具"，如图11-4所示进行拖动，移动"红"通道图像。用同样的方法，对"绿"通道和"蓝"通道图像进行设置，然后调整各图像的位置，得到的图像效果如图11-5所示。

图 11-3

图 11-4

④ 复制背景图层。选择位于"通道"面板最上端的 RGB 通道,打开"图层"面板,将"背景"图层拖动到"创建新图层"按钮上,得到新建的"背景 副本"图层,如图 11-6 所示。

图 11-5

图 11-6

⑤ 改变按照 RGB 通道原色进行分离的颜色。执行"图像"/"调整"/"可选颜色"命令,在弹出的"可选颜色选项"对话框中的"颜色"下拉列表中选择指定的颜色后,对其进行调整,如图 11-7 所示。对其他颜色都进行相同的调整,如图 11-8,图 11-9 所示,得到的效果如图 11-10 所示。

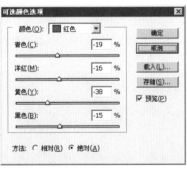

图 11-7

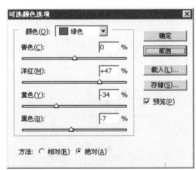

图 11-8

图 11-9

图 11-10

📷 **拍摄夜景为何使用白平衡**

　　在夜景拍摄中,若想画面偏冷些,可用阴天 / 阴影白平衡,若想画面暖色一点,可用日光灯/灯泡白平衡。若想追求特殊效果,还可以试试其他白平衡。

　　因为照相机的宽容度比人眼小得多,色温的不同会明显地反映在照片上。

▲ 第一张使用白平衡后颜色还原正常

如何拍摄烟花

焦距一般设定为手动对焦模式的无限远。照相机感光度的设定不可过高和过低，过高的话会产生噪点而影响照片质量，过低则影响拍摄的快门时间或导致曝光不足。感光度宜设置为 ISO 200 到 ISO 400 之间会比较合适。因为烟花会自身发光，某种意义来说和夜景摄影比较接近。因此按照夜景的摄影方法，光圈用 F8 甚至到 F11。如果将光圈开到 F4、F5.6 的话，烟花的闪光部分附近会变得很白，效果不佳。但是如果用 F16 或者 F22 这样的光圈，会产生衍射现象，变成全白的照片，所以也不太推荐。快门速度基本上使用 B 门，没有固定的时间。

▲ 烟花像盛放的菊花

如何拍摄夜晚车流

为了拍摄夜晚马路上涌动的车流，并表现车体的速度感和尾灯的线条，往往选择快门优先，光圈一般选择 5.6 左右。如果为了获取浅景深效果，一般选择长焦和适度的大光圈，而不是最大光圈，因为光圈过大，同一时间内的通光量就多，曝光时间就要缩短，反差大的场景中，较暗的物体就会欠曝。如

⑥ 将彩色图像转变为黑白图像。在"图层"面板中选择"背景"图层，将此图层拖动到"创建新图层"按钮上，得到新图层"背景 副本 2"，并使其处于所有图层的最顶端。执行"图像"/"调整"/"去色"命令，或直接按【Shift+Ctrl+U】快捷键，得到的效果如图 11-11 所示，"图层"面板如图 11-12 所示。

图 11-11

图 11-12

⑦ 添加色彩半调效果。执行"滤镜"/"像素化"/"彩色半调"命令，在弹出的"彩色半调"对话框中将"最大半径"设置为"20 像素"，如图 11-13 所示，执行后的效果如图 11-14 所示。

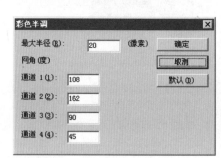

图 11-13

图 11-14

⑧ 将圆点图像制作成粗线的圆形图像。执行"滤镜"/"素描"/"半调图案"命令，在弹出的"半调图案"对话框中调整各项参数，如图 11-15 所示。这样黑白圆点图像就转变为粗线条的圆形图像了，如图 11-16 所示。

图 11-15

图 11-16

⑨ 自然合成图像。在"图层"面板中选择"背景 副本 2"图层，调整其不透明度为"37%"，如图 11-17 所示，与"背景 副本"图层的彩色图像自然地结合在一起，如图 11-18 所示。

⑩ 输入文字，完成图像。选择工具箱中的"横排文字工具"，调整"字符"面板的字体、字号和颜色等设置，如图 11-19 所示。在图像的左下端输入 1975 字样，如图 11-20 所示。

图 11-17

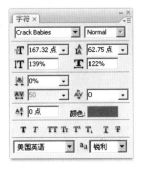

图 11-19

图 11-18

图 11-20

果能很好地理解、掌握光圈与快门，更可以选择全手动模式，完全按照拍摄者的意愿来获取最佳表现。

▲ 长时间的曝光使车流像发光的龙一样耀眼

⊙ **怎样拍摄月亮**

最简单的办法是拍两张照片，一张夜景，一张月亮，然后用软件的方式将月亮合成到夜景上方，只要位置恰当，大小适宜的话，也可以毫无破绽。

早晨也是拍月亮的好时机。在春末秋初，日长夜短时，太阳从东方即将升起，天空较亮，月亮还在西方，景物轮廓清晰，可以用较高的快门速度，拍出夜间效果，而且比真正夜间效果更好些。主要是因为真正夜间景物太暗，无法与月亮一起拍出来。

因为月亮的亮度本身其实非常高，不能因为夜间比较暗就用长时间的曝光，若想拍出的月亮比较有层次感，应该用小光圈、高快门，如1/125s，尝试拍摄查看效果。

⑪ 设置图像图层混合模式为"实色混合"，让其与底部的图层混合在一起。合成文字图像后，就表现为带有神秘色彩的数字图像了，如图 11-21 所示。"图层"面板如图 11-22 所示。

图 11-21

图 11-22

⑫ 最终效果。以同样的方法，选择"横排文字工具"，在图像的右端也输入文字，横向排列在图片上，如图 11-23 所示。还可在下端添加一个"标尺"的图片，使画面更加丰富，如图 11-24 所示。

图 11-123

图 11-24

▲ 包围式构图突出月亮

制作人物影像效果

制作时间：18分钟
难易度：＊＊＊＊＊

原图片

修改后的效果

利用多张人物的照片制作影像效果很简单。影像效果就是只有轮廓效果的人物照片，搭配一种主色调的图像。这种效果适合用在招贴、海报等各种平面广告中。本例的重点是把多张人物照片制作成黑白颜色后，通过调节"色阶"来制作出版画的效果，并用多种图层混合模式将其合成为一张合成效果的图像。

▲ 简洁的画面和淡淡的月亮吸引读者目光

📷 **如何拍摄现代建筑物**

　　选好拍摄点在建筑摄影中对取景构图尤为重要。拍摄建筑物不一定要有完整的图像或规矩的构图，在拍摄建筑群时，高视点取景能较好地表现建筑群的空间层次感。

　　在表现建筑物的全貌时，要注意建

① 打开文件。执行"文件"/"打开"命令，在弹出的对话框中选择随书光盘中的"05章/12制作人物影像效果/素材1"文件，如图12-1所示。"图层"面板如图12-2所示。

② 对图像应用"去色"命令。执行"图像"/"调整"/"去色"命令，把图像转换为黑白图像，得到的效果如图12-3所示。

图12-1

图12-2

图12-3

③ 把图像制作成黑白两色的效果。执行"图像"/"调整"/"色阶"命令，在弹出的"色阶"对话框中，使用鼠标把图表下面的黑色三角滑块移动到接近中心的位置，再将其他滑块都拖动到中心点的位置，如图12-4所示。执行后的效果如图12-5所示。这样，就将照片制作成黑白两色的图像了。

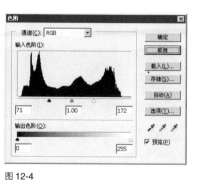

图 12-4

图 12-5

④ 同上，打开第二张照片。执行"文件"/"打开"命令，打开文件中第二张人物头像的照片，如图 12-6 所示。执行"图像"/"调整"/"去色"命令把图像转换成黑白图像后，对图像应用"色阶"命令，得到的效果如图 12-7 所示。

图 12-6

图 12-7

⑤ 新建文件。执行"文件"/"新建"命令，新建一个空白文件，如图 12-8 所示。进行具体设置后，单击"确定"按钮。

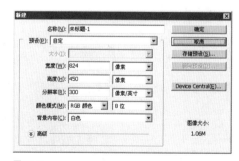

图 12-8

⑥ 制作背景的渐变效果。选择工具箱中"渐变工具"，在工具选项栏中单击渐变条，就会弹出"渐变编辑器"对话框，如图 12-9 所示进行设置。使用渐变工具从左向右拖动，得到的效果如图 12-10 所示。

筑物与建筑物之间的关系。

正面角度拍摄，适于表现建筑物的规模及对称结构特点，但缺乏深度，比较刻板。采用斜侧角度时，可表现建筑物的深度和立体感。

在白平衡的设置上，若设置成能体现冷色调的白平衡，就能更好地体现出玻璃建筑的外观特色，建筑的四方构成和线条感更为强烈。

▲ 用变焦端拍摄高楼林立的感觉

▲ 局部的拍摄显示出细节

📷 仰拍建筑物产生的效果

拍摄建筑物时，不必墨守成规，要有意识打破常规，以灵活多样的创新精神尝试不同的角度拍摄。在画面构图上，一定要多反复推敲，仰拍建筑物会使建筑物看起来更加高大雄伟，用广角拍摄会有些变形，但会更具视觉冲击力。

▲ 独特的拍摄角度令人眼前一亮

▲ 鱼眼镜头拍摄的照片很具艺术感

如何拍摄高大的建筑物

使用照相机进行仰拍时，照相机离景物越近，拍摄到的物体的顶端就让人感觉越"小"，这样是因为照相机和物体顶端的距离要比照相机到物体底端的距离要大得多，可以不断靠近物体并尽地地倾斜照相机拍摄。高大的建筑物会给人一种压迫感和威严感。如果运用仰拍，就会让这种感觉在相片上精确地体现出来。利用广角拍摄，就会增大这种效果。拍摄的时候可以有意识地使用广角镜靠近建筑物仰拍，艺术地夸张所表现的现代建筑的戏剧性效果。

▲ 运动中拍摄虚化杂物突出建筑物的高大

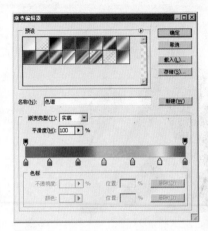

图 12-9

图 12-10

⑦ 在图像中应用"杂色"滤镜。在"图层"面板中选择"图层 1"，执行"滤镜"/"杂色"/"添加杂色"命令，在弹出的"添加杂色"对话框中设置"数量"为"25%"，"分布"为"平均分布"，并选择"单色"复选框，如图 12-11 所示，执行后的效果如图 12-12 所示。

图 12-11

图 12-12

⑧ 制作动感模糊的效果。执行"滤镜"/"模糊"/"动感模糊"命令，在弹出的"动感模糊"对话框中设置"距离"为"999 像素"，如图 12-13 所示，执行后的效果如图 12-14 所示。

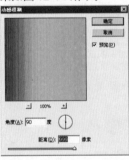

图 12-13

图 12-14

⑨ 对图像执行"高斯模糊"命令。执行"滤镜"/"模糊"/"高斯模糊"命令，在弹出的"高斯模糊"对话框中设置"半径"为"2 像素"，如图 12-15 所示。执行后的效果如图 12-16 所示。

⑩ 对图像进行锐化处理。执行"滤镜"/"锐化"/"USM 锐化"命令，在弹出的"USM 锐化"对话框中设置"数量"为"500%"，"半径"为"10 像素"，"阈值"为"0 色阶"，如图 12-17 所示，执行后的效果如图 12-18 所示。

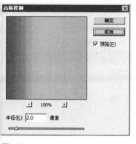

图 12-15

图 12-16

▲ 由人衬托出建筑物的高大

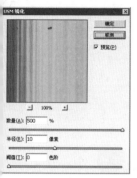

图 12-17

图 12-18

如何拍摄寺庙

寺庙一般都属于古建筑物，近代翻修的建筑也是仿古设计，接近中午的光线是拍摄古建筑较佳的光线。因为古建筑大多有很大的飞檐，如果不是正午拍摄，暗部光线会不足，不宜表达细节。中午的时候，光线非常均匀，建筑物得到了充分的光照，这样就可以把建筑物的所有细节拍得更加清楚。

大多数的寺庙都有不允许拍摄的规定，因此不管拍摄者是否有宗教信仰，还是遵守规定比较好。

⑪ 对图像应用"极坐标"滤镜。执行"滤镜"/"扭曲"/"极坐标"命令，在弹出的"极坐标"对话框中，选择"平面坐标到极坐标"单选按钮，如图 12-19 所示，执行后的效果如图 12-20 所示。

图 12-19

图 12-20

⑫ 制作照片与背景的效果。选择工具箱中的"行色移动工具"，将处理好的两张照片直接移动到制作好的背景中，系统将自动新建"图层 2"和"图层 3"，效果如图 12-21 所示。"图层"面板如图 12-22 所示。

图 12-21

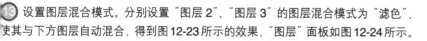

图 12-22

▲ 蓝天的背景下寺庙别有一番宁静神秘

⑬ 设置图层混合模式。分别设置"图层 2"、"图层 3"的图层混合模式为"滤色"，使其与下方图层自动混合，得到图 12-23 所示的效果，"图层"面板如图 12-24 所示。

▲ 阳光很好地还原了色彩

📷 光线对建筑有哪些影响

　　从建筑物的摄影用光来说，多采用顺光（正面光）或半侧光，顺光利于表现高楼大厦的具体细节；前侧光使建筑物有较大的明暗反差，表现出立体感。现代的建筑外墙多为玻璃装嵌，反光耀眼，为了清晰再现细节，应在镜头前装偏光镜，消除玻璃的反光。

　　标准光是指与建筑物正面成45°的前侧光，逆光虽无法表现建筑的细节，但却有利于表现建筑物优美的轮廓，而顶光和平光（即正光）会使建筑物缺乏立体空间感。有时还可利用晨曦、夕阳等特殊光线，给作品带来色彩绚丽的光影效果。

▲ 普通的小屋因为光线制造出宁静的气氛

图 12-23　　　　　　　　　　　　　图 12-24

⑭ 绘制渐变。将前景色设置为白色，在工具箱中选择"渐变工具"，在工具选项栏中单击渐变颜色条，就会弹出"渐变编辑器"对话框，如图 12-25 所示。设置完成后单击"确定"按钮，在图层中拖动添加渐变，如图 12-26 所示。

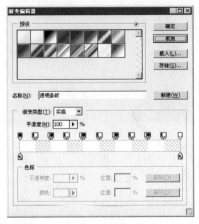

图 12-25　　　　　　　　　　　　　图 12-26

⑮ 添加渐变后的效果会把照片遮盖住，选择工具箱中的"矩形选框工具"，在遮盖的位置框选，如图 12-27 所示。按【Delete】键删除后，按【Ctrl+D】快捷键取消选区，得到的效果如图 12-28 所示。

图 12-27　　　　　　　　　　　　　图 12-28

⑯ 为"图层 2"添加图层蒙版。在"图层"面板中选择"图层 2"，将前景色设置为黑色，单击在下方的"添加图层蒙版"按钮，选择"画笔工具"，设置适当的画笔大小和透明度后，在图层蒙版中涂抹，得到 12-29 所示的效果，其涂抹状态和"图层"面板如图 12-30 所示。

⑰ 为"图层 3"添加图层蒙版。在"图层"面板中选择"图层 3"，将前景色设置为黑色，单击"图层"面板下方的"添加图层蒙版"按钮，选择"画笔工具"，设置适当的画笔大小和透明度后，在图层蒙版中涂抹，得到图 12-31 所示的效果，其涂抹状态和"图层"面板如图 12-32 所示。

图 12-29

图 12-30

图 12-31

图 12-32

⑱ 对右侧人物图像进行细节调整。单击工具栏中前景色块，在弹出的对话框中进行前景色的设置，如图 12-33 所示。新建"图层 5"，使用"画笔工具"在"图层 5"中的右侧人物脸部进行涂抹，得到图 12-34 所示的效果，其涂抹状态和"图层"面板如图 12-35 所示。

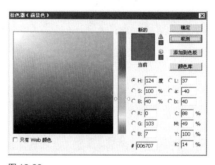

图 12-33

图 12-34

图 12-35

⑲ 添加文字。选择工具箱中的"直排文字工具"，适当设置文字的字体和大小，在图像中输入文字并进行调整，得到的效果如图 12-36 所示，此时的"图层"面板如图 12-37 所示。

图 12-36

图 12-37

如何表现画面的空间感

照片就是利用平面来表达三维空间，即表现出物体的高度、宽度和深度。一张照片的空间感表现很好的话，会有很豁达、空旷的感觉。拍摄的时候可以利用透视的变化来表现空间感，下面一些拍摄技巧可以作为参考。

（1）运用短焦距镜头：短焦距镜头能夸大前景中物体的影像，造成远近景物大小影像的强烈对比，空间深度感强。

（2）低角度拍摄时，前景突出、高大，后景相对缩小，表现出空间深度感；高角度拍摄时，透过前景看到后面景物，画面上前后距离景物的大小对比不如低角度时明显。但由于画面上呈现前、后景物所以仍能表现出空间深度。

（3）滤光镜：使用不同的滤光镜可增强或减弱透视效果。蓝滤光镜可增强透视感，其他如黄、橙、红、绿等滤光镜会减弱透视效果。

（4）斜侧拍摄：从正面拍摄透视效果差，从斜侧方向拍摄时，物体的某一侧面表现得很大，而另一面表现得很小。在大小对比下，显示出空间深度感。

▲ 在构图和颜色上都很好地表现出空间感

全景照片带来哪些好处

全景照片通常以一个呈环形的景物为标志。主要用于拍摄超宽幅度的画面（如山脉、大海、高楼环视），数码照相机会在每张照片后留出残影，方便移动照相机再次构图。有些品牌的全景模式同时支持水平方向和纵向，更增加了拍摄的乐趣，也能很好地表现出比较空旷的场面。

13 将照片制作成艺术作品

制作时间：18分钟

难易度：＊＊＊＊＊

原图片

⟶ 修改后的效果

　　本例带领大家学习利用 Photoshop 对照片的部分细节进行修补，利用照片源文件以及各图层的逐步混合制作出具有艺术感的图像。利用各图层混合模式的搭配效果合成复制图层，完成照片图像的制作。

▲ 由两张照片合成的全景照片

① 打开文件。执行"文件"/"打开"命令，在弹出的对话框中选择随书光盘中的"05章/13将照片制作成艺术作品/素材1"文件，如图13-1所示。下面要制作艺术照片的效果，根据需要可以进行适当的裁切，如图13-2所示。

图13-1

图13-2

② 接下来制作照片图像的明暗效果。复制"背景"图层。在"图层"面板中将"背景"图层拖动到"创建新图层"按钮上，或按【Ctrl+J】快捷键复制此图层。执行"滤镜"/"杂色"/"中间值"命令，设置对话框如图13-3所示，执行命令后的效果如图13-4所示。

③ 改变照片色彩关系。执行"图像"/"调整"/"去色"命令，将照片改为单色。执行"图像"/"调整"/"色相/饱和度"命令，在弹出的对话框中选择"着色"复选框，适当调整照片颜色，如图13-5所示，效果如图13-6所示。

图 13-3

图 13-4

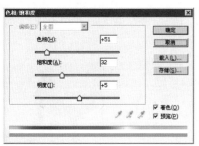

图 13-5

图 13-6

④ 复制图层，明显表现出边线。在“图层”面板中选择“背景”图层，将其拖动到“创建新图层”按钮上，或按【Ctrl+J】快捷键，复制当前图层。执行“滤镜”/“锐化”/“USM 锐化”命令，设置弹出的对话框，如图 13-7 所示。执行后的效果如图 13-8 所示。

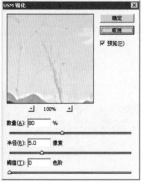

图 13-7

图 13-8

⑤ 复制图层，改变此图层的色彩。执行“图像”/“调整”/“色相/饱和度”命令，在弹出的“色相/饱和度”对话框中调整图像饱和度与色相，如图 13-9 所示，效果如图 13-10 所示。

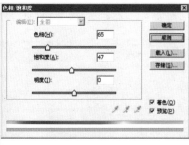

图 13-9

图 13-10

风景照片要有人出现吗

若想在拍摄风光片或者建筑照片的时候给画面增加生气和活力，可是尝试在适当的位置给人一点小小的空间，不要总是等到人全部走开以后再开始拍照。甚至在需要人物做搭配的时候，还要耐心等待适当的人物出现，或是安排人物的位置。

风景中的人物可以请同伴担任，不过最好力求自然，安排得不落痕迹。

在拍摄风景片中，如果有适当的人物出现，会起到很好的点缀作用。

▲ 人物的出现使画面更生动

▲ 古朴的小镇、古朴的人使画面显得和谐

如何拍摄留念照

风景留念照容易照的“千人一面”，显得十分呆板。所以，在拍摄留念照时，不妨抓拍一些旅途中能反映旅行生活的情趣场面。这样，既能放松心情，又不呆板，还有留念价值，以后拿出来回忆，也比较有意思。

▲ 随性的拍摄使画面完全活泼起来

▲ 不经意的拍摄更能拍出自然的状态

📷 怎样拍摄动物

　　按生活场面的不同拍摄动物照片，一是在自然环境中野生的动物；二是放牧于山野草原的牛羊；三是饲养于庭院的家禽和家中的宠物猫狗等。

　　拍摄动物主要从两个方面去表

⑥ 设置图层填充值。选择"背景 副本 3"，设置其图层填充值为"30%"，得到图 13-11 所示的效果。

图 13-11

⑦ 制作杂点效果。按快捷键【Ctrl+Shift+Alt+E】，执行"盖印"操作，得到"图层 1"，执行"滤镜" / "像素化" / "点状化"命令，参数值设置如图 13-12 所示，得到图 13-13 所示的效果。

图 13-12

图 13-13

⑧ 制作动感模糊效果。执行"滤镜" / "模糊" / "动感模糊"命令，各项参数值设置如图 13-14 所示，得到图 13-15 所示的效果。

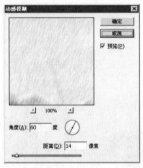

图 13-14

图 13-15

⑨ 制作云雾状纹理效果。选择"图层 1"，设置其图层混合模式为"溶解"，图层填充值为"60%"，得到图 13-16 所示的效果。在"图层"面板中单击"创建新图层"按钮，创建新的图层，得到"图层 2"，将除此新建的图层外的全部图层隐藏。将前景色设置为黑色，背景色设置为白色，执行"滤镜" / "渲染" / "云彩"命令，制作出黑色的云雾纹理，如图 13-17 所示。

图 13-16

图 13-17

⑩ 制作水墨浸染的纹理效果。执行"滤镜"/"素描"/"塑料效果"命令，各项参数值设置如图 13-18 所示。执行"图像"/"调整"/"曲线"命令，把图像背景调节为一定的灰色调，单击"确定"按钮。执行"图像"/"调整"/"反相"命令，或按【Ctrl+I】快捷键，对图像颜色进行反相设置。执行"编辑"/"自由变换"命令，或按【Ctrl+T】快捷键，利用出现的自由变换框缩小图像，如图 13-19 所示。

图 13-18

图 13-19

⑪ 首先将隐藏的图层全部显示，然后调整纹理的颜色。在"图层"面板中，单击正在编辑的云雾状纹理的图层，执行"图像"/"调整"/"色相/饱和度"命令，选择"着色"复选框，适当调整各参数值，将其图层混合模式设置为"叠加"，效果如图 13-20 所示。

图 13-20

⑫ 打开文件。执行"文件"/"打开"命令，在弹出的对话框中选择随书光盘中的"05 章 /13 将照片制作成艺术作品 / 素材 2"文件，如图 13-21 所示。将其移动到第 1步打开的文件中，得到"图层 3"，设置其图层混合模式为"颜色减淡"，得到图 13-22所示的效果。

图 13-21

图 13-22

⑬ 设置花边画笔。选择工具箱中的"画笔工具"，在弹出的画笔设置面板中单击右上端的"扩展选项"按钮，选择"散布枫叶"画笔，"画笔"大小设置为"100 像素"。单击"创建新图层"按钮，创建新的图层，用"画笔工具"点缀出"枫叶"的图形，最终效果如图 13-23 所示。

图 13-23

现，一是生态描写，主要表现其生活习性，如休息、玩耍、捕食等个性特征；二是形态描写，每一种动物都有自己特别的形态特征。

　　拍摄动物的一般快门速度不低于 1/60s。对于动作敏捷的动物要使用 1/125s 以上的快门速度。对于动作缓慢的动物，对焦则不成问题。

▲ 寒冷的气候中动物的野性表现得很好

📷 **怎样给宠物拍"明星照"**

　　让小动物充满画面，对于一般的小猫小狗来说，只要在 1m 以内的距离来让它充满观景窗就可以。

▲ 从独特的角度拍摄的宠物更为可爱

原图片

修改后的效果

为自己的照片添加一个艺术相框，会给照片带来一种与众不同的感觉。本例中我们要学习利用 Photoshop 中的移动工具和添加蒙版菜单命令，在蒙版中应用渐变工具制作出整体自然、融和的效果。

▲ 相依相偎的企鹅在蓝色背景下很和谐

① 打开文件。执行"文件"/"打开"命令，在弹出的对话框中选择随书光盘中的"05 章 /14 制作艺术相框效果 / 素材 1"文件，选择一幅鲜艳的镜框作为底图，如图 14-1 所示。再选择随书光盘中的"素材 2"，如图 14-2 所示。

图 14-1

图 14-2

② 去除镜框中的多余部分。选择工具箱中的"多边形套索工具"，将镜框里面的内容载入选区，如图 14-3 所示。然后按键盘上的【Delete】键，将选区中的内容删除，得到的图像效果如图 14-4 所示。

③ 拖动人物图片到镜框中。使用工具箱中的"移动工具"，选择人物图像，将其移动到镜框图像中，自动生成"图层 1"，"图层"面板如图 14-5 所示。

图 14-3

图 14-4

④ 缩放人物图像。由于拖动进来的图像比较大,按【Ctrl+T】快捷键进行变换,并按住【Shift+Alt】快捷键,拖动四个角上的调节点进行等比例缩放。其大小与镜框相同,图像效果如图 14-6 所示。

图 14-5

图 14-6

⑤ 将人物图像放入镜框中。进行等比例缩放后,按住【Ctrl】键,单击变换框的边角,移动到镜框中的边角处,如图 14-7 所示。使用同样方法将其余的三个边角移动到镜框中,得到的图像效果如图 14-8 所示。

图 14-7

图 14-8

⑥ 添加图层蒙版。为使图像自然地融合在一起,为"图层 1"添加图层蒙版,单击"图层"面板下端的"添加蒙版"按钮,"图层"面板如图 14-9 所示。

⑦ 制作渐变效果。在人物图像的周围制作渐变效果,使它与镜框融合在一起。选择工具箱中的"渐变工具",将前景色设置为黑色,在工具选项栏中选择由"前景到透明"的渐变方式,如图 14-10 所示。

怎样抓住宠物的特点

如果是拍摄自己家的宠物,会比较习惯它的习性和特点。也比较了解它的外形特征,可以拍一些宠物的外形特点和局部特写,用大光圈或长焦虚化背景,突出宠物的局部特点,用夸张的手法来表现宠物的可爱之处。

▲ 用虚化的方式突出宠物的特点

▲ 局部突出宠物的可爱之处

▲ 抓拍宠物的表情也很有意思

和宠物一起玩耍的作用

和自己养的宠物玩耍会解除它们对照相机的戒心,也会使画面变得生动活泼。因为熟悉宠物的性情,对宠物做出的反应有一定的预见和了解,可以灵活地做出判断,以便及时想好构图,进行抓拍。

▲ 人和宠物相处气氛很和谐

▲ 小宠物经常会对主人表现出怜爱的表情

📷 道具对宠物的拍摄的作用

如果家里养的宠物活泼好动，则可以使用道具来引诱它们，给小狗根骨头，给小猫一个毛线球，可以给画面增加情趣，小猫小狗会因为玩耍变得更

▲ 小猫的动作打破平稳的构图

▲ 足球的加入增加很多趣味性

图 14-9

图 14-10

⑧ 选择好渐变样式后，在镜框边缘由上向下制作渐变，如图 14-11 所示。使用同样的方法在镜框的四周制作渐变效果，得到的图像效果如图 14-12 所示，此时的涂抹状态和"图层"面板如图 14-13 所示。

图 14-11

图 14-12

图 14-13

⑨ 调整色调。为了突出人物、展现出主次分明的效果，调整"背景"图层的"色相/饱和度"。选择"背景"图层为当前图层，单击"创建新的填充或调整图层"按钮，在弹出的菜单中执行"色相/饱和度"命令，在弹出的"色相/饱和度"对话框中移动滑块降低饱和度，如图 14-14 所示。单击"确定"按钮，得到"色相/饱和度 1"。执行后得到的图像效果如图 14-15 所示，此时的"图层"面板如图 14-16 所示。

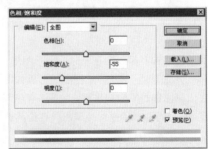

图 14-14

图 14-15

图 14-16

⑩ 选择"图层 1"并单击"创建新的填充或调整图层"按钮，在弹出的菜单中执行"色相/饱和度"命令，在弹出的"色相/饱和度"对话框中移动滑块降低饱和度，如图 14-17 所示。单击"确定"按钮，得到"色相/饱和度 2"。按快捷键【Ctrl+Shift+G】，执行"创建剪贴蒙版"操作，得到的最终图像效果如图 14-18 所示，此时的"图层"面板如图 14-19 所示。

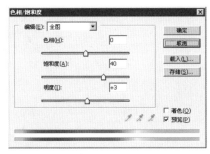

图 14-17

图 14-18

图 14-19

加可爱。道具的使用会使画面更有趣味，吸引读者目光。

◎ 怎样表现鸟类

鸟的种类繁多，体态轻盈、颜色漂亮、体姿优美，所以一直是人们的所爱，养鸟观鸟摄鸟已经成为一种广泛参与的生态活动。在拍摄鸟类时，除了拍摄它们在各种状态下的姿态，还要表达它们的神态，能让观赏的人产生感情的共鸣。

一张好的野鸟照片应该具备的内容就是"真、善、美"。首先要画面优美，符合美学特点和摄影理论；其次内容要真实，不能是捏造的或将鸟抓起来拍照；最后拍摄的出发点要有爱心，不可以破坏鸟类的巢，或是杀死亲鸟只为拍到幼鸟或卵的照片。

▲ 虽然有很多只鸟但繁而不乱

▲ 果实与小鸟相映成趣

第 5 章　数码照片艺术设计

第6章

数码照片个性应用

本章将介绍数码照片个性设计应用的特殊效果，也是照片处理的高层次学习，主要应用数码照片制作艺术名片、肖像金币、个人明信片、杂志封面、电影海报、肖像邮票、个人专辑等，读者可以在此基础上发挥自己的创意，让生活更加精彩。

01 制作风景旅行效果的照片

制作时间：25 分钟
难易度：＊＊＊＊＊

原图片

修改后的效果

本节带领大家利用 Photoshop 中的图像处理，将我们在旅行时的几张照片合成为一张照片，然后再加入文字效果，从而使自己的旅游照片具有特别的蕴味。

怎样抓拍或偷拍鸟类

要有丰富的鸟类知识，没有鸟类知识会很难找到鸟，也可能会错过捕捉它们的精彩行为。还要有耐心才能等到鸟类展现最美丽行为的瞬间，拍出精彩的照片。因为鸟类的警惕性一般都比较高，所以可使用大光圈，提高快门速度，以便被发觉时，快速抓拍它飞起的瞬间。也可以提高感光度，不过感光度高容易影响画面质量，一般不提倡。使用长焦镜头把画面拉近，可以去除杂乱的枝叶，以免影响画面视觉中心，简化画面背景。

▲ 鹤的优雅与环境很和谐

① 打开文件。执行"文件"/"打开"命令，在弹出的对话框中选择随书光盘中的"06章/01制作风景旅行效果的照片/素材1"文件，如图1-1所示。按快捷键【Ctrl+J】，复制"背景"得到"图层 1"。

② 将照片转换为灰度模式。执行"图像"/"调整"/"去色"命令，或按【Ctrl+Shift+U】快捷键，将图像转换为黑白图像，如图1-2所示。

图 1-1

图 1-2

③ 为图像添加杂色。执行"滤镜"/"杂色"/"添加杂色"命令，设置弹出的对话框，如图1-3所示。设置完对话框中的参数后，单击"确定"按钮，得到图1-4所示的效果。

图 1-3

图 1-4

④ 制作出具有古典风格的建筑物颜色效果。执行"图像"/"调整"/"色相/饱和度"命令，设置弹出的对话框，如图1-5所示。设置完对话框中的参数后，单击"确定"按钮，得到图1-6所示的效果。

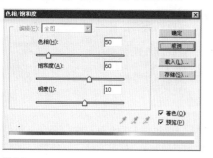

图 1-5

图 1-6

⑤ 调整图像明暗，制作模糊效果。执行"图像"/"调整"/"色阶"命令，设置弹出的对话框，如图1-7所示。设置完对话框中的参数后，单击"确定"按钮，得到图1-8所示的效果。

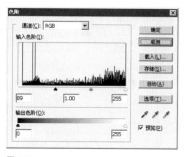

图 1-7

图 1-8

⑥ 模糊图像。执行"滤镜"/"模糊"/"高斯模糊"命令，在弹出的对话框中设置"半径"为"10.5像素"，如图1-9所示。设置完对话框中的参数后，单击"确定"按钮，得到图1-10所示的效果。

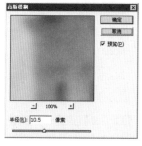

图 1-9

图 1-10

⑦ 打开文件。执行"文件"/"打开"命令，在弹出的对话框中选择随书光盘中的"06章/01 制作风景旅行效果的照片/素材2"文件，如图1-11所示。按照处理第一张照片的方法，为照片执行"去色"、"添加杂色"、"高斯模糊"等命令，得到图1-12所示的效果。

▲ 时机抓拍得刚好

📷 什么叫数码后背

对专业摄影来说，除了单镜头反光数码以外，利用120照相机或座机也可以很方便地从事数码摄影，因为数码后背近几年发展也非常迅速。如"仙娜"数码后背是专为120照相机和座机设计的，其图像大小为4080 × 5040 像素达到2200万像素。用36.7mm × 49.0mm的CCD影像传感器，尺寸比传统的135胶片画幅还要大，具有极高的成像质量。

▲ 数码后背

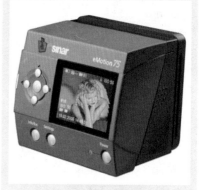

▲ "仙娜" 数码后背

数码感光度的调节范围

数码照相机的存储卡仅仅只是临时存放图像的媒介，与感光度无关。数码照相机主要是通过电子元器件对接受到的光电信号的感应控制等来完成相当于传统胶卷"感光度"的调整。数码照相机上的感光度选择范围比较宽泛，不同品牌不同型号的照相机有不同的感光度范围。一般数码照相机上都可以作4~6挡的选择，常见的感光度设置有ISO25~ISO800、ISO100~ISO1600、ISO125~ISO800、ISO200~ISO1600等，有些高级的专业数码照相机可达到相当于ISO3200~ISO6400的设定，这在传统胶卷摄影中已经属于极限的感光度了。数码照相机从诞生到现在只不过10多年的时间，这充分说明数码摄影在感光度方面的发展前景相当广阔。

感光度与成像质量

一般来说，数码照相机选择低感光度拍摄时所获得的图像质量比较高，而在高感光度时成像质量要稍差些，这是因为高光度时，照相机将图像信号放大，信号噪声也同步被放大，所以看上去图像颗粒显得较粗糙。其实这和传统摄影中使用不同感光度胶卷会得到不同颗粒度的道理是相同的。高感光度胶卷尽管感光更加灵敏，但颗粒也更粗，所以质量表现就没有中速胶卷好。这也就是为什么一般摄影者通常总是将中速胶卷作为主打胶卷使用的原因。

数码照相机持握方式利弊

由于数码照相机一般设有专用的LCD屏幕供摄影者取景及观察拍摄时画面的具体效果，因此许多摄影者都喜欢用双手将照相机举到眼前看着屏幕拍摄。很显然，一个人的手臂伸的越直，持握照相机的稳定性也将越差。一

图 1-11

图 1-12

⑧ 改变图像的颜色。执行"图像"/"调整"/"色相/饱和度"命令，设置弹出的对话框，如图 1-13 所示。设置完对话框中的参数后，单击"确定"按钮，得到图 1-14 所示的效果。

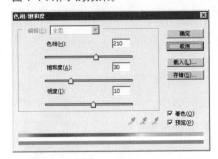
图 1-13

图 1-14

⑨ 调整图层顺序。使用"移动工具"将素材图像拖动到第1步打开的文件中得到"图层 2"，此时的"图层"面板如图 1-15 所示。将"图层 2"调整到"图层 1"的下方，如图 1-16 所示。

图 1-15

图 1-16

⑩ 新建文档。执行"文件"/"新建"命令 (或按【Ctrl+N】快捷键)，新建一个空白文档，如图 1-17 所示。双击"背景"图层，在弹出的对话框中单击"确定"按钮，将"背景"图层转换为"图层 0"，此时的"图层"面板如图 1-18 所示。

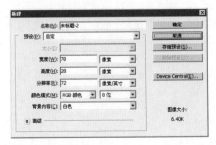
图 1-17

图 1-18

⑪ 绘制红色矩形。新建一个图层，得到"图层 1"，设置前景色为红色，选择"矩形工具"，在工具选项栏中单击"填充像素"按钮，在"图层 1"中绘制红色矩形，如图 1-19 所示，"图层"面板如图 1-20 所示。

图 1-19

图 1-20

⑫ 删除图层。将"图层 0"拖动到"图层"面板底部的"删除图层"按钮上，将"图层 0"删除。此时的图像效果如图 1-21 所示，"图层"面板如图 1-22 所示。

图 1-21

图 1-22

⑬ 定义图案。按快捷键【Ctrl+A】全选图像，如图 1-23 所示。执行"编辑"/"定义图案"命令，在弹出图 1-24 所示的对话框中单击"确定"按钮。

图 1-23

图 1-24

⑭ 应用条纹图案。单击"图层"面板中的"创建新的填充或调整图层"按钮，在弹出的菜单中执行"图案填充"命令，设置弹出的对话框，如图 1-25 所示。设置完"图案填充"对话框中的参数后，单击"确定"按钮，得到图层"图案填充 1"，此时的效果如图 1-26 所示，"图层"面板如图 1-27 所示。

⑮ 将图案图层转变为一般的图层。执行"图层"/"栅格化"/"填充内容"命令，"图层"面板如图 1-28 所示。按住【Ctrl】键单击"图案填充 1"图层，将其载入选区，将"图案填充 1"拖动到"图层"面板底部的"删除图层"按钮上，将"图案填充 1"删除。

般来说，摄影者将手臂弯曲收缩后使照相机贴在额角上，构成一个三角形的稳定结构，这样，照相机的稳定性必然远远高于将手臂伸的很直的持握姿势。

通过取景器也有好处，比如抢新闻或须要拍摄人很多而无法挤入的空间中的内容，常常会将照相机举过头顶拍摄，通过数码照相机的屏幕就可以大致了解取景构图的状况，不过在采取这种方式拍摄时，最好根据需要使用比较高的感光度，或让照相机上的闪光灯强制闪光，以便通过比较高的快门速度或利用闪光照明确保获得清晰的画面，将照相机高举过头拍摄，难以保证相机的稳定性，故应尽可能采用较高的快门速度。

📷 什么叫闪光曝光

一般数码照相机上都有内置式闪光灯，当使用程序自动挡拍摄时，如果现场亮度比较低，闪光灯会自行发射闪光，以避免曝光不足。但是使用数码照相机闪光灯曝光也有些具体要求，要防止出现曝光偏差。注意普及型数码照相机内置闪光灯指数较小，要拍摄 5m 之外或较大场面时，闪光灯就显得力不从心。

▲ 闪光曝光虽然会遗失一些细节但画面完整

▲ 女孩的脸从黑色背景中显露出来

📷 如何扩大景深

在拍摄风光类题材时，如果面对前景深和远景结合的场景，很容易发现景深不够的问题。这就要尽可能在选择短焦距和小光圈的同时，适当延长摄距来满足景深需要。

▲ 小光圈拍摄出来的画面很细腻

图 1-25

图 1-26

图 1-27 图 1-28

⑯ 选择"图层 1"，按【Delete】键删除选区内的图像，取消选区，得到图 1-29 所示的效果，此时的"图层"面板如图 1-30 所示。

图 1-29 图 1-30

⑰ 打开文件。执行"文件"/"打开"命令，在弹出的对话框中选择随书光盘中的"06 章 /01 制作风景旅行效果的照片 / 素材 3"文件，如图 1-31 所示。使用"移动工具"将素材图像拖动到第 1 步打开的文件中得到"图层 3"，将图像调整到图 1-32 所示的位置。

图 1-31

图 1-32

⑱ 添加图层蒙版。单击"添加图层蒙版"按钮，为"图层 3"添加图层蒙版，设置前景色为黑色，选择"画笔工具"，设置适当的画笔大小和透明度后，在图层蒙版中人物以外的部分进行涂抹，得到图 1-33 所示的效果，其涂抹状态和"图层"面板如图 1-34 所示。

图 1-33

图 1-34

▲ 秩序延伸的空间感

⑲ 调整人物图像颜色。单击"创建新的填充或调整图层"按钮，在弹出的菜单中执行"色相/饱和度"命令，设置弹出的对话框，如图 1-35 所示。设置完"色相/饱和度"对话框中的参数后，单击"确定"按钮，得到图层"色相/饱和度 1"，此时的效果如图 1-36 所示，"图层"面板如图 1-37 所示。

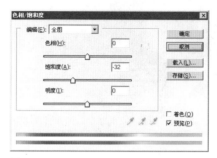

图 1-35

数码照相机翻拍的优势

在社会向数字化过渡的进程中，单位或个人都有大量文字、图表、书画或证件等需要通过翻拍来保存或制作网页等。利用数码照相机翻拍和用扫描仪扫描所产生的图像差不多，数码照相机可在一定程度上替代扫描仪的作用，扫描一张照片至少要 2~3 分钟时间，而用数码照相机翻拍一张照片常常只要 1~2 分钟时间。在成批处理精度要求不十分高的照片或书画资料时，用数码照相机直接翻拍可节省相当可观的时间。

图 1-36

图 1-37

⑳ 输入文字。设置前景色为白色，选择工具箱中的"横排文字工具"，输入图 1-38 所示的一些文字，得到相应的文字图层，"图层"面板如图 1-39 所示。

图 1-38

▲ 用数码照相机翻拍很方便

图 1-39

制作艺术名片

原图片

修改后的效果

制作自己的个性化艺术名片，不仅实用而且美观大方。本例中主要应用了滤镜、图层蒙版、图层混合模式以及调色命令，简单制作出具有个性化的艺术名片效果。

📷 翻拍的技巧

　　翻拍一般可选择光线明亮、照度均匀且安静的环境，要完成高质量的翻拍，可将照相机架在三脚架上，确定构图后用自拍器启动快门，以确保清晰度。如翻拍质量要求较高图片时，最好将像素设到最高，用TIFF格式来保存图像文件，以满足后期高质量输出的需要。

▲ 翻拍细节也丢失很少

① 新建文件。执行"文件"/"新建"命令（或按【Ctrl+N】快捷键），设置弹出对话框，如图2-1所示。单击"确定"按钮，得到一个空白文档，此文档的尺寸就是名片的尺寸。设置前景色为黑色，按快捷键【Alt+Delete】用前景色填充"背景"图层，如图2-2所示。

图2-1

图2-2

② 新建通道。切换到"通道"面板，单击"通道"面板底部的"新建通道"按钮，得到 Alpha 1 通道，如图2-3所示。

图2-3

③ 添加杂色效果。执行"滤镜"/"杂色"/"添加杂色"命令，设置弹出的对话框，如图2-4所示。单击"确定"按钮，得到图2-5所示的杂色效果。

图 2-4

图 2-5

④ 新建图层填充白色。切换到"图层"面板，新建一个图层，得到"图层 1"。设置前景色为白色，按快捷键【Alt+Delete】用前景色填充"图层 1"，如图 2-6 所示。

图 2-6

⑤ 制作名片的底纹。执行"滤镜"/"渲染"/"光照效果"命令，设置弹出的"光照效果"对话框，如图 2-7 所示。在设置完"光照效果"对话框后，单击"确定"按钮，此时得到名片的底纹效果如图 2-8 所示。

图 2-7

图 2-8

⑥ 设置图层混合模式。选择"图层 1"为当前操作图层，按快捷键【Ctrl+J】，复制"图层 1"得到"图层 1 副本"。设置"图层 1"的图层混合模式为"滤色"，将底纹图像加亮，得到图 2-9 所示的效果，此时的"图层"面板如图 2-10 所示。

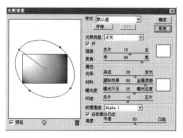

图 2-9

图 2-10

⑦ 制作云彩效果。新建一个图层，得到"图层 2"，执行"滤镜"/"渲染"/"云彩"命令，按快捷键【Ctrl+F】多次重复运用分层云彩命令，得到类似图 2-11 所示

图 2-11

图 2-8

光下，借助合适的反光板也可以拍摄到很不错的广告作品来。

▲ 光线处理得很干净

▲ 侧光的照射很有趣味

◎ 广告摄影背景须怎样处理

广告摄影的背景处理有多种手法，有的采用对比方法来突出主体，也有的背景采用和产品相似的影调和色调，通过整体比较和谐的基调来展示商品的魅力。一般广告摄影中采用比较多的是单色调渐变背景，这样的背景由于具有不同亮度的连续影调，在安排被摄对象时比较灵活，可以更有效地防止亮度复杂的主体与背景靠色，实际拍摄时在用光等方面可减少许多麻烦。

▲ 手表的金属质感表现得很好

的效果，此时的"图层"面板如图 2-12 所示。因为"云彩"是随机效果的滤镜，使用一次不一定能得到所需要的效果，所以须要多次重复运用。

图 2-11

图 2-12

⑧ 将图像处理成明暗参差的效果。设置"图层 2"的图层混合模式为"强光"，得到图 2-13 所示的明暗参差的效果，此时的"图层"面板如图 2-14 所示。

图 2-13

图 2-14

⑨ 制作云彩图像的边缘。选择"图层 2"为当前操作图层，按快捷键【Ctrl+J】，复制"图层 2"得到"图层 2 副本"。执行"滤镜"/"风格化"/"查找边缘"命令，得到类似图 2-15 所示的效果，此时的"图层"面板如图 2-16 所示。

图 2-15

图 2-16

⑩ 设置图层混合模式。设置"图层 2 副本"的图层混合模式为"正片叠底"，得到图 2-17 所示的效果，此时的"图层"面板如图 2-18 所示。

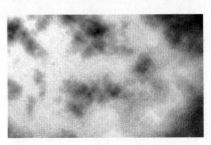

图 2-17

图 2-18

⑪ 复制图层。选择"图层 2 副本"为当前操作图层，按快捷键【Ctrl+J】，复制"图层 2 副本"得到"图层 2 副本 2"，加深正片叠底的效果，此时的图像效果如图 2-19 所示，"图层"面板如图 2-20 所示。

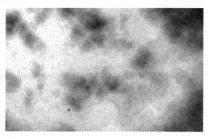

图 2-19

图 2-20

▲ 背景处理得很有空间感

⑫ 打开文件。执行"文件"/"打开"命令，在弹出的对话框中选择随书光盘中的"06章/02制作艺术名片/素材"文件，如图2-21所示，下面我们将要用此照片制作名片的图案。

图 2-21

▲ 糖果的颜色很吸引人

⑬ 使用"移动工具"将素材图像拖动到第1步新建的文件中得到"图层3"，将图像调整到图2-22所示的位置，此时的"图层"面板如图2-23所示。

图 2-22

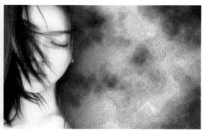

图 2-23

常用的主要艺术手法有寓意法、象征法、对比法、夸张法、烘托法等等，有不少广告摄影还借助名人或者各种不同气质的人物做代言等来达到广告宣传之目的，这些手法还常常借助平面设计软件的辅助，采用叠加图像，增加色块或文字，增加其他信息量等来完成，其基本做法就是利用各种技术和艺术手法的有机结合来突出宣传内容，为企业某产品或某种服务某种理念等在公众或者消费者心目中树立良好形象。

⑭ 添加图层蒙版。单击"添加图层蒙版"按钮，为"图层3"添加图层蒙版，设置前景色为黑色，选择"画笔工具"，设置适当的画笔大小和透明度后，在图层蒙版中涂抹，将人物右侧的黑色图像渐隐起来，使其与背景融合，得到图2-24所示的效果，其涂抹状态和"图层"面板如图2-25所示。

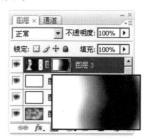

▲ 把糖块摆成心形有两种寓意

图 2-24

图 2-25

⑮ 复制图层并将其调整为黑白图像。选择"图层3"为当前操作图层，按快捷键【Ctrl+J】，复制"图层3"得到"图层3副本"。执行"图像"/"调整"/"黑白"命令，设置弹出的"黑白"命令对话框，如图2-26所示。单击"确定"按钮，得到图2-27所示的效果。

▲ 彩色的组合很有吸引力

📷 数码照片投稿注意事项

（1）确保新闻图片的真实性：无论出于什么考虑，作为新闻、专题类纪实性题材的摄影作品，摄影师不能对原图像做任何处理。这是一个摄影师必须遵循的基本原则。

（2）正确传输电子文件：但并不是说图像的分辨率越高、图片的尺寸越大就越好。因为图像过大会影响图片的传输与处理速度，一般而言，把电子图像压缩成 JPG 格式是能被报刊杂志广泛接受的。此外，如果摄影师准备采用电子邮件的形式递交图片，必须注意控制邮件的大小，建议把邮件控制在 1MB 以内。

（3）了解出版物对电子图像规格的要求：决定电子图像质量的主要指标是分辨率，分辨率的单位是 ppi（每英寸的像素数），在同等尺寸的条件下，图像的分辨率数值越大，图像文件也就越大。一般而言，用于报纸印刷的电子图片的分辨率不小于 150ppi 就可以满足要求了，用于杂志印刷的电子图片的分辨率不小于 300ppi，用于精美画册的电子图片分辨率则不能小于 600ppi 才可以满足印刷的要求。

图 2-26

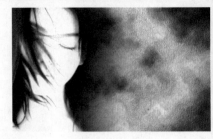

图 2-27

⑯ 设置图层混合模式，制作艺术照片效果。设置"图层 3 副本"的图层混合模式为"颜色"，图层不透明度为"80%"，得到图 2-28 所示的艺术照片效果，此时的图层"面板"如图 2-29 所示。

图 2-28

图 2-29

⑰ 添加图层蒙版。单击"图层 3 副本"的图层蒙版，修改"图层 3 副本"的图层蒙版，交替设置黑色、白色为前景色，选择"画笔工具"，设置适当的画笔大小和透明度后，在图层蒙版中涂抹，使图像过渡更自然，得到图 2-30 所示的效果，其涂抹状态和"图层"面板如图 2-31 所示。

图 2-30

图 2-31

⑱ 盖印图层。选择"图层 3"和"图层 3 副本"，按快捷键【Ctrl+Alt+E】，执行"盖印"操作，将得到的新图层重命名为"图层 4"，如图 2-32 所示。

图 2-32

⑲ 模糊图像。执行"滤镜"/"模糊"/"高斯模糊"命令，设置弹出的对话框，如图 2-33 所示。单击"确定"按钮得到图 2-34 所示的效果。

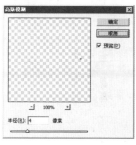

图 2-33

图 2-34

抓住主题思想，题材标新立异。作为一名爱好摄影的"发烧友"，拍摄图片的目的无外乎参加比赛或发表，这是摄影者评估、提高自己水平最好的方法。所以拍摄者首先要做个有心人，什么样的图片参加什么样的比赛，投什么样的报刊、杂志，这一点很重要。这就要求我们在日常生活中留心观察各类报刊、杂志所需的图片类别和形式，各类摄影比赛的图片要求，等等，这样长此以往，必然会摸出窍门，增加投稿的成功率。比如，一般报纸的副刊和晚报较为喜欢休闲类的图片，突发性的图片无疑要投时效性强的报纸，而一些唯美的图片，就很适合杂志社选择。

20 设置图层混合模式，设置"图层 4"的图层混合模式为"柔光"，使图像具有朦胧的艺术效果，如图 2-35 所示，此时的"图层"面板如图 2-36 所示。

图 2-35

图 2-36

21 添加图层蒙版，对人物图像进行细节处理。单击"添加图层蒙版"按钮，为"图层 4"添加图层蒙版，设置前景色为黑色，选择"画笔工具"，设置适当的画笔大小和透明度后，在图层蒙版中人物的右侧进行涂抹，得到图 2-37 所示的效果，其涂抹状态和"图层"面板如图 2-38 所示。

图 2-37

图 2-38

22 调整图像的色阶。单击"创建新的填充或调整图层"按钮，在弹出的菜单中执行"色阶"命令，设置弹出的对话框，如图 2-39 所示。设置完"色阶"对话框中的参数后，单击"确定"按钮，得到图层"色阶 1"，此时的图像对比度就更强了，如图 2-40 所示，"图层"面板如图 2-41 所示。

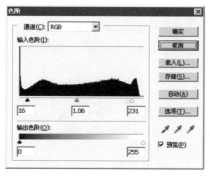

图 2-39

📷 爆炸式拍摄怎么拍

有时一些物体需要一些特殊的表现手法，用夸张的方法来突出重点，用爆炸式的方法拍摄出的照片有特别的艺术效果，容易吸引读者对物体的关注。拍摄爆炸式必须使用变焦镜头，拍摄技巧就在于拍摄的瞬间同时转动变焦镜头的焦距，放慢快门，效果会比较明显。如果是夜间拍摄可以调低光圈，来增加快门时间，最好是使用三脚架来固定照相机。

▲ 拍摄的过程中快速转动镜头

▲ 突出要表现的主题

静物看起来很平凡，一般的摆设会使画面变得死板，构图上很难有新意，因为日常见惯的物体很难会想到用其他的角度进行拍摄，没关系，这可以借鉴一下油画的摆设方法，很多静物油画大师在静物的摆设上，都是非常讲究的，也有很多的构图方式，再配上和谐的光线拍出来的照片也别有一番风味。

▲ 看似平稳却很活泼的组合

▲ 光影的加入增加了气氛

图 2-40

图 2-41

㉓ 复制图层。选择"图层 3"为当前操作图层，按快捷键【Ctrl+J】，复制"图层 3"得到"图层 3 副本 2"，将其图层顺序调整到"图层 3"下方，使用"移动工具"将图像向右下方移动，此时的效果如图 2-42 所示，"图层"面板如图 2-43 所示。

图 2-42

图 2-43

㉔ 添加图层蒙版。单击"图层 3 副本 2"的图层蒙版，修改"图层 3 副本 2"的图层蒙版，交替设置黑色、白色为前景色，选择"画笔工具"，设置适当的画笔大小和透明度后，在图层蒙版中涂抹，将人物图像的边缘虚化，使其和背景融合，得到图 2-44 所示的效果，其涂抹状态和"图层"面板如图 2-45 所示。

图 2-44

图 2-45

㉕ 制作便条纸效果。执行"滤镜"/"素描"/"便条纸"命令，设置弹出的对话框，如图 2-46 所示。单击"确定"按钮，得到图 2-47 所示的效果。使用滤镜中的便条纸命令是因为便条纸上的颗粒效果可以和背景更好地搭配。

图 2-46

图 2-47

㉖ 设置图层不透明度。设置"图层 3 副本 2"的图层不透明度为"70%"，将人物图像融入背景中，得到图 2-48 所示的效果，此时的"图层"面板如图 2-49 所示。

图 2-48

图 2-49

㉗ 输入名片上的公司名称。设置前景色为白色，选择"直排文字工具"，设置适当的字体和字号，在名片右侧输入公司名称，得到相应的文字图层，如图 2-50 所示。此时的图像效果如图 2-51 所示。

图 2-50

图 2-51

㉘ 将文字转换为形状，制作公司名称的混合效果。在文字图层的图层名称上右击，在弹出的菜单中执行"转换为形状"命令，设置其图层混合模式为"差值"，得到图 2-52 所示的若隐若现效果，此时的"图层"面板如图 2-53 所示。

图 2-52

图 2-53

㉙ 变换主题文字。使用"路径选择工具"逐个选择转换为形状的文字，结合自由变换命令对其进行缩放、移动编辑，得到图 2-54 所示的效果。

图 2-54

㉚ 输入名片上姓名。设置前景色为黑色，选择"横排文字工具"，设置适当的字体和字号，在名片上输入姓名，得到相应的文字图层，如图 2-55 所示。此时的图像效果如图 2-56 所示。

数码摄影技术是随着电子计算机的发展而逐渐发展的新技术，到目前为止虽然仅有十几年左右的历史，但它一诞生就显示出强大优势和巨大的生命力。自从 1995 年第一台数码照相机面世以来，数码照相机就以超高的速度在数量上及技术上迅速发展，从最初面向专业用户(专业摄影师、摄影记者)到逐步走向平民百姓，性价比不断提高。同时，随着电脑、互联网和信息家电的不断发展，现代社会已经将人们的生活带进了数字化的信息时代，人们要求随时随地采集图像、数字录像、数字声音，以便存储、检索以及与他人交流等，所以数码照相机大有取代传统照相机成为主流摄影器材的趋势。

早期的数码照相机受到硬件和相关技术制约，像素相当低，从 30 万像素左右开始，到后来的 80 万像素左右，大都低于 100 万像素。拍摄的图像尺寸都很小，主要供在电脑屏幕上观看。从 1999 年下半年开始 200 万像素的数码照相机渐渐成为市场的主流，而目前已经流行 500 万到 800 万像素的数码照相机了。

在两伊战争期间，国外媒体的不少摄影记者已经开始使用数码照相机了，之后日本和我国香港地区的摄影记者在体育比赛中也开始广泛使用数码照相机拍摄和发稿。

在数码照相机的发展过程中，柯达、索尼、富士等大公司为推动数码照相机的发展起了举足轻重的作用。

柯达公司作为老牌的胶卷制造厂商，也是数码照相机市场早期的开拓者及培育者。20 世纪 90 年代末的数码影像革命正是因为柯达公司的推进而爆发的。而索尼公司也开发了大量的相关技术专利等，仅仅从数码照相机使用的存储介质而言，就开发过使用 1.44MB 的软盘，8cm 的光盘，索尼专用的记忆棒等等。

为了适应一般用户拍摄录像的需求，现在不少数码照相机都具备摄像功能。有的照相机拍摄时间随存储介质的容量可作长时间拍摄，还可以同时录音，这在一定程度上扩大了数码照相机的使用功能。

有的数码照相机还具备无线发送数码照片的功能，如尼康的D2H，这无疑为摄影记者即时采访即时发稿提供了极大的便利。近年来一系列的月球和火星科学探测活动和人类宇宙探测器接近土星的活动，都是利用数码摄影技术将相关的图像发送到地球的。数码照相机在航天领域中的优势是巨大的。

▲ 尼康 D2H

给花卉做清洁

在拍摄前对花卉做清洁，是为了还原它们的本色。花卉是以色彩和造型取胜的，对于花卉摄影，色彩的处理是关键步骤。一幅花卉图片，要有和谐的色调，不能杂乱无章。每种花卉都有自己的色彩特点，根据不同的主题、不同的光线条件和不同的背景确定自己要采用的色调。大红大绿，虽然刺眼，但处理得好，也会艳丽悦目；轻描淡写，虽然平淡，但运用得当，也会淡雅高尚，令人赏心悦目。

图 2-55

图 2-56

图 2-57

图 2-58

③ 输入地址、电话等。设置前景色为白色，选择"横排文字工具"，设置适当的字体和字号，在名片上输入地址、电话等，得到相应的文字图层，如图 2-57 所示。此时的图像效果如图 2-58 所示。

③ 设置图层混合模式。上一步输入的文字在图像中有的地方看不清，可以设置其图层混合模式为"差值"，将文字显现出来，得到图 2-59 所示的效果，此时的"图层"面板如图 2-60 所示。

图 2-59

图 2-60

③ 为文字描边，制作最终效果。单击"添加图层样式"按钮，在弹出的菜单中执行"描边"命令，设置弹出的"描边"命令对话框，如图 2-61 所示。得到图 2-62 所示的最终效果。

图 2-61

图 2-62

03 人物照片单纯化

制作时间：25分钟
难 易 度：＊＊＊＊＊

原图片

→
修改后的效果

利用Photoshop中"阈值"命令和"色彩铅笔"滤镜可以制作人物照片单纯化的效果，此效果可以应用于个人网页中的资料部分以及明星海报中的漫画图像。

① 打开文件。执行"文件"/"打开"命令，在弹出的对话框中选择随书光盘中的"06章/03人物照片单纯化/素材"文件，如图3-1所示，"图层"面板如图3-2所示。

图 3-1

图 3-2

② 将照片去色。执行"图像"/"调整"/"通道混合器"命令，设置弹出的"通道混合器"命令对话框，如图3-3所示。单击"确定"按钮，得到图3-4所示的效果。

图 3-3

图 3-4

▲ 经过清洗的花朵十分有利于光线的掌控，没有灰尘等杂物的干扰，在阳光的照耀下分外鲜艳

▲ 没有经过清洗，污点满布，光线暗淡，不利于成像

借助昆虫拍摄花卉

在摄影的所有题材中，花卉摄影是对构图要求最高的题材之一。构图的基本要求是突出和美化主题，是最无法可循的一个问题。如果单独拍摄花卉，画面不免有些单调，如果恰巧有一只蜜蜂、蝴蝶或蜻蜓落在上面，对花儿也是一种衬托，这样拍出来的效果岂不更富有生趣？

▲ 花与蝴蝶的完美组合，极富生趣

▲ 孤芳自赏，稍显单调

③ 选取并复制人物图像。选择工具箱中的"磁性套索工具"，沿人物边缘绘制选区，如图3-5所示。按快捷键【Ctrl+J】，复制选区内的图像，得到"图层1"，然后将"背景"图层填充为白色，此时的"图层"面板如图3-6所示。

图 3-5

图 3-6

④ 复制图像。选择"图层1"，按快捷键【Ctrl+J】五次，得到五个副本图层，隐藏"图层1"，此时的"图层"面板如图3-7所示。

⑤ 用"阈值"调整图像。选择"图层1副本"隐藏最上方的四个副本图层，如图3-8所示。执行"图像"/"调整"/"阈值"命令，在弹出的"阈值"对话框中将参数设置为"107"，如图3-9所示。单击"确定"按钮应用命令，图像即可呈现出版画效果，如图3-10所示。

图 3-7　　　　　　　　图 3-8

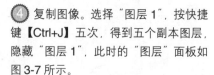

图 3-9

图 3-10

⑥ 将图像转换为黑白效果。选择并显示"图层1副本2"，如图3-11所示。执行"图像"/"调整"/"阈值"命令，将参数设置为"90"，如图3-12所示。单击"确定"按钮，可增大黑色的范围，如图3-13所示。

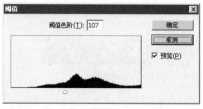

图 3-11　　　　　　图 3-12

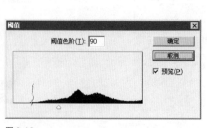

图 3-13

⑦ 设置图层不透明度。选择"图层 1 副本 2"设置图层不透明度为"50%"，效果如图 3-14 所示，此时的"图层"面板如图 3-15 所示。

图 3-14

图 3-15

⑧ 继续用"阈值"调整图像。选择并显示"图层 1 副本 3"，如图 3-16 所示。执行"图像"/"调整"/"阈值"命令，在弹出的"阈值"对话框中将参数设置为"128"，如图 3-17 所示。单击"确定"按钮，图像效果如图 3-18 所示。

图 3-16

图 3-17

图 3-18

⑨ 设置图层不透明度。选择"图层 1 副本 3"设置图层不透明度为"30%"，效果如图 3-19 所示，此时的"图层"面板如图 3-20 所示。

图 3-19

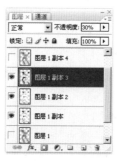

图 3-20

⑩ 用"阈值"调整图像。选择并显示"图层 1 副本 4"，如图 3-21 所示。执行"图像"/"调整"/"阈值"命令，将参数设置为"150"，如图 3-22 所示。单击"确定"按钮，图像效果如图 3-23 所示。

现实生活既繁荣又忙碌，生活中的点点滴滴，是摄影爱好者喜欢拍摄的题材之一。诸多影友深入街头巷尾搞创作，用镜头视角去反映平淡的生活，这类照片既有观赏性，又有现实意义，拍这类片子看似偶然，实为有心，真正拍好却须下一番功夫。

有的影友认为没有好运气，没碰到"上镜"的镜头，个别朋友归咎于手中没有好的设备器材，其实它是考验每一位摄影者的观察能力的试金石。没有快速的反应能力和深思熟虑的构思，就寻觅不到好镜头。捕捉瞬间当然有其偶然性，但稍许反应迟顿，难得的一瞬就会与你擦肩而过，这一点许多影友都深有体会。有的影友不止一次捕捉到难得的好镜头，难道都是巧合吗？这与其善于观察思考和具有丰富的人生阅历有着千丝万缕的关系，作为摄影人不但要有善于思考观察事物的头脑，还要有一双慧眼去辨别，才能以独特的视角抓拍到好照片。

抓拍这类题材与平时苦练基本功分不开，遇到有意义的镜头，要富有联想和掌握过硬的抓拍本领，遇到拍摄良机不要手忙脚乱，更不能因技术操作失误而贻误战机。有位哲人说过："机遇总是降临给那些做好准备的人"。要经常叮嘱自己把思维创作与技巧有机地结合起来，再带着照相机上路，不要存有侥幸心理，只有踏实的脚步才能搞好创作。找准门道，遵循规律，通过摄影者的镜头视角，以审美的眼光重新认识我们赖以生存的环境，捕捉都市生活中的浪花。

拍摄活动的场景，运用平常的角度，不会有什么新意。场景中活动人物的特写，可以用长焦镜头远摄，形成压缩画面深度的特点，避免其他人或物的干扰来净化画面。

拍摄这类题材，传统单反、数码单反、类单反数码照相机等都有不错的表现力，取景构图，快速聚焦，方便抓拍，大光圈镜头及合适的变焦范围使成功就在手下。数码照相机的优势就是方便，高端用户追求数码单反机，其特点是大尺寸画幅与高像质。初中级发烧友追求的是功能齐备，一镜走天涯，也许类单反数码照相机正迎合他们的心理，为自己带来方便。

▲ 用镜头视角反映平淡的生活，既有观赏性，又有现实意义

Photoshop CS3 数码照片修饰与拍摄技巧

📷 民族活动的拍摄

根据民族活动时间的不同，可以分为两大类：日间活动的拍摄和晚间活动的拍摄。

1. 日间活动的拍摄

一个大型的民族竞技活动，往往时间长，内容多，如何在即定的时间内拍下所需要的照片，避免在拍摄过程中的盲目性，事先需要有一个拍摄计划。首先利用各种途径了解竞技活动的程序。然后确定自己的拍摄项目（一般和重点要有所区分），排列出拍摄表，依次拍摄。拍摄中要以有民族特色的项目为重点。拍摄各民族的竞技或表演活动，不能只是简简单单地记录那些花花绿绿的场面，要让人在观赏作品的过程中得到美的享受。而这类照片的美感又突出表现在动感方面，动中有力，动中有情，动中有美，如何表现"动"感呢？必须针对不同竞技项目"动"的特点，采用不同的技巧进行拍摄，比如用高速拍摄凝固运动瞬间。用慢速拍摄虚化动体，用追随拍摄强化动体，等等。

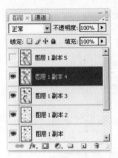

图 3-21

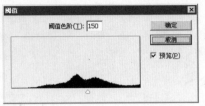

图 3-22

图 3-23

⑪ 设置图层不透明度。选择"图层 1 副本 4"设置图层不透明度为"20%"，效果如图 3-24 所示，此时的"图层"面板如图 3-25 所示。

图 3-24

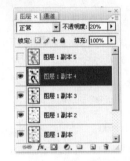

图 3-25

⑫ 制作色彩铅笔效果。选择并显示"图层 1 副本 5"，执行"滤镜"/"艺术效果"/"彩色铅笔"命令，设置对话框中的"铅笔宽度"为"2"，"描边压力"为"8"，"纸张亮度"为"22"，如图 3-26 所示。得到图 3-27 所示的效果。

图 3-26

图 3-27

⑬ 设置图层混合模式。将"图层 1 副本 5"的图层混合模式设置为"正片叠底"，将色彩铅笔效果融入到下方图层的图像中，得到图 3-28 所示的效果，"图层"面板如图 3-29 所示。

图 3-28

图 3-29

⑭ 调整图像的色阶。单击"创建新的填充或调整图层"按钮，在弹出的菜单中执行"色阶"命令，设置弹出的"色阶"对话框，如图3-30所示。设置完对话框后，单击"确定"按钮，得到图层"色阶 1"，此时，图像的对比度和亮度都提高了，效果如图3-31所示，"图层"面板如图3-32所示。

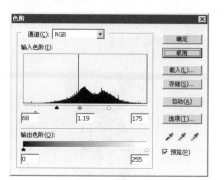

图 3-30

图 3-31

图 3-32

⑮ 为图像添加颜色。单击"创建新的填充或调整图层"，在弹出的菜单中执行"渐变映射"命令，在弹出的"渐变映射"对话框中单击中央的渐变条，在弹出的"渐变编辑器"对话框中直接设置渐变的颜色，左右拖动色标，如图3-33所示。设置完对话框后，单击"确定"按钮，得到图层"渐变映射 1"，此时的效果如图3-34所示，"图层"面板如图3-35所示。

图 3-33

图 3-34

图 3-35

▲ 强光适于突出被摄物体表面的质感

2. 晚间活动的拍摄

我国有些民族的民俗活动是在夜幕降临后才开始的。拍摄这种大场面的夜间活动，应尽量选择制高点，将照相机固定在三角架上拍摄，为使场面轮廓清晰，可采用两次曝光的方法：天未完全黑时，以低于正常曝光2~3挡的曝光组合拍下草场垛子的轮廓，等火把点燃后再以火的亮度正常曝光。在篝火场地拍摄时，要尽量拍出火光映照下的欢快气氛。有时要用闪光灯作辅助光拍摄，闪光灯应尽量加检红色，以使辅助光和火光色温相近，保持一定的现场感。对较大场面的展示，可用广角镜头拍摄。

📷 **怎样拍摄民俗**

反映民俗民风，重要的是要抓取有代表性的、有典型性的、有特色的东西。这些要求作者深入生活去发现、去挖掘。到一个地区进行民俗摄影创作，不能只图求新鲜的、刺激的、热闹的、好玩的去拍。必须要多观察，多询问。

从观察到的大量民俗事象中，从大量的感性认识中，提出问题，去问历史、问发展、问内容、问意义，然后上升到理性认识。从理性深刻的本质认识中，概括出典型环境、典型民风、典型事物、典型特色。为拍摄作好选材的准备。也即依此而定出选择画面的标准，依标准去衡量哪些是有代表性的、哪些是有特色的、哪些是最具有典型意义的东西。只有如此，我们所拍摄的东西才能有意义，才能做到以少量画面反映一个民俗的博大内涵。

▲ 不需要什么技巧，极具典型意义的场景往往就在我们身边

多思考。即想想如何去表现典型，从什么角度，用什么光线，画面怎么安排，构图怎么处理，等等。

想好、构思好，这是一幅艺术作品成功的基础。构思的程度，就是作品优劣的程度。切记不可无构思地一味盲目按动快门。盲目是出不来好作品的。

好作品，都是深入观察、深思熟虑的结果。初到一个地方，摄影者极易被浓郁的民族风情所感染，看到什么都新鲜，什么都想拍，处在一种盲目追求表面的状态之中。此时，只注意民族的外在打扮和服装特色，而忽视选取有代表性的东西，更谈不到反映一个民族的精神世界。

要防止作品的表面化，要达到反映民族精神与内在世界的高度，必须要加强形象思维，多角度地去观察与发现。一个民族最宝贵的东西，是她的意志、她的精神。因此，我们在拍摄民族题材的作品时，除了注意她的外在形

⑯ 降低图像的颜色纯度。将"渐变映射 1"的图层不透明度为"70%"，得到图 3-36 所示的效果，"图层"面板如图 3-37 所示。

图 3-36

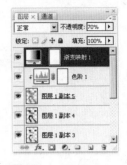

图 3-37

⑰ 为图像添加背景。在"背景"图层上方新建一个图层，填充白色。单击"添加图层样式"按钮，在弹出的菜单中执行"斜面与浮雕"命令，设置弹出的"斜面与浮雕"命令对话框，如图 3-38、图 3-39 所示。得到图 3-40 所示的效果，此时的"图层"面板如图 3-41 所示，图 3-42 为放大图像的显示效果。

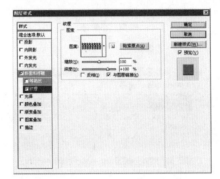

图 3-38

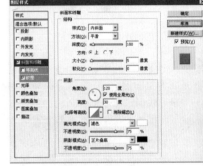

图 3-39

图 3-40

图 3-41

图 3-42

制作个人明信片

制作时间：40 分钟
难 易 度：★★★★★

原图片

修改后的效果

在自然环境下拍摄的照片，利用 Photoshop 的各种特效可以制作具有强烈对比的效果。再加上文字，就可以简单制作出一张照片形式的明信片，本例运用了 Photoshop 中的"位图"、"图层混合模式"、"滤镜"、调色命令等技术。

① 打开文件。执行"文件"/"打开"命令，在弹出的对话框中选择随书光盘中的"06章/04 制作个人明信片/素材"文件，如图4-1所示，"图层"面板如图4-2所示。

图 4-1

图 4-2

② 调整照片的亮度。观察图像发现图像偏暗，执行"图像"/"调整"/"亮度/对比度"命令，设置弹出的对话框，如图4-3所示。单击"确定"按钮将图像调亮，得到的图像效果如图4-4所示。

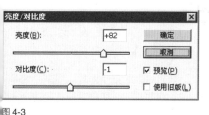
图 4-3

图 4-4

象外，更多地应透过外形，去着力表现内心的真实精神，这是创作的根本。表达内在世界，须要反复深入的观察，然后去捕捉那微妙的一瞬，精彩的一瞬，深刻的一瞬。抓住那一瞬，就抓住了成功。拍摄，不是一瞬即可完成的，而要观察、发现并捕捉到一瞬，则应刻苦研究，随时随地做有心人，不懈地去思考与追求。

当然，想得多拍得少，也不行。实践出真知。在构思好的前提下，多多地拍。由于拍摄环境、光线的变化，角度的变化，拍摄对象自身也在不断地变化与运动着，所以，要多拍几张，从中找出最好的，否则，很可能因拍得少，效果不理想而无选择的余地，错过了大好机会。致使只有好的构思却没有好的作品，导致失败。

影的魅力在于其艺术性。好的摄影作品从光与影的运用到构图都有较强的艺术感染力。它的表现形式应是美好的、积极向上的，能让人赏心悦目，得到艺术的享受。不管什么人，只要没有特殊目的都喜欢观看赏心悦目的作品。让人身心得到美的满足是任何艺术形式的重要目标之一，文化摄影也不例外。

由于任何一种文化都包含着历史的发展和演变，所以要从历史角度进行美学透视，这就要求文化摄影必须在深入了解历史和尊重历史的原则下，采用记实的手法去完成，而不是茫无目的地一味追求完美。

综上所述，所谓的文化摄影，就是把自己置于文化的层面上从历史和人文主义的角度对被摄对象进行美学透视，以美学家、历史学家和人类学家的眼光和态度去从事摄影创作。

▲ 具有浓郁文化气息的照片没有必要一味追求形式上的完美

③ 复制文件。执行"图像"/"复制"命令，复制一个新文件。选择复制的文件，执行"图像"/"模式"/"灰度"命令，在弹出的图4-5所示的对话框中单击"扔掉"按钮，将图像转换为灰度模式，此时的图像效果如图4-6所示。

图 4-5

图 4-6

④ 将图像转换为位图模式。执行"图像"/"模式"/"位图"命令，设置弹出的对话框，如图4-7所示。单击"确定"按钮，将图像转换为位图模式，此时的图像效果如图4-8所示，放大显示图像可以发现图像是由许多颗粒组成的，如图4-9所示。

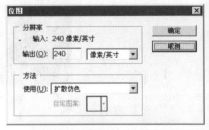

图 4-7

图 4-8

图 4-9

⑤ 将颗粒效果的图像放入第1步打开的照片中。按快捷键【Ctrl+A】全选图像，如图4-10所示，按快捷键【Ctrl+C】进行复制。选择第1步打开的文件，按快捷键【Ctrl+V】粘贴图像，得到"图层1"，此时的图像效果如图4-11所示，"图层"面板如图4-12所示。

图 4-10

图 4-11

图 4-12

⑥ 复制图层。选择"背景"为当前操作图层，按快捷键【Ctrl+J】，复制"背景"图层得到"背景 副本"，按快捷键【Shift+Ctrl+]】将其置于"图层"面板的最上方，如图4-13所示，此时的图像效果如图4-14所示。

图 4-13

图 4-14

我们不妨把范围扩大，讲一讲民俗摄影中民俗器物的拍摄。

民俗器物的拍摄内容相当广泛，如各民族的生活器具、生产工具、交通工具、工副农渔牧业产品、民族工艺品等等，种类繁多，造型各异。不仅具有较高的实用价值，同时也具有较高的艺术价值。不仅如此，对民俗器物的拍摄还能间接地表现各族人民的勤劳、智慧和创造力，表现出民俗文化的博大内涵。

⑦ 模糊图像。执行"滤镜"/"模糊"/"表面模糊"命令，在弹出的"表面模糊"对话框中进行参数设置，如图 4-15 所示，得到的图像效果如图 4-16 所示。

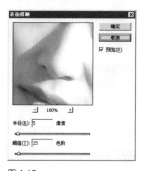

图 4-15

图 4-16

民俗器物摄影的总体要求是，尽量使拍摄对象的形、质、色具有较高的艺术价值。民俗器物摄影中的形、质、色是相互依存的有机整体，一幅优秀的民俗器物摄影作品必然是形、质、色的完美结晶。在民俗摄影中应注意下列问题：背景的色彩影调宜深暗些，这样各个影像的主要轮廓就会显得十分明显突出。复杂的背景，势必导致各个影像相互交错重叠，给人以眼花缭乱的不良印象，故应尽量避免；光圈不能收得太小，一般不宜小于 f/5.6。过小的光圈会使一部分经过多影镜镜面折射的光线被光圈金属遮挡，导致各个影像边缘部分形成刺眼的黑色阴影，严重影响多影效果；利用室内灯光进行器物摄影，其光线类型大致可分为主光、副光（辅助光）、轮廓光（装饰光）、背景光、顶光、地面光等几种。在一般情况下，通常只采用三至四种光线类型。

⑧ 添加图层蒙版。单击"添加图层蒙版"按钮，为"背景 副本"添加图层蒙版，设置前景色为黑色，选择"画笔工具"，设置适当的画笔大小和透明度后，在图层蒙版中人物的眼睛、鼻子上涂抹，将其清晰化，其涂抹状态和"图层"面板如图 4-17 所示，得到图 4-18 所示的效果。

图 4-17

图 4-18

在布置各种类型的光线时，切忌将所有的灯光一下子都照射到被摄对象及其背景等处，这样势必造成光影紊乱，不易调整。特别是初学者，更应避免这样做。

拍摄器物通常采用的衬景有呢绒、丝绒、布、纸、墙壁等。

背景灯光的布光形式，一般有两种：一种是将背景的灯光亮度布得很均匀，基本上没有明暗深浅的差异；

⑨ 观察图像。放大图像显示，发现人物脸部有一些杂点，如图 4-19 所示，下面要将其修复。

⑩ 修复杂点。选择"修复画笔工具"，在人物脸上将杂点修除，如图 4-20 所示，图 4-21 为修除后的效果。选择"背景副本"、"背景 副本 2"，按快捷键【Ctrl+Alt+E】，执行"盖印"操作，将得到的新图层重命名为"背景副本"，如图 4-22 所示。

图 4-19

另一种是将背景灯亮度布成中间亮，周围逐渐暗淡效果。

背景色彩的运用要注重艳丽而不俗气，清淡而不苍白的视觉效果。在淡雅中追求韵味，在洗练中追求朴实。色彩的冷暖、浓淡、深浅、明暗的组合配制，都必须从更好地突出主体对象这一总前提出发，这样才能使背景色彩与主体色彩相映生辉，华丽和谐，光彩夺目。背景影像的虚实，取决于以下几个主要因素：镜头焦距的长短，光圈的大小，背景器物距离主体物的远近等。镜头焦距越长，光圈开得越大，背景器物距离主体物越远，背景影像就越虚化。反之，背景影像的虚化程度就比较小，甚至不虚化。

要做好拍摄静物的准备工作。一，为了很好地控制光影效果，须要准备灯具和柔光罩；二，为了让拍摄出来的照片很好地体现拍摄者的构想，在拍摄之前，须要在构图上花一番心思；三，器材上的准备。广角和长焦镜头、微距镜头，可调三脚架，快门线，闪光照明灯，柔光箱漫射器等。

▲ 背景的色彩影调宜深暗些，这样各个影像的主要轮廓就会显得十分明显突出

📷 静物摄影的分类

日常生活中，几乎没有什么物件不可以作为静物摄影的题材。总体上说可以分为两大类：无情节静物拍摄和有情节静物拍摄。无情节摄影在静物摄影中占据主导地位。它主要表现被摄物的质感、外形特征和色彩效果。多以精巧的构图和漂亮的灯光取胜。有

图 4-20

图 4-21

图 4-22

⑪ 制作干画笔效果。选择"背景 副本"，执行"滤镜"/"艺术效果"/"干画笔"命令，设置对话框中的参数，如图 4-23 所示。得到图 4-24 所示的效果，图 4-25 为放大显示效果。

图 4-23

图 4-24

图 4-25

⑫ 设置图层混合模式。将"背景 副本"的图层混合模式设置为"线性光"，使其与下方的图层混合在一起，此时的图像对比就更强烈了，呈现出曝光过度的效果，如图 4-26 所示。"图层"面板如图 4-27 所示。

图 4-26

图 4-27

⑬ 复制图层。选择"背景 副本"为当前操作图层，按快捷键【Ctrl+J】，复制"背景 副本"得到"背景 副本 2"，将"背景 副本 2"的图层混合模式改为"正常"，此时的图像效果如图 4-28 所示，"图层"面板如图 4-29 所示。

图 4-28

图 4-29

(14) 制作绘画涂抹效果。选择"背景 副本 2",执行"滤镜"/"艺术效果"/"绘画涂抹"命令,设置对话框中的参数,如图 4-30 所示。得到图 4-31 所示的效果,图 4-32 为放大显示效果。

图 4-30

图 4-31   图 4-32

(15) 设置图层混合模式。将"背景 副本 2"的图层混合模式改为"变暗",使其与下方图层自然合成,此时的图像效果如图 4-33 所示,"图层"面板如图 4-34 所示。更改混合模式后的效果图像表现出自然的柔和水彩画效果。

图 4-33

图 4-34

(16) 复制图层并设置图层混合模式。选择"背景 副本"为当前操作图层,按快捷键【Ctrl+J】,复制"背景 副本"得到"背景 副本 3",将其调整到"图层"面板的最上方,设置图层混合模式为"变暗",此时的图像效果如图 4-35 所示,"图层"面板如图 4-36 所示。

情节静物拍摄的对象是具有生命意义的工艺品、民俗器具等等。把没有生命、没有表情、没有联系的静物经过独具匠心的布置,拍得栩栩如生。多用来借物托志,寓意深刻。

▲ 有情节静物拍摄

▲ 无情节静物拍摄

食物的拍摄

食品的种类多种多样、五花八门,如面包、菜肴、蛋糕等等,拍摄起来也不是一件容易的事。这跟做菜一样,讲究色、香、味俱全,拍出来的照片不仅要表现食品的质感,更要让人看了后会食欲大振。所以,在拍摄的时候,光线的布置、食品的摆放、道具的应用、背景的衬托都是关键因素。

拍摄食品大多追求色彩的正常还原,尤其是拍摄凉菜一类的照片,但有时也会采用暖性光线,比如拍摄油炸类食品。

为了表现食品的新鲜,有时也会采取一些特殊措施:比如在拍摄水果时,先在水果上涂上一层薄薄的甘油,再喷洒水雾,就可以使水果产生晶莹水灵的效果。

▲ 糖葫芦本是冬日小吃，用暖性光线来拍摄，会更吸引人

为了表现食品热气腾腾的效果，可以找一根细管，向食品内部喷出烟雾。等烟雾上升到最佳状态时按下快门。要使烟雾效果明显，可以采用逆光拍摄技法。

▲ 经过一些特殊处理的水果更加晶莹水灵，成像效果极佳

在拍摄蔬菜时，为了表现蔬菜新鲜的质感，可以先将蔬菜在碱水中浸泡一下。

食品一般都要用餐具来盛，因此在拍摄时，还要考虑到相关器具的搭配。要注意餐具的形状、颜色、纹理是否与食品相配。

图 4-35

图 4-36

17 制作绘画涂抹效果。选择"背景 副本 3"，执行"滤镜"/"艺术效果"/"绘画涂抹"命令，设置对话框中的参数，如图 4-37 所示。得到图 4-38 所示的效果，图 4-39 为放大显示效果。

图 4-37

图 4-38

图 4-39

18 为图像添加颜色。单击"创建新的填充或调整图层"按钮，在弹出的菜单中执行"渐变映射"命令，在弹出的"渐变映射"对话框中单击中央的渐变条，在弹出的"渐变编辑器"对话框中直接设置渐变的颜色，左右拖动色标，对话框如图 4-40 所示。

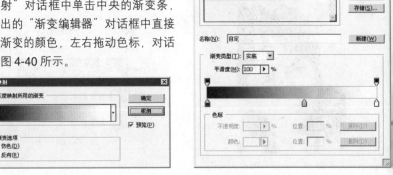

图 4-40

19 确认设置。设置完对话框后，单击"确定"按钮，得到图层"渐变映射 1"，此时的效果如图 4-41 所示，"图层"面板如图 4-42 所示。

图 4-41

图 4-42

▲ 在碱水中浸泡过的蔬菜

⑳ 制作绘画涂抹效果。选择"背景"图层为当前操作图层，按快捷键【Ctrl+J】，复制"背景"图层得到"背景 副本 4"，将其调整到"图层"的最上方，如图 4-44 所示。执行"滤镜" /"艺术效果" /"绘画涂抹"命令，设置对话框中的参数，如图 4-44 所示，得到图 4-45 所示的效果，图 4-46 为放大显示效果。

图 4-43

图 4-44

▲ 餐具与葡萄的和谐搭配

食物的色彩表现

　　食品摄影的主要目的是很好地表现出食品的色、香、味。色，具有生动的视觉语言特点，富有直观性。

　　拍摄时应该注重色彩的统一性和整体性，拍摄者一定要认识到色与色之间的关系应该是互相烘托，而不是对抗；是统一的整体，而不是毫不相

图 4-45

图 4-46

㉑ 设置图层混合模式。将"背景 副本 4"的图层混合模式改为"叠加"，就可以得到充分的颜色效果，此时的图像效果如图 4-47 所示，"图层"面板如图 4-48 所示。

图 4-47

图 4-48

▲ 红色苹果与绿色的西瓜相互衬托，画面丰富，但又不失整体性

关的拼凑；是和谐协调，而不是互相排斥；是有机的结合，而不是貌合神离的混合。

只有当主体的色与陪体、环境、背景等诸色结合成一个有机的和谐的整体时，才能真正显示其色彩的最佳效果。"室雅无须大，花香不在多"，色彩的多少与艺术效果不一定成正比关系。为数不多似乎又比较一般的处理过程中，应该力求简、精、纯，力避繁、杂、乱。同时，还要求善于处理好色彩的基调，即在总的具有倾向性的色彩基本色调中，要有丰富的色彩层次和精细的色彩微差，画面色彩应以统一的总基调为主，在统一的前提下力求有所变化，有所差异。

▲ 求简、精、纯、避繁、杂、乱

🔘 构图对于食物拍摄的作用

摄影中构图的主要工作就是选景、布景和摆位，摆位又包括被拍物的摆位和拍摄者的站位。构图的作用就在于增进画面美感和强化内容，主要元素是点、线、面。点的作用可以使画面稳定，吸引人们的视线，线是画面的灵魂，点线结合就是面。构图的基本法则就是多样之中找统一、统一之中找变化，就是要让画面看起来不但有新意，

22 复制图层并设置图层混合模式。选择"背景 副本 4"为当前操作图层，按快捷键【Ctrl+J】，复制"背景 副本 4"得到"背景 副本 5"，设置图层混合模式为"颜色"，图层不透明度为"70%"，增强颜色效果，此时的图像效果如图4-49所示，"图层"面板如图4-50所示。

图 4-49

图 4-50

23 添加图层蒙版。单击"添加图层蒙版"按钮，为"背景 副本"添加图层蒙版，设置前景色为黑色，选择"画笔工具"，设置适当的画笔大小和透明度后，在图层蒙版中涂抹，得到图4-51所示的效果，其涂抹状态和"图层"面板如图4-52所示。

图 4-51

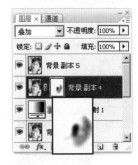
图 4-52

24 单击"创建新的填充或调整图层"按钮，在弹出的菜单中执行"曲线"命令，设置弹出的"曲线"对话框，如图4-53所示。设置完对话框后，单击"确定"按钮，得到图层"曲线1"，此时的效果如图4-54所示，"图层"面板如图4-55所示。

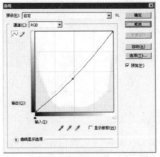
图 4-53

图 4-54

图 4-55

25 增加人物眼睛上的高光。单击"图层"面板底部的"创建新图层"按钮，新建"图层2"，如图4-56所示。设置背景色为白色，选择"画笔工具"，设置适当的画笔大小和透明度后，在人物的眼睛上涂抹，得到图4-57所示的效果。

图 4-56

图 4-57

26 选择"横排文字工具",设置适当的字体和字号,在明信片的左上角输入文字,得到相应的文字图层,如图 4-58 所示,此时的图像效果如图 4-59 所示,设置两个文字图层的图层混合模式为"颜色加深",得到图 4-60 所示的效果,此时的"图层"面板如图 4-61 所示。

图 4-58

图 4-59

图 4-60

图 4-61

而且还要均匀、稳定、舒服,可引导观者视线到达主题点,避免杂乱。

食物拍摄属于静物拍摄的一种,因为要充分展示食物的光鲜与色泽,并诱人食欲,所以对背景、光源和构图都有着较高的要求。

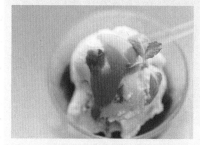

▲ 采用九宫格构图,画面比较稳定

▲ 采用对角线构图,主体非常突出

饮料类商品的拍摄

饮料类商品对照片的质量要求较高,应用在饮料类商品中的照片不仅仅是产品外观的简单再现,它必须有强烈的视觉冲击力、丰富的影调效果、清晰的质感再现能力,并且照片上的产品必须要有比实物更加美观的效果。这样,才能增加消费者对产品的喜爱、信赖,并增加购买欲望。

所以产品在拍摄之前要有一个构思立意的过程。在构图拍摄时要切入主题。照片的表现方式可以是静态的也可以是动态的,可以是整体,也可以是局部。例如,对于酒和饮料类产品的拍摄,可以拍摄液体流动的动态画面,以突出其色泽和口味,也可以拍摄酒瓶或饮料瓶外观造型的静态效果,以突

05 制作肖像金币效果

制作时间：40 分钟
难易度：＊＊＊＊＊

原图片

修改后的效果

本实例应用了 Photoshop 的调色命令以及通道、滤镜和图层样式等功能，来用一张普通的人物照片制作肖像金币效果，通过对本例的学习，读者可以对"光照效果"滤镜命令有更为深刻的了解。

出其造型之美；对于饮料类商品的拍摄，可拍摄整体以表现造型，也可拍摄局部以突出其独特的功能和特征。

⚠ 此图充分表现了饮料清凉解渴的特性

📷 金属材质静物的拍摄

拍摄金属材质的静物，最难克服的就是反光，所以，在拍摄的时候不要用闪光灯，不可以使用太强的单向光源（室外阴天的光线就比较合适）。如果在室内拍摄的话，要增加快门时间，低一些的曝光，最好使用三角架。如果条件允许，可以加装偏光镜。偏光镜，由

---

① 新建文件。执行"文件"/"新建"命令（或按【Ctrl+N】快捷键），设置弹出对话框，如图 5-1 所示。单击"确定"按钮，得到一个空白文档。

图 5-1

② 绘制白色圆形。设置前景色为黑色，按快捷键【Alt+Delete】用前景色填充"背景"图层，如图 5-2 所示。设置前景色为黑色，选择"椭圆工具"，在工具选项条中单击"形状图层"按钮，按住【Shift】键在图像中间绘制正圆，得到图层"形状 1"，效果如图 5-3 所示，"图层"面板如图 5-4 所示。

图 5-2

图 5-3

图 5-4

③ 变换图像。复制"形状 1"图层，得到"形状 1 副本"图层。按快捷键【Ctrl+T】，调出自由变换控制框，调整"形状 1 副本"到图 5-5 所示的状态，按【Enter】键确认操作。

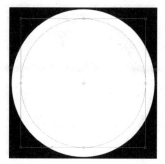

图 5-5

④ 填充图层。设置前景色为黑色，按快捷键【Alt+Delete】用前景色填充"形状 1 副本"图层，如图 5-6 所示。"图层"面板如图 5-7 所示。

图 5-6

图 5-7

⑤ 打开文件。执行"文件"/"打开"命令，在弹出的对话框中选择随书光盘中的"06 章/05 制作肖像金币效果/素材"文件，如图 5-8 所示。下面要用此照片制作金币的图案。

⑥ 使用"移动工具"将素材图像拖动到第 1 步新建的文件中得到"图层 1"，将图像调整到图 5-9 所示的位置，此时的"图层"面板如图 5-10 所示。

图 5-8

图 5-9

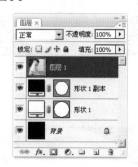

图 5-10

⑦ 创建剪贴蒙版。按快捷键【Ctrl+Shift+G】，执行"创建剪贴蒙版"操作，得到图 5-11 所示的效果，此时的"图层"面板如图 5-12 所示。

一种平衡排列的结晶构成，这种结构只让与晶体平衡的光线通过，向其他方向震动的光一律被阻挡。如果调整好偏光镜的角度，金属物、玻璃、水面等反射过来的偏振光就可以被阻挡，正常光线可以部分通过，从而得到减轻反光增强被拍物色彩的作用。

▲ 在自然光线照射下的钥匙

▲ 在暖性光源照射下的金属餐具

◙ 玻璃材质静物的拍摄

玻璃制品是较难拍的东西。最主要的原因有两个：一是它的透明性，另一个是它的反光性。透明性带来的难题是背景中的任何一点杂乱之处都无法掩盖，反光性带来的难题是，在它的旁边，只要有一个光源，玻璃面上就会反射出一个明亮的光点。

对于小一点的玻璃物件，可以采用以下三种方法：一，衬布法，就是找一块颜色与背景相符合的布来反射或者吸收玻璃的反光；二，光照法，利用光学原理，在四周放多个直射灯；三，水遮法，这是一种常用的办法，把玻璃物件放到水里面。

对于玻璃窗和玻璃墙，就要用到偏振镜。偏振镜，由一种平衡排列的结晶构成，这种结构只让与晶体平衡的光线通过，向其他方向震动的光一律被阻挡。如果调整好偏光镜的角度，金属物、玻璃、水面等反射过来和偏振光就可以被阻挡，正常光线可以部分通过，从而得到减轻反光增强被拍物色彩的作用。

▲ 用一块白布做衬底，可吸收部份反射光线

📷 在照片中显示商品的品位

对于商品展示来说，一张好的图片胜过千言万语。一，照片必须清晰、明亮。不清晰的照片给人一种没诚意的感觉。为了很好地表现商品的质地和细节，在拍摄时光线要充足，尽量不要用灯光以免偏色。开启照相机的微距功能或使用大光圈，最好使用三脚架；二，主题明确的构图。要明确商品才是主角，一切的背景、搭配物都是配角，如果没有了主体，再漂亮的图片也不能达到目的。所以拍摄时尽量不要选择太花哨和杂乱的背景；三，全面地体现产品的优点和细节。着重表现商品的卖点，不妨拍出标签。

▲ 强光适于突出被摄物体表面的质感

图 5-11

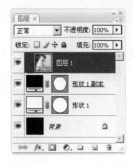

图 5-12

⑧ 调整人物图像色阶。单击"创建新的填充或调整图层"按钮，在弹出的菜单中执行"色阶"命令，设置弹出的对话框，如图 5-13 所示。设置完"色阶"对话框中的参数后，单击"确定"按钮，得到图层"色阶 1"，此时的效果如图 5-14 所示。

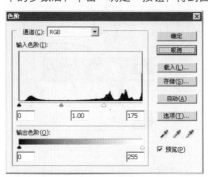

图 5-13

图 5-14

⑨ 编辑图层蒙版。单击"色阶 1"的图层蒙版缩略图，设置前景色为黑色，选择"画笔工具"，设置适当的画笔大小和透明度后，在图层蒙版中涂抹，得到图 5-15 所示的效果，其涂抹状态和"图层"面板如图 5-16 所示。

图 5-15

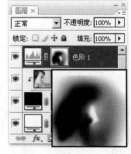

图 5-16

⑩ 复制通道。切换到"通道"面板，复制"绿"通道，得到"绿 副本"通道，"绿副本"中的图像如图 5-17 所示，"通道"面板如图 5-18 所示。

图 5-17

图 5-18

⑪ 用色阶命令调整通道。按快捷键【Ctrl+L】，调出"色阶"命令对话框，设置参数如图5-19所示。设置完对话框中的参数后，单击"确定"按钮，得到图5-20所示的效果。

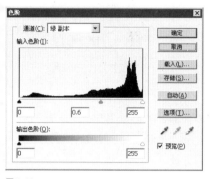

图 5-19

图 5-20

⑫ 添加杂色效果。切换到"图层"面板，按住【Ctrl】键单击"形状1副本"，载入其选区，切换到"通道"面板，选中"绿 副本"通道，执行"滤镜"/"杂色"/"添加杂色"命令，设置弹出的对话框，如图5-21所示。单击"确定"按钮，取消选区，得到图5-22所示的效果。

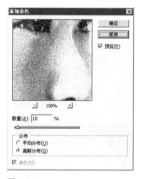

图 5-21

图 5-22

⑬ 模糊通道中的图像。执行"滤镜"/"模糊"/"高斯模糊"命令，设置弹出的对话框，如图5-23所示。单击"确定"按钮，得到图5-24所示的效果。

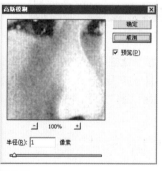

图 5-23

图 5-24

⑭ 新建图层。切换到"图层"面板，新建一个图层，得到"图层2"，按住【Ctrl】键单击"形状1"，载入其选区，如图5-25所示。此时的"图层"面板如图5-26所示。

静物摄影中的局部与整体

　　"整体观念"是一个老生常谈的话题，也是一个较难解决的问题。相当一部分摄影爱好者"只见树木不见森林"，不是造型、结构不准，就是死抠局部，使局部与整体脱节，画面花、杂、乱。照片要的是最后的整体效果，没有整体的局部，再精彩、再深入也毫无意义。既然整体关系到一幅照片的成败，那么处理好局部与局部、局部与整体的关系就显得尤为重要，"专注局部，忽视整体"将最终造成"整体"的失败。

▲ 局部拍摄，是为了表现静物的质感

▲ 整体拍摄有助于表现静物的情调

小品摄影

著名小品摄影艺术家邓君瑜先生说：小品摄影是唯美的寓意化摄影。拍摄小品要有以小见大、见微知著的本领。摄影者要善于做生活的有心人，善于透过细小的现象看出事物的本质，并运用娴熟的技巧借题发挥，借物咏怀，创作出令人深思的意境来，从而使普通的小事产生强大的生命力。一幅成功的小品摄影作品就是能把平凡的摄影题材拍摄得不平凡。

▲ 小品摄影之清风不识字

▲ 小品摄影之何故乱翻书

▲ 小品摄影之雪宜的情感日记

画意摄影及其分类

画意摄影以其唯美的画面语言和丰富的设计内涵成为人像摄影最重要的一种表达方式。自摄影技术发明至今，画意摄影就一直扮演着重要角色。早在十九世纪后半期，英国摄影家雷布达拍摄了《人生的两条路》，这幅作品

图 5-25

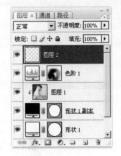

图 5-26

⑮ 填充选区。设置前景色为白色，按快捷键【Alt+Delete】用前景色填充选区，按快捷键【Ctrl+D】取消选区，得到图 5-27 所示的效果，此时的"图层"面板如图 5-28 所示。

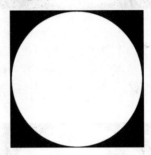

图 5-27

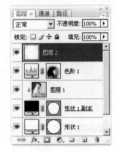

图 5-28

⑯ 制作凹凸的金币图案。执行"滤镜"/"渲染"/"光照效果"命令，设置弹出的"光照效果"对话框，如图 5-29 所示。在设置完"光照效果"对话框后，单击"确定"按钮，此时的效果如图 5-30 所示。

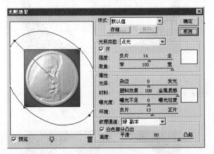

图 5-29

图 5-30

⑰ 复制图层。选择"图层 1"为当前操作图层，按快捷键【Ctrl+J】，复制"图层 1"得到"图层 1 副本"，按快捷键【Shift+Ctrl+]】将其置于"图层"面板的最上方，按快捷键【Ctrl+Shift+G】，执行"创建剪贴蒙版"操作，此时的图像效果如图 5-31 所示，"图层"面板如图 5-32 所示。

图 5-31

图 5-32

⑱ 设置图层混合模式。设置"图层 1"的图层混合模式为"叠加",增加金币上的图案清晰度,得到图 5-33 所示的效果,此时的"图层"面板如图 5-34 所示。

图 5-33

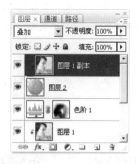

图 5-34

⑲ 添加图层蒙版。选择"图层 1 副本",按住【Ctrl】键单击"形状 1 副本",载入其选区,单击"添加图层蒙版"按钮,得到图 5-35 所示的效果,此时的"图层"面板如图 5-36 所示。

图 5-35

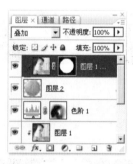

图 5-36

⑳ 为图像去色。单击"创建新的填充或调整图层"按钮,在弹出的菜单中执行"通道混合器"命令,设置弹出的对话框,如图 5-37 所示。设置完"通道混合器"对话框中的参数后,单击"确定"按钮,得到图层"通道混合器 1",此时的图像效果如图 5-38 所示,"图层"面板如图 5-39 所示。

图 5-37

图 5-38

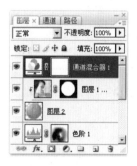

图 5-39

以其新颖的油画式构图风格受到女王的赏识。从此,画意摄影便成了摄影艺术中的一个派别,流传至今。就目前影楼所应用到的画意摄影来说,主要有西洋油画风格、中国国画风格和电脑数码风格三大类别。西洋油画风格主要用浓重的色调与影调来表现画面的氛围与厚度感,十分强调背景(欧式田园风格)和道具的布置与设计。中国国画风格重意境而不重形式,有着鲜明的民族特色。电脑数码制作可以创作比较抽象的画面效果。

▲ 国画风格

▲ 西式家园风格

▲ 电脑数码风格

创意摄影

简单地说，创意摄影就是将主体用一种特别的视觉效果表达出来。如果一幅作品可以称得上有创意，那它不但要看上去很美而且还要充满想象力。人们很难对一幅有创意的作品去做技术上的分析，因为主观的因素太多。

▲ 创意摄影之小妹妹什么时候才来

▲ 创意摄影之妈妈是不是不爱我了

▲ 创意摄影之跃龙门

㉑ 调整图像的色阶。单击"创建新的填充或调整图层"按钮，在弹出的菜单中执行"色阶"命令，设置弹出的对话框，如图 5-40 所示。设置完"色阶"对话框中的参数后，单击"确定"按钮，得到图层"色阶 2"，此时的图像效果如图 5-41 所示，"图层"面板如图 5-42 所示。

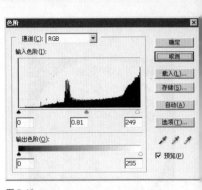

图 5-40

图 5-41

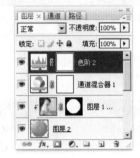

图 5-42

㉒ 新建图层，制作金币的边缘。新建一个图层，得到"图层 3"，按住【Ctrl】键单击"形状 1 副本"，载入其选区，然后填充白色，如图 5-43 所示。此时的"图层"面板如图 5-44 所示。

图 5-43

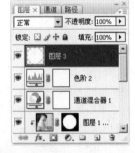

图 5-44

㉓ 添加图层样式。设置"图层 3"的图层填充值为"0%"，单击"添加图层样式按钮"，在弹出的菜单中执行"斜面与浮雕"命令，设置弹出的对话框，如图 5-45 所示。设置完"斜面与浮雕"对话框后，单击"确定"按钮，得到图5-46 所示效果，此时的"图层"面板如图 5-47 所示。

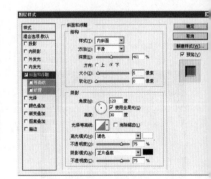

图 5-45

图 5-46

图 5-47

■◎ **数码照相机的防抖功能**

　　为了适应光线较差的拍摄环境，一些实力雄厚的厂商为机器设置了防抖功能。一般有两种模式：光学防抖和数码防抖。光学防抖，是在成像光路中设置特殊设计的镜片，它能够感知照相机的震动，并根据震动的特点与程度自动调整光路，使成像稳定。数码防抖，是通过软件计算的方法，利用成像扫描过程与机械快门开启过程的相互配合来校正震动带来的影响，从而获取稳定的画面。

24 设置渐变。新建一个图层，得到"图层 4"，选择"渐变工具"，设置渐变工具选项条和"渐变编辑器"对话框，如图 5-48 所示。

25 绘制渐变。按住【Ctrl】键单击"形状 1"，载入其选区，如图 5-49 所示。在"图层 4"中从右上往左下绘制渐变，得到图 5-50 所示的效果。

图 5-48

图 5-49

图 5-50

26 最终效果。取消选区，设置"图层 4"的图层混合模式为"叠加"，此时的最终效果如图 5-51 所示，此时的"图层"面板如图 5-52 所示。

数码照相机的摄像功能

　　照相机的功能主要还是拍照，摄像只是照相机的一个辅助功能。照相机的摄像功能和 DV 是不能相提并论的，DV 的拍摄功能也不可以和照相机相比。DV 的分辨率是 720×576 像素，高清的可以达到 1920×1080 像素。照相机的分辨率最高也只有 640×480 像素，相比来说就没有什么意义了。

图 5-51

图 5-52

原图片

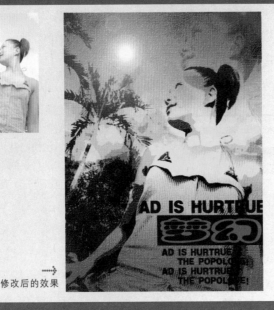

修改后的效果

对一张普通的照片图像应用阈值效果进行变形处理，然后在多个图层上分别使用不同的混合模式，可以制作出梦幻数码艺术照的效果，本例运用了 Photoshop 中的"阈值"、"图层混合模式"、"滤镜"、"色彩范围"等技术。

插值运算

我们可以利用数码照相机的数字变焦功能把画面放大，这个过程由 DSP 芯片来完成。DSP 芯片从感光元件上读取要放大的部分画面信息，计算出被放大后的画面需要添加的像素，这种计算方法，被称为插值运算。

照相机比往常更耗电的原因

（1）照相机长时间处于待机状态。

（2）通过 LCD 屏多次查看或编辑已经拍摄完的照片。

（3）LCD 屏经常亮着，且亮度调到最高。

（4）每次拍摄必用闪光灯。

（5）一直使用自动对焦功能。

① 打开文件。执行"文件"/"打开"命令，在弹出的对话框中选择随书光盘中的"06 章 /06 制作梦幻数码艺术照 / 素材"文件，如图 6-1 所示。将"背景"图层拖动到"创建新图层"按钮，复制"背景"图层，重复操作三次得到"背景"图层的三个副本，如图 6-2 所示。

图 6-1

图 6-2

② 用"阈值"调整图像。选择"背景副本"，执行"图像"/"调整"/"阈值"命令，将参数设置为"150"，如图 6-3 所示。单击"确定"按钮，图像即可呈现出版画效果，如图 6-4 所示，此时的"图层"面板如图 6-5 所示。

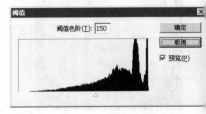

图 6-3

图 6-4

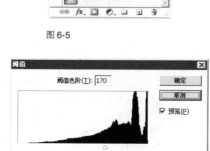

图 6-5

③ 将图像转换为版画效果。选择"背景 副本 2",执行"图像"/"调整"/"阈值"命令,将参数值设置为"170",如图 6-6 所示。单击"确定"按钮,可增大黑色的范围,如图 6-7 所示,此时的"图层"面板如图 6-8 所示。

图 6-6

图 6-7

图 6-8

④ 设置图层属性。选择"背景 副本 2",设置图层的不透明度为"50%",效果如图 6-9 所示,此时的"图层"面板如图 6-10 所示。

图 6-9

图 6-10

⑤ 继续用"阈值"调整图像。选择"背景 副本 3",执行"图像"/"调整"/"阈值"命令,将参数设置为"205",如图 6-11 所示。单击"确定"按钮,图像效果如图 6-12 所示。

📷 **让数码照相机更省电**

（1）不要让照相机长时间处于待机状态。

（2）不要长时间地查看已经拍摄完的照片。

（3）尽量调低 LCD 屏的亮度或在不用时关闭它。

（4）光照足够时,别用闪光灯。

（5）减少变焦次数,如果可以,多用手动对焦（MF）。

📷 **镜头除尘**

灰尘跑进镜头是不可避免的事情,如果不影响成像质量,尽量不要自行拆机除尘。现在的镜头都有多层镀膜,一不小心就会被擦伤,所以,镜头往往是越擦越糟,而不是越擦越好。灰尘越积越多,就会影响到成像质量,这时候,可以进行擦拭。应注意的是,一定要先用吹气球把附着在镜面上的灰尘吹掉,再用镜头纸沾上水进行擦拭。如果没有镜头水,可以用哈气代替。

📷 **画面中出现黑斑的原因**

有两个原因:一,镜头跑进灰尘;二,感光元件沾灰。

▲ 镜头沾染灰尘导致照片出现黑斑

▲ 镜头沾染灰尘导致照片出现黑斑

📷 读卡器

　　读卡器，是把数码照相机与计算机相接连起来的一种设备，二者借此互传数据。早期的读卡器可识别的存储卡一般比较单一，如专门的 CF 卡读卡器和 SD 卡读卡器等。近年来，随着技术的进步和生产成本的降低，市面上出现了许多多功能读卡器。这种产品价格合理，兼容性好，深受消费者喜爱。消费者可以根据自己的实际需要做出选择。

▲ 4GB 的 SD 存储卡

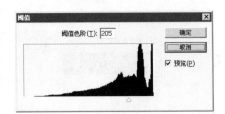

图 6-11

图 6-12

⑥ 设置图层属性。选择"背景 副本 3"，设置图层不透明度为"50%"，效果如图 6-13 所示，此时的"图层"面板如图 6-14 所示。

图 6-13

图 6-14

⑦ 将黑色图像转换为蓝色。选择"背景 副本 3"，执行"图像"/"调整"/"色相/饱和度"命令，在弹出的"色相/饱和度"对话框中选择"着色"复选框，如图 6-15 所示。得到的图像效果如图 6-16 所示。

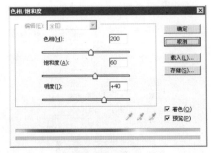

图 6-15

图 6-16

⑧ 设置图层混合模式。设置"背景 副本 3"的图层混合模式为"变暗"，使其与下方图层混合，效果如图 6-17 所示，此时的"图层"面板如图 6-18 所示。

图 6-17

图 6-18

⑨ 创建新的图层，为背景添加朦胧效果。单击"图层"面板中的"创建新图层"按钮，得到"图层 1"，将前景色设置为白色，背景色设置为黑色，将新图层用前景色填充（按快捷键【Alt+Delete】）即可。执行"滤镜"/"渲染"/"分层云彩"命令，得到图 6-19 所示的效果，此时的"图层"面板如图 6-20 所示。

图 6-19

图 6-20

⑩ 设置图层属性。设置"图层 1"的"不透明度"为"50%"，效果如图 6-21 所示，此时的"图层"面板如图 6-22 所示。

图 6-21

图 6-22

⑪ 使人物部分清晰地表现出来。单击"添加图层蒙版"按钮，为"图层 1"添加图层蒙版，设置前景色为黑色，选择"画笔工具"，设置适当的画笔大小和透明度后，在图层蒙版中人物图像处进行涂抹，直到人物清晰为止，效果如图 6-23 所示，其涂抹状态和"图层"面板如图 6-24 所示。

图 6-23

图 6-24

⑫ 处理背景天空的效果。执行"图像"/"调整"/"色调分离"命令，在弹出的"色调分离"对话框中，将"色阶"选项设置为"8"，如图 6-25 所示。得到的效果如图 6-26 所示。

▲ 4GB 的 SD 存储卡

新存储卡须要格式化吗

一般不用，将新卡插进照相机就可以直接使用。也有一些产品在说明书里面标明第一次使用前务必要进行格式化，这是为了让新卡很好地适应照照相机系统，这种情况下最好在照相机上进行格式化。

大容量存储设备的选择

存储卡的优点是灵活小巧、易用，而且省电，不足之处就是容量有限。不过，最近市面上销售的 SD 卡、CF 卡、TF 卡等的存储容量都超过了 1GB，有的甚至还达到了 4GB，应付日常使用绰绰有余。移动硬盘有着大容量的存储空间，这是卡类存储介质望尘莫及的地方，缺点就是重量大，耗电量高，稳定性差。外出时，最好多带几张高容量的存储卡。

▲ 大容量存储卡

RAW 存储格式

　　RAW 格式文件由数码照相机的感光元件直接生成，没有经过照相机处理芯片进行锐化、曝光补偿、色彩平衡等调整，因此，使用者可以使用特定的影像专用软件对它进行多种修饰，影像品质不亚于 TIFF 文件。不过这种格式也有一些小缺点，一是要配合特定的软件才能使用，二是在后期处理软件的操作上需要有专业的技能才能发挥它的最高品质。

JPEG 存储格式

　　JPEG 是 Joint Photographic Experts Group（联合图像专家组）的缩写，是最为常见的一种文件压缩格式。这种格式可以支持 16bit 色彩深度，能够很好地再现全色彩图像。它采用有损压缩去掉多余的图像数据，可以在较小的磁盘空间内存放多个高品质的 JPEG 文件。JPEG 文件压缩比例是可调的，高压缩比，文件占用空间会更小，图像质量也会跟着降低，但可以在二者之间寻找平衡点。

TIFF 存储格式

　　TIFF(Tagged Image Files Formate)，是一种非失真的压缩文件格式。文件扩展名为 .tif 或 .tiff。该格式支持 256 色 24 位真彩色等多种彩色色位，同时支持 RGB，CMYK 等多种色彩模式，支持多种平台。一般而言，它比 JPEG 格式的要大，但它有着极强的包容性，甚至可以在文件内放置多个影像，因此，TIFF 格式也普遍应用在排版软件中。

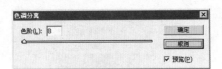

图 6-25　　　　　　　　　　　　　　　图 6-26

⑬　制作选区。执行"选择"/"色彩范围"命令，出现吸管形状的标志，单击白色部分，在弹出的"色彩范围"对话框中，设置参数值为"150"，如图 6-27 所示。得到图 6-28 所示的选区效果。

图 6-27　　　　　　　　　　　　　　　图 6-28

⑭　执行"渐变"命令。在"图层"面板中，单击"创建新的填充或调整图层"按钮，选择"渐变"选项，设置各项参数如图 6-29 所示。

图 6-29

⑮　确认颜色调整。设置完"渐变填充"对话框后，单击"确定"按钮，得到的效果如图 6-30 所示，同时得到图层"渐变填充 1"，如图 6-31 所示。

图 6-30　　　　　　　　　　　　　　　图 6-31

⑯ 制作图像的影子效果。按住【Ctrl】键，单击"渐变填充 1"的蒙版缩览图载入选区，按快捷键【Ctrl+Shift+I】，执行反选操作，如图 6-32 所示。单击"创建新图层"按钮，创建新的图层，得到"图层 2"，将选区填充为"黑色"，如图 6-33 所示。

图 6-32

图 6-33

⑰ 调整影子大小和不透明度。按【Ctrl+T】键，变换调整影子图像的大小，如图 6-34 所示，按【Enter】键确认操作，将图像的"不透明度"设置为"15%"，如图 6-35 所示，制作出的影子效果如图 6-36 所示。

图 6-34

图 6-35

图 6-36

⑱ 添加图层蒙版。单击"添加图层蒙版"按钮，为"图层 2"添加图层蒙版，设置前景色为黑色，选择"画笔工具"，设置适当的画笔大小和透明度后，在图层蒙版中进行涂抹，将多余的阴影部分隐藏，效果如图 6-37 所示，其涂抹状态和"图层"面板如图 6-38 所示。

图 6-37

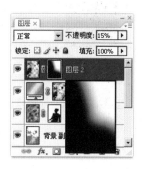

图 6-38

⑲ 新建图层。在"图层"面板中单击"创建新图层"按钮，新建"图层 3"，并将其填充为黑色，如图 6-39 所示。

⑳ 制作壁纸的纹理效果。执行"滤镜"/"纹理"/"纹理化"命令，在弹出的"纹理化"对话框中设置各项参数值，具体数值如图 6-40 所示。单击"确定"按钮，得到图 6-41 所示的效果。

第 6 章 **数码照片个性应用**

分辨率的显示器。正因为分辨率的差异，所以在电脑显示器上浏览高清照片的效果要远比在照相机LCD显示屏上好得多。

用什么软件进行后期制作

经常对数码相片进行后期处理的人们没有不知道Photoshop的，要想得到高品质的照片，就必须用到它。现在的Photoshop版本已经升级到了CS4，功能更强大，也更专业。

Turbo Photo，通过Turbo Photo，用户可以轻易地掌握和控制组成优秀摄影作品的多个元素：曝光、色彩、构图、锐度、反差等等。一目了然的界面和操作，使得每一个没有任何图像处理基础的用户都能够在最短的时间内体会到数码影像处理的乐趣。同时，Turbo Photo还为进阶用户提供了较专业的调整处理手段，为用户对作品的细微控制、调整提供了可能。

Picasa，面向数码照相机普通用户和准专业用户而设计的一套集图片管理、浏览、处理、输出为一身的国产软件系统。如果您拥有数码照相机，Picasa可以完成与之相关的绝大部分工作，成为您的数码照相机的最好伴侣。

ACDSee，是目前最流行的数字图像处理软件，它能广泛地应用于图片的获取、管理、浏览、优化甚至和他人的分享！使用ACDSee，可以从数码照相机和扫描仪高效获取图片，并进行便捷的查找、组织和预览。超过50种常用多媒体格式被一网打尽！作为重量级看图软件，它能快速、高质量地显示图片，再配以内置的音频播放器，我们就可以享用它播放出来的精彩幻灯片了。

降噪软件NeatImage，是一款功能强大的专业图片降噪软件，适合处理1600×1200像素以下的图像，非常适合

图 6-39

图 6-40

图 6-41

㉑ 设置图层混合模式。将"图层3"的图层混合模式设置为"叠加"。这样，壁纸的效果就制作完成了，叠加后的效果如图6-42所示，此时的"图层"面板如图6-43所示。

㉒ 新建图层。在"图层"面板中单击"创建新图层"按钮，新建"图层4"，并将其填充为黑色，如图6-44所示。

图 6-42

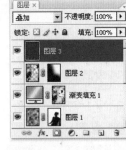
图 6-43

图 6-44

㉓ 制作镜头光晕。执行"滤镜"/"渲染"/"镜头光晕"命令，设置弹出的对话框，如图6-45所示。单击"确定"按钮，得到图6-46所示的效果。

图 6-45

图 6-46

㉔ 合成光晕图像。在"图层"面板中将此图层的图层混合模式设置为"滤色"，图像处理完成。最终的效果如图6-47所示。"图层"面板如图6-48所示。

图 6-47

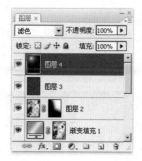

图 6-48

㉕ 可以输入适当的文字作为装饰，最后完成的作品如图 6-49 所示，此时的"图层"面板如图 6-50 所示。

图 6-49

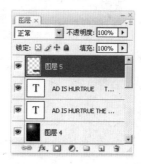

图 6-50

处理曝光不足而产生大量噪波的数码照片，尽可能地减小外界对相片的干扰。NeatImage 的使用很简单，界面简洁易懂。降噪过程主要分四个步骤：打开输入图像、分析图像噪点、设置降噪参数、输出图像。输出图像可以保存为 TIFF、JPEG 或者 BMP 格式。

◉ 照片周围出现畸变的原因

数码照相机大都有图像畸变的问题，镜头在解析图像时产生变形，这是球面镜在作怪。变形程度跟照相机的镜头、焦距以及拍摄距离、角度都有关系。使用广角镜头，短焦距，近距离拍摄，畸变就会更厉害。

大俯大仰拍摄也会使图像产生变形。要减小变形，就要用较长的焦距，站在比较远的距离进行平拍。广角端近距离拍摄产生图像变形，属于正常现象，跟镜头质量无关。

▲ 用特殊镜头拍摄，照片周围出现变形

制作杂志封面

制作时间：45 分钟
难易度：＊＊＊＊＊

原图片

修改后的效果

杂志封面都是经过精心设计的，封面人物的照片更是经过细心处理过的，利用自己的照片制作杂志封面，来体验一下时尚的感觉。本例运用了 Photoshop 中的"图层蒙版"、"图层混合模式"、"文字工具"、调色命令等技术。

数码照片的输出

（1）利用数码照相机的专用 USB 线导入相片。通过 USB 线与计算机相连，开启照相机电源后，计算机会把照相机当做一个可移动的存储设备，通过资源管理器就可以很方便地移动照片了。

（2）利用 IEEE 1394 接口导入相片。通过 IEEE 1394 接口传输数据，速率可达 400MB/s，其具体操作步骤和 USB 导入方法相同。

（3）利用读卡器加存储卡导入相片。这种方法省去了接线的烦恼。

① 新建文件。执行"文件"/"新建"命令 (或按【Ctrl+N】快捷键)，设置弹出的对话框，如图 7-1 所示。单击"确定"按钮，得到一个空白文档。

② 打开文件。执行"文件"/"打开"命令，在弹出的对话框中选择随书光盘中的"06 章 /07 制作杂志封面 / 素材 1"文件，如图 7-2 所示。

图 7-1

图 7-2

③ 将底纹图片移动到新建文件中。使用"移动工具"，将其拖动到第 1 步新建的文件中，得到"图层 1"，调整图像到图 7-3 所示的位置，此时的"图层"面板如图 7-4 所示。

图 7-3

图 7-4

④ 打开文件。执行"文件"/"打开"命令，在弹出的对话框中选择随书光盘中的"06章/07制作杂志封面/素材2"文件，如图7-5所示，此时的"图层"面板如图7-6所示。

图 7-5

图 7-6

⑤ 设置图层混合模式。设置"图层2"图层混合模式为"颜色加深"，图像自动与下方图层混合，图像效果如图7-7所示，"图层"面板如图7-8所示。

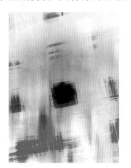

图 7-7

图 7-8

⑥ 调整图像颜色。单击"创建新的填充或调整图层"按钮，在弹出的菜单中执行"渐变映射"命令，在弹出的"渐变映射"对话框中单击中央的渐变条，在弹出的"渐变编辑器"对话框中直接设置渐变的颜色，左右拖动色标，如图7-9所示。设置完对话框后，单击"确定"按钮，得到图层"渐变映射1"，此时的效果如图7-10所示，"图层"面板如图7-11所示。

图 7-9

图 7-10

图 7-11

自助打印

要实现自助打印，以下基本设备必不要少：彩色打印机、照片打印纸、计算机和读卡器。除了硬件齐备，还要有以下软件来支持：打印机的驱动程序、数码照相机的应用程序和存储卡驱动程序、Windows 操作系统和图片浏览工具。

照片的冲洗像素与尺寸

数码照片的冲洗像素与尺寸对照表：

读懂镜头

在日常拍摄中，大家经常会接触到各种镜头。这些镜头上往往有很多英文标识来说明这支镜头的特性。不同厂家生产的镜头表示其性能英文标识也不相同，下面简单介绍一下目前主流镜头的各种标识所表达的性能含义，以便读者加深对镜头性能的了解。

1. 佳能镜头

AFD：Arc-Form Drive 弧形马达。为早期EF镜头的AF驱动而开发的弧形直流马达。与USM马达不同，AFD马达对焦是有声的。

DO：Multi- Layer Diffractive OPTICAL Element 多层衍射光学元件。使用该元件的镜头，其显著标志就是镜头前的绿色标线。

▲ EF 70-300MM F4.5-5.6 DO IS USM 镜头

多层衍射光学镜片同时具有萤石和非球面镜片的特性，所以该镜片的推出，是光学工业的一个里程碑。

衍射光学元件最重要的特性是波长合成结像的位置与折射光学元件的位置是反向的。在同一个光学系统中，将一片 MLDOE 与一片折射光学元件组合在一起，就能比萤石元件更有效地校正色散（色彩扩散）。

而且，通过调整衍射光栅的节距（间隙），衍射光学元件可以具有与研磨及抛光的非球面镜片同样的光学特性，可以有效地校正球面以及其他像差。

EF：Electronic Focus 电子对焦。佳能 EOS 照相机的卡口名称，也是 EOS 原厂镜头的系列名称。

▲ 安装 EFS17-55 F2.8 IS USM 镜头的佳能 400D

EF-S：数码专用镜头。这种镜头是佳能专为数码单反相机设计的，其特点是允许后组镜片向后伸出一定距离。

⑦ 设置调整图层不透明度，降低图像颜色纯度。设置"渐变映射 1"图层不透明度为"50%"，图像效果如图 7-12 所示，"图层"面板如图 7-13 所示。

图 7-12

图 7-13

⑧ 制作渐变效果。单击"创建新的填充或调整图层"按钮，在弹出的菜单中执行"渐变"命令，在弹出的"渐变填充"对话框中单击中央的渐变条，在弹出的"渐变编辑器"对话框中直接设置渐变的颜色，左右拖动色标，对话框如图 7-14 所示。设置完对话框后，单击"确定"按钮，得到图层"渐变填充 1"，此时的效果如图 7-15 所示，"图层"面板如图 7-16 所示。

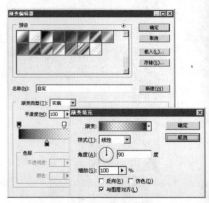

图 7-14

图 7-15

图 7-16

⑨ 打开文件。执行"文件"/"打开"命令，在弹出的对话框中选择随书光盘中的"06 章 /07 制作杂志封面 / 素材 3"文件，使用"移动工具"将拖动到第 1 步新建的文件中，得到"图层 3"，调整图像到图 7-17 所示的位置，此时的"图层"面板如图 7-18 所示。

图 7-17

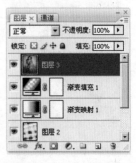

图 7-18

⑩ 选择工具箱中的"磁性套索工具"，沿人物边缘绘制选区，如图 7-19 所示。单击"添加图层蒙版"按钮，为"图层 1"添加图层蒙版，此时选区以外的图像就被隐藏起来了，如图 7-20 所示。此时的"图层"面板如图 7-21 所示。

图 7-19

图 7-20

图 7-21

⑪ 调整图像的色阶。单击"创建新的填充或调整图层"按钮，在弹出的菜单中执行"色阶"命令，设置弹出的对话框如图 7-22 所示。

⑫ 设置完"色阶"对话框中的参数后，单击"确定"按钮，得到图层"色阶 1"，此时的效果如图 7-23 所示，可以看出照片颜色鲜艳度有了明显的提高，"图层"面板如图 7-24 所示。

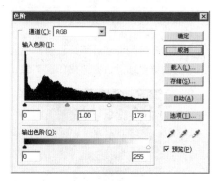

图 7-22

图 7-23

图 7-24

⑬ 编辑图层蒙版。单击"色阶 1"图层蒙版缩略图，编辑"色阶 1"的图层蒙版，设置前景色为黑色，选择"画笔工具"，设置适当的画笔大小和透明度后，在图层蒙版中人物的脸部和手臂上涂抹，降低其亮度，其涂抹状态和"图层"面板如图 7-25 所示，得到图 7-26 所示的效果。

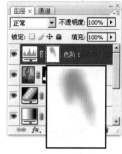

图 7-25

图 7-26

EMD：Electronic-Magnetic Diaphragm 电磁光圈。所有 EF 镜头的电磁驱动光圈控制元件，是变形步进马达和光圈叶片的一体化组件，用数字信号控制，灵敏度和精确度都很高。

FL：Fluorite 萤石。一种氟化钙晶体，具有极低的色散，其控制色差的能力比 UD 镜片还要好。从严格的意义上来说，萤石不是玻璃，而是一种晶体。它的折射率很低（1.4）而且不受潮湿影响。萤石镜片一般不会暴露在外，所以用户不大会直接接触到。萤石镜片不如普通玻璃耐冲击，但也不像想象中的那么易碎，所以在使用中并不需要特殊的照顾。

FTM：Full-time Manual Focusing 全时手动对焦。即无论什么时候，即使是镜头正在自动对焦时，都能用手动调节对焦，不会损坏镜头。

L：Luxury 豪华。佳能专业镜头的标志。和消费级镜头相比，L 头带有研磨非球面镜片、UD（低色散）、SUD（超低）或者 Fluorite（萤石）镜片，这些是镜头出色的光学质量的重要基础。通常镜头的构造质量也要优秀很多。其标志为镜头前端的红色标线，是佳能的高档专业镜头。

▲ 佳能 70-200 F2.8 L USM 镜头

IS：Image Stabilizer 影像稳定器。影像稳定器是通过修正光学部件的运动减小手的颤动对成像的影响，所以也称防手震镜头。在 IS 镜头中，装有一个陀螺传感器，它能检测手的振动并把它转化为电信号，这个信号经过镜头内置的计算机处理，控制一组修正光学部件做与胶片平面平行的移动，抵消手的颤动引起的成像光线偏移。这个系统能够有效地改善手持拍摄的效果，对一般情况而言，IS 镜头允许用户使用比理论上低两级的快门速度。也就是说，使用普通300mm镜头时，只能选择 1/250s 以上的速度，而使用 300mm 的 IS 镜头就可以用 1/60s 拍出清晰的照片。

▲ 佳能 EF28-300 F3.5-5.6 IS L USM 防抖镜头

MM：Micro-Motor 微型马达。这是传统的带传动轴的马达。比较费电，不支持全时手动(FTM)。多用于廉价的低档次镜头。

SF：Soft Focus 柔焦镜头。用这种镜头拍摄出来的照片与照相机移动或调焦不实的效果大不相同，它利用刻意设计的球面像差，而使被摄景物既焦点清晰又柔和漂亮。柔焦的效果视光圈大小及专门的调节装置而有强弱之分。

⑭ 复制图层。选择"图层 3"和"色阶 1"，按快捷键【Ctrl+Alt+E】，执行"盖印"操作，将得到的新图层重命名为"图层 4"。执行"滤镜"/"模糊"/"高斯模糊"命令，在弹出的"高斯模糊"对话框中设置参数为"3"，如图 7-27 所示，得到图 7-28 所示的效果。

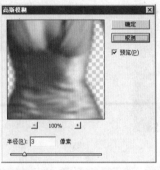

图 7-27

图 7-28

⑮ 制作朦胧的柔焦效果。设置"图层 4"图层混合模式为"柔光"，图像与下方图层的图像自动混合，效果如图 7-29 所示，"图层"面板如图 7-30 所示。

图 7-29

图 7-30

⑯ 添加图层蒙版。单击"添加图层蒙版"按钮，为"图层 4"添加图层蒙版，设置前景色为黑色，选择"画笔工具"，设置适当的画笔大小和透明度后，在图层蒙版中人物脸部涂抹，得到图 7-31 所示的效果，此时的涂抹状态和"图层"面板如图 7-32 所示。

图 7-31

图 7-32

⑰ 复制通道。选择"图层 3"，切换到"通道"面板，此时的"通道"面板如图 7-33 所示。在"通道"面板中，拖动"图层 3 蒙版"到"创建新图层"按钮上，释放鼠标得到"图层 3 蒙版副本"，如图 7-34 所示，"图层 3 蒙版副本"图层蒙版中的状态如图 7-35 所示。

图 7-33　　　　　　　图 7-34　　　　　　　图 7-35

▲　柔焦镜头拍摄效果

18 模糊图像。执行"滤镜"/"模糊"/"高斯模糊"命令，在弹出的"高斯模糊"对话框中设置参数为"30"，如图 7-36 所示。得到图 7-37 所示的效果。

图 7-36

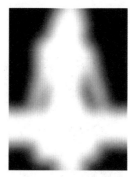

图 7-37

19 制作喷溅效果。执行"滤镜"/"画笔描边"/"喷溅"命令，在弹出的对话框中设置"喷色半径"为"25"，"平滑度"为"1"，如图 7-38 所示。得到图 7-39 所示的效果，此时的图像边缘呈现出杂点的效果。

S-UD：Super Ultra-low Dispersion 高性能超低色散镜片。使用一片 S-UD 的效果大体与用一片萤石镜片的效果相近。

TS：Tilt Shift 移轴镜头。移动镜头光轴调整透视的镜头。移轴镜头的作用，除了纠正透视变形外，还能调整焦平面位置。正常情况下，照相机焦平面与胶片平面平行，用大光圈拍摄，焦平面的景物清晰，焦外模糊；若用移轴镜头调整焦平面，能改变清晰点。显然，移轴镜头最适合建筑、风景和商业摄影。EF 移轴镜头不设 AF 功能。

图 7-38

图 7-39

20 载入选区。单击"通道"面板底部的"将路径作为选区载入"按钮，载入选区，切换到"图层"面板，如图 7-40 所示。选择"渐变填充 1"，单击"创建新的填充或调整图层"按钮，在弹出的菜单中执行"渐变"命令，在弹出对话框中单击中央的渐变条，在弹出的"渐变编辑器"对话框中直接设置渐变的颜色，左右拖动色标，如图 7-41 所示。

图 7-40

▲　佳能 TS-E 24mm F3.5 L 移轴镜头

UD：Ultra-low Dispersion 超低色散镜片。一种特殊类型的光学玻璃，由于能够控制光谱中光线的色散现象，被广泛用于镜头的色差控制。两片UD一起用大体与用一片萤石镜片的效果相近。

USM/U：Ultrasonic Motor 超声波马达。它是大部分 EF 镜头使用的对焦马达类型，利用频率在超声波区域的振动源转动的马达，是实现宁静、高速 AF 的主要部件。EF 镜头的超声波马达有，环形超声波马达（Ring-USM）、微型超声波马达（Micro-USM）两种。采用超声波马达的镜头在前端有一黄色环，标记着"ULTRASONIC"。环形超声波马达是佳能中高级 USM 镜头使用的对焦马达，其驱动组件是环形的，在驱动时不须要使用任何齿轮之类的传动件。因扭矩很大，所以启动和制动的速度比一般的对焦马达快很多。全时手动只能在环形超声波马达头中实现，要注意如 EF 200/1.8L、EF 500/4.5L 和 EF 600/4L、EF 50/1.0L、EF 85/1.2L 等不能实现全时手动。微型超声波马达是一种小型圆柱状超声波马达，在速度和安静程度上不如环形超声波马达，而且不能全时手动对焦，但因其较低的制造成本，所以较多用在中低档的 EF 镜头上。

▲ 佳能 17～40mm F4 L USM 镜头

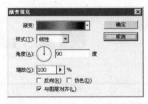

图 7-41

㉑ 填充选区后的效果。设置完对话框后，单击"确定"按钮，得到图层"渐变填充 2"，此时的效果如图 7-42 所示，"图层"面板如图 7-43 所示。

图 7-42　　　　　　　　　　　图 7-43

㉒ 输入杂志名称。设置前景色为白色，选择工具箱中的"横排文本工具"，在图像中输入杂志的名称，如图 7-44 所示。得到相应的文字图层，"图层"面板如图 7-45 所示。

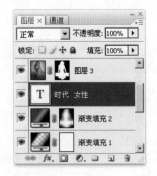

图 7-44　　　　　　　　　　　图 7-45

㉓ 设置前景色和背景色。单击工具栏中前景色块，在弹出的对话框中进行前景色的设置，如图 7-46 所示。单击工具栏中背景色块，在弹出的对话框中进行背景色的设置，如图 7-47 所示。

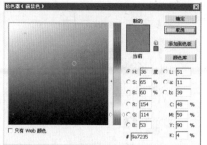

图 7-46

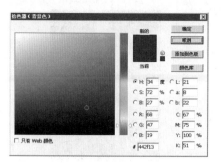

图 7-47

2. 尼康镜头

AI：Automatic Indexing 自动最大光圈传递技术。发布于 1977 年，是 Nikon F 卡口的第一次大变动。AI 是指将镜头的最大光圈值传递给测光系统以便进行正常曝光测量的过程和方法。当一个 AI 镜头被装在兼容 AI 技术的机身上时，该镜头的最大光圈值在机械连动拨杆的自动接合和驱动下传递给机身的测光系统，以实现全开光圈测光。Nikon F2A、F2AS、Nikkormat EL2、FT3 和 FM 是第一批获益于这项技术的机身。

㉔ 为文字添加效果。单击"图层"面板底部的"创建新图层"按钮，新建"图层 5"，执行"滤镜"/"渲染"/"云彩"命令，得到图 7-48 所示的效果。按快捷键【Ctrl+Shift+G】，执行"创建剪贴蒙版"操作，得到图 7-49 所示的效果，此时的"图层"面板如图 7-50 所示。

图 7-48

图 7-49

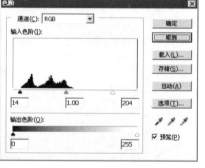

图 7-50

▲ Nikkor AI 50mm F/1.4 镜头

㉕ 调整文字的色阶。单击"创建新的填充或调整图层"按钮，在弹出的菜单中执行"色阶"命令，设置弹出的对话框，如图 7-51 所示。

㉖ 设置完"色阶"对话框中的参数后，单击"确定"按钮，得到图层"色阶 2"，按快捷键【Ctrl+Shift+G】，执行"创建剪贴蒙版"操作，提高文字的亮度和对比度，此时的效果如图 7-52 所示，"图层"面板如图 7-53 所示。

图 7-51

AI-S：Automatic Indexing Shutter 自动快门指数传递技术。在 1981 年，Nikon 对全线 AI 镜头卡口进行了修改，以便使它能够与即将投入使用的 FA 高速程序曝光方式完全兼容，这些修改后的新镜头就是 AI-S 卡口 Nikkor 镜头。根据镜头光圈环和光圈直读环上的橙色最小光圈数字以及插刀卡口上的打磨凹槽，非常容易识别。当 AI-S 镜头用于 Nikon FA 机身时，它能够根据自身的焦距向机身提供信息以选择正常程序或高速程序，在快门速度优先自动曝光方式时，它们能够在非常宽的光照范围内提供一致的曝光控制。（因为 AI-S 镜头是为 FA 上的曝光"自动化"而定制的，因此机身的自动曝光连动拨杆能够非常

图 7-52

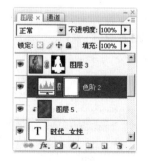

图 7-53

㉗ 输入文字。设置前景色为白色，选择工具箱中的"横排文本工具"，在图像下方输入图 7-54 所示英文，得到相应的文字图层，"图层"面板如图 7-55 所示。

流畅地控制AI-S镜头的光圈,以达到更为快速而精确的曝光控制)。

▲ Nikkor AIS 85mm F1.4

AF-S:Silent Wave Motor 静音马达。代表该镜头装载了静音马达(Silent Wave Motor,S),这种马达等同于佳能的超音波马达(ultrasonic motor),可以由"行波"(travelling waves)提供能量进行光学聚焦,可高精确和宁静地快速聚焦,可全时手动对焦。

▲ 尼康 AF-S DX 18-70mm f3.5-4.5G IF-ED

D 型镜头:Distance 焦点距离数据传递技术代表镜头可回传对焦距离信息,作为 3D(景物的亮度,景物对比度,景物的距离)矩阵测光的参考以及 TTL 均衡闪光的控制。1992 年推出。

CRC:Close Range Correction 近摄校正。采用浮动镜片设计,保证近摄时光学素质不下降,例如 AIS 24/2.8、AF 85/1.4D IF 之类均采用了CRC技术。

DC:Defocus-image CONTROL 散焦影像控制。是尼康公司独创的镜头,可提供与众不同的散焦影像控制

图 7-54

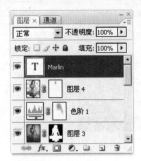

图 7-55

28 制作英文的文字效果。复制"图层 5"和"色阶 2",得到其副本图层,将其调整到英文图层的上方,创建剪贴蒙版,得到图 7-56 所示的效果,此时的"图层"面板如图 7-57 所示。

图 7-56

图 7-57

29 制作封面文字。选择"文字工具"和"形状工具",制作杂志的封面内容文字,得到相应的图层,如图 7-58 所示。

图 7-58

30 编组图层。将所有杂志的封面内容文字的图层选中,按快捷键【Ctrl+G】,将选中的图层编组,将组的名称重命名为"杂志文字",如图 7-59 所示。此时的图像效果如图 7-60 所示。

图 7-59

图 7-60

31 制作人物右侧的圆圈图案。设置前景色为白色，选择"自定形状工具"，在工具选项栏中选择图7-61所示的形状，在人物的右侧绘制形状如图7-62所示。

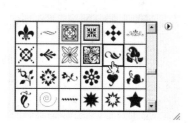

图 7-61

图 7-62

32 按快捷键【Ctrl+T】，调出自由变换控制框，将变换的中心点移动到图7-63所示的位置，在自由变换的工具选项栏中的旋转角度数值框中输入"15"，如图7-64所示。按【Enter】键确认操作，得到图7-65所示的效果，此时的"图层"面板如图7-66所示。

图 7-63

图 7-65

图 7-66

| 器器 X: 504.6 px △ Y: 290.1 px W: 100.0% H: 100.0% △ 15 度 H: 0.0 度 V: 0.0 度 |

图 7-64

33 复制并变换图像。按快捷键【Ctrl+Shift+Alt+T】多次，复制并变换图像到图7-67所示的状态，此时的"图层"面板如图7-68所示。

图 7-67

图 7-68

34 添加图层样式为圆圈图案增加颜色。单击"添加图层样式"按钮，在弹出的菜单中执行"渐变叠加"命令，设置弹出的"渐变叠加"命令对话框，如图7-69所示。设置完"渐变叠加"命令对话框后，单击"确定"按钮，得到图7-70所示的效果。

功能。镜头的前端有一个散焦定位转环，该环上的光圈值从F2到F5.6共4挡，分别标在环的左右，用R（后景散焦）与F（前景散焦）来指示。这是一种特殊的定焦镜头，其最大特点在于容许对特定被摄体的背景或前景进行模糊控制，以便得到最佳的焦外成像，这一点在拍摄人像时非常有价值，它还可以帮助我们根据所要表现的效果来控制照片的各个部分，这也是其他厂家同类镜头所无法比拟的。

▲ 尼康 AF DC 105mm f2.0 D

ED：Extra-low Dispersion 超底色散镜片，是指这支镜头内含 ED 镜片，最大限度降低镜头色差(chromatic aberration)，从而保证镜头有优异的光学表现。

G 型镜头与 D 型镜头不同的是，该种镜头无光圈环设计，光圈调整必须由机身来完成，同时支持 3D 矩阵测光。这样的设计减轻了镜头重量，降低了生产成本。G 型 Nikkor 镜头操作更为简便，理论上没有误操作，因为它无须手动设置最小光圈。这是塑料 AF 镜头的延续，适用于那些几乎从不手动设置镜头的摄影者。

IF: Internal Focusing 内对焦技术。所谓内对焦是指镜头在对焦时，前后组镜片都不移动，而由镜头内部的一个对焦镜片组(focus lens group)的浮动来完成对焦，对焦时镜头长度保持不变。IF技术的采用使快速而安静的对焦变为可能。

▲ 尼康 尼克尔 AF-S VR Zoom
Nikkor ED 70-200mm F2.8G(IF) 镜头

IX 镜头：1996 年 Nikon 为 APS 照相机 Pronea 发布的价廉、紧凑的镜头。性状与塑料 AF-D 镜头相同。不能适配于非 APS 机身。减少了预留给反光镜的空间，意味着这类镜头不能用于 35mm 照相机，而且像场也太小，不足以覆盖 35mm 胶片。但是标准的 AF 镜头却可以用于 APS 照相机。

Micro：是指这只镜头是微距镜头，或有微距拍摄的功能。

N：New，新型 Nikon 一些改进型镜头的标志。

N/A：全时手动对焦，与佳能的 FTM 一样。

▲ 105mm f/2.8D AF Micro-Nikkor

P 型镜头：内置 CPU 镜头。机身内置聚焦马达是个"以不变应万变"的策略，但这个策略对巨大的望远自动镜头并不能很灵，这使得 Nikon 新机身无法高效使用望远镜头。1998 年 Nikon 发布了内置 CPU 手动聚焦长焦镜头（P），以满足 AF 机身先进的自动曝光功能，从而部分地解决了这个问题。尽管 P 型镜头看起来和 AI-S 镜头是一样的，但这些镜头却拥有 AF 镜头的电子和大部分性能。

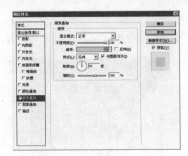

图 7-69

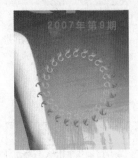

图 7-70

㉟ 输入文字。选择工具箱中的"横排文本工具"，在圆形图像中输入文字，如图 7-71 所示，得到相应的文字图层，"图层"面板图 7-72 所示。按快捷键【Ctrl+T】，调出自由变换控制框，变换文字到图 7-73 所示的状态。

图 7-71

图 7-72

图 7-73

㊱ 打开文件。执行"文件"/"打开"命令，在弹出的对话框中选择随书光盘中的"06 章 /07 制作杂志封面 / 素材 4"文件，如图 7-74 所示。使用"移动工具"将其拖动到第 1 步新建的文件中，得到"图层 6"，按快捷键【Ctrl+T】，调出自由变换控制框，变换图像到图 7-75 所示的状态，按【Enter】键确认操作，效果如图 7-76 所示，此时的"图层"面板如图 7-77 所示。

㊲ 最终效果。执行"文件"/"打开"命令，在弹出的"打开"对话框中选择条形码图像。使用"移动工具"将其拖动到第 1 步新建的文件中，得到"图层 7"，调整图像到封面的右下角，选择工具箱中的"横排文本工具"，在条形码上方输入文字，如图 7-78 所示，此时的"图层"面板如图 7-79 所示。

图 7-74

图 7-75

图 7-76

图 7-77

图 7-78

图 7-79

08 制作电影宣传海报效果

制作时间：40 分钟
难 易 度：★★★★★

原图片

·······→
修改后的效果

电影海报已经是电影发展的一个很重要的因素，它可以使消费者提前掌握新片的内容以及故事情节，所以了解它的制作程序是大有用处的。

① 打开文件。执行"文件"/"打开"命令，在弹出的对话框中选择随书光盘中的"06章/08 制作电影宣传海报效果/素材"文件，如图8-1所示，此时的"图层"面板如图8-2所示。

图 8-1

图 8-2

② 复制图层并设置图层混合模式。在"图层"面板中拖动"背景"到"创建新图层"按钮上，释放鼠标得到"背景 副本"，将"背景 副本"的图层混合模式改为"滤色"，提高图像亮度，得到图8-3所示的效果，此时的"图层"面板如图8-4所示。

图 8-3

图 8-4

▲ Nikon PC MICRO NIKKOR 85MM 1:2.8D

PC - Shift：移轴镜头。移动镜头光轴调整透视的镜头。多用于建筑摄影。

RF: Rear Focusing 后组对焦技术。与 IF 不同的是，RF 镜头由后组镜片 (rear lens groups) 完成对焦。由于后组镜片比前组镜片要小，易于驱动，所以保证了迅捷的对焦速度。

S: Slim 轻薄。Nikon 一些薄型镜头的标志。

SIC：Super Intergrated Coating 超级复合镀膜。

第 6 章　数码照片个性应用

343

TC：Teleconvertor 增距镜。

VR：Vibration Reduction 电子减震系统。Nikon 防手震镜头的代号，可用于手持摄影在低速快门时，增加画面的稳定性。

▲ 尼康 80-400mm f/4.5-5.6D ED VR AF Zoom-Nikkor 防抖镜头

3．腾龙镜头

SP：Super Performance 具备高性能规格的镜头。

LD：采用低色散玻璃镜片。

IF：内调焦，调焦时镜筒不会随之转动。

ASL：采用非球面镜片，改善广角成像质量。

LAH：采用LD混合非球面镜片。

ASPH：采用复合型非球面镜片。

AD：采用局部不规则折射率镜片。

XR：采用高折射率镜片，在保证光通量和成像质量的前提下，大幅度缩小镜头体积和重量。

ZL：配有全新变焦环锁定机构。

Di：可以适用于数码照相机，改善四角亮度和抗眩光，胶片机兼容。

▲ 腾龙 SP AF 17-35mm F2.8-4 Di LD Aspherical [IF] 镜头

⑧ 复制图层并设置图层混合模式。在"图层"面板中拖动"背景 副本"到"创建新图层"按钮上，释放鼠标得到"背景 副本 2"，将"背景 副本 2"的图层混合模式改为"叠加"，得到图 8-5 所示的效果，此时的"图层"面板如图 8-6 所示。

图 8-5

图 8-6

④ 添加图层蒙版。单击"添加图层蒙版"按钮，为"背景 副本 2"添加图层蒙版，设置前景色为黑色，选择"画笔工具"，设置适当的画笔大小和透明度后，在图层蒙版中涂抹，得到图 8-7 所示的效果，此时的涂抹状态和"图层"面板如图 8-8 所示。

图 8-7

图 8-8

⑤ 复制图层。在"图层"面板中拖动"背景 副本"到"创建新图层"按钮上，释放鼠标得到"背景 副本 3"，将"背景 副本 3"调整到所有图层的最上方，执行"滤镜"/"模糊"/"高斯模糊"命令，在弹出的"高斯模糊"对话框中设置参数为"10"，如图 8-9 所示，得到图 8-10 所示的效果。

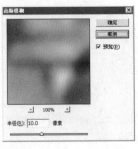

图 8-9

图 8-10

⑥ 更改图层混合模式。设置"背景 副本 3"图层混合模式为"变暗"，图像效果如图 8-11 所示，"图层"面板如图 8-12 所示。

图 8-11

图 8-12

⑦ 添加图层蒙版。单击"添加图层蒙版"按钮，为"背景 副本 3"添加图层蒙版，设置前景色为黑色，选择"画笔工具"，设置适当的画笔大小和透明度后，在图层蒙版中人物的脸部进行涂抹，得到图8-13所示的效果，此时的涂抹状态和"图层"面板如图8-14所示。

图 8-13

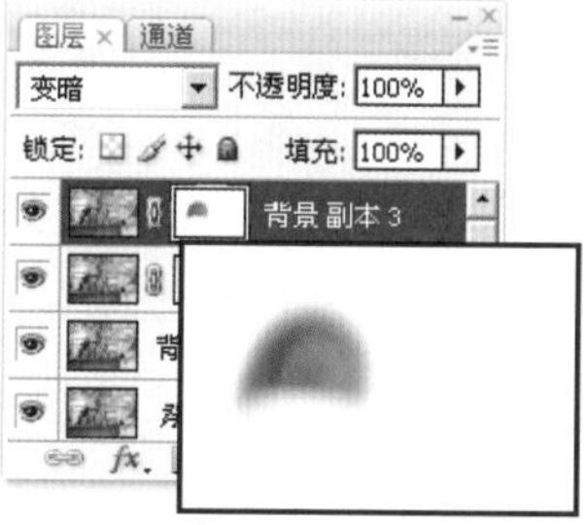

图 8-14

⑧ 复制图层并设置图层混合模式。在"图层"面板中拖动"背景 副本 3"到"创建新图层"按钮上，释放鼠标得到"背景 副本 4"，设置"背景 副本 4"图层混合模式为"滤色"，图像效果如图8-15所示，"图层"面板如图8-16所示。

图 8-15

图 8-16

⑨ 编辑图层蒙版。单击"背景 副本 4"的图层蒙版，修改"背景 副本 4"的图层蒙版，交替设置黑色、白色为前景色，选择"画笔工具"，设置适当的画笔大小和透明度后，在图层蒙版中除人物脸部以外的地方进行涂抹，得到图8-17所示的效果，其涂抹状态和"图层"面板如图8-18所示。

图 8-17

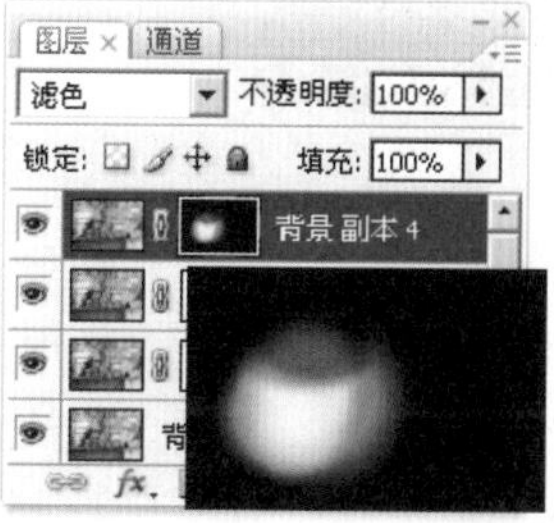

图 8-18

VC：（Vibration Compensation）防抖技术的镜头产品。

▲ 腾龙 AF 28-300mm F3.5-6.3 XR Di VC 防抖镜头

4. 适马镜头

ASP 非球面镜片：在镜头设计中采用的不是球面的镜片，可以减少镜片的数量，在降低重量和减小体积的同时，能提供更好的光学性能。非球面镜片一般用来解决广角和变焦镜头中的眩光和边缘变形等问题，在长焦镜头中也能提高光学素质。

APO 镜头：这些镜头采用复消色散设计和特殊低色散玻璃(SLD)镜片，用于减少彩色像差，从而提高长焦镜头的像质，改善反差和提高清晰度。

标识有 APO Zoom Macro 的变焦镜头在长焦端可达 1:2 的最大放大倍率；标识有 APO Tele-Macro 的长焦镜头可达 1:3 的最大放大倍率。

IF/RF 内调焦和后部调焦：常规的 AF 镜头是靠移动整个镜头系统或者移动前镜组来实现的。

在Sigma的长焦和长焦微距镜头中，标记有IF/RF的是靠移动镜头内部的镜片组来实现AF的，大大地改善了微距能力。

而在超广角镜头中，由于镜头前端直径较大，于是通过移动后组来实现AF。采用IF/RF的好处是保持在任何焦点处镜头的实际尺寸不改变。

超声波马达（HSM）：可以实现无声、快速响应的 AF/MF 和全时 MF。

▲ 适马150mm F2.8 APO MACRO HSM

UC：超紧凑（Ultra Compact）。这类镜头体积小、重量轻。

DL 豪华（DeLuxe）：尽管其售价适中，但DL镜头是全功能镜头。如同其他的Sigma镜头一样，配备专用的遮光罩，具有半挡光圈、手动光圈设定、景深指示、距离指示、红外矫正指示等。

DF 双调焦（Dual Focus）：这类镜头在实现AF时，调焦环不转动；在实现MF时，阻尼适中，所以握持性能很好。

EX 优秀（EXcellence）：属于专业类镜头，特征是镜筒为EX涂层和有EX的标记。

▲ 适马300mm F2.8 EX DG 镜头

ELD 特级低色散镜片：在整个摄影焦距范围内，无论任何一级光圈，均能确保高反差和高解像力。影像对比鲜明，色彩还原优异。

SLD 超低色散镜片：矫正远摄镜头常见的色散及色差现象。

DG 数码镜头：该系列镜头为广角、大光圈、微距性能卓越，边缘范围明亮清晰，最适于单反数码相机使用。

⑩ 添加动感模糊效果。在"图层"面板中拖动"背景"到"创建新图层"按钮上，释放鼠标得到"背景 副本 5"，执行"滤镜"/"模糊"/"动感模糊"命令，在弹出的"动感模糊"对话框中设置参数为"283"，如图 8-19 所示，得到图 8-20 所示的效果。

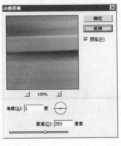

图 8-19

图 8-20

⑪ 添加图层蒙版。单击"添加图层蒙版"按钮，为"背景 副本 5"添加图层蒙版，设置前景色为黑色，选择"画笔工具"，设置适当的画笔大小和透明度后，在图层蒙版中人物身体的部位进行涂抹，得到图 8-21 所示的效果，此时的涂抹状态和"图层"面板如图 8-22 所示。

图 8-21

图 8-22

⑫ 降低人物上方图像亮度。单击"图层"面板底部的"创建新图层"按钮，新建"图层1"，单击工具栏中的前景色块，在弹出的对话框中进行前景色的设置，如图 8-23 所示。选择"画笔工具"，设置适当的画笔大小和透明度后，在人物上方进行涂抹，得到的效果如图 8-24 所示。

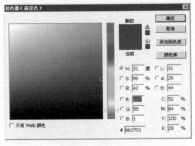

图 8-23

图 8-24

⑬ 设置图层混合模式。设置"图层 1"的图层混合模式为"正片叠底"，图像效果如图 8-25 所示，"图层"面板如图 8-26 所示。

图 8-25

图 8-26

⑭ 设置渐变。选择工具箱中的"渐变工具",单击径向渐变按钮,单击渐变颜色条,在弹出的"渐变编辑器"对话框中进行参数设置,如图 8-27 所示。

⑮ 制作渐变效果。在"图层"面板中单击"创建新图层"按钮,得到"图层 2",用鼠标在图像中拖动直线,即显现出渐变效果,此时的图像效果如图 8-28 所示。

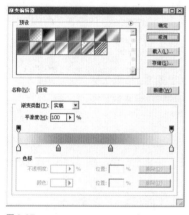

图 8-27

图 8-28

⑯ 设置图层混合模式。设置"图层 2"的图层混合模式为"颜色",图像效果如图 8-29 所示,"图层"面板如图 8-30 所示。

图 8-29

图 8-30

⑰ 创建新的图层。单击"图层"面板的"创建新图层"按钮,建立一个新图层"图层 3"。选择工具箱中的"画笔工具",设置合适大小的笔触,在选项栏中调整其不透明度为"50%",在图像中人物周围单击,绘制各种不同大小不同颜色的圆点,如图 8-31 所示。

图 8-31

CONV APO、EX 远摄增距镜:适马镜头可与 APO、EX 远摄增距镜一起使用,除增加焦距以外,还可支持照相机的 AE 自动曝光功能。

"OS"光学稳定系统:适马自行研发的防震功能"OS"(OPTICAL STABILIZER)光学稳定系统。

▲ 适马 18-200mm F3.5-6.3 DC OS 防抖镜头

Macro:具有微距功能。

HF 螺旋型调焦(Helical Focus):这类镜头镜头前端不转动,方便使用定制的遮光罩和偏振镜。

📷 新数码照相机中英文词语表

CCD 分辨率 CCD Pixels

影像分辨率 Image Size

ISO 感光度 Sensitivity

镜头性能 Lens

数字变焦 Digital Zoom

自动对焦 Auto focus

手动对焦 Manual focus

一般对焦范围 General Shooting Distance

近拍对焦范围 Macro Shooting Distance

光圈范围 Aperture Range

白平衡 White Balance

快门速度 Shutter

内建闪光灯 Built-in Flash

外接闪光灯 Supported Speedlights

闪光灯模式 Flash Mode

曝光补偿 Exposure Compensation

测光方式 Exposure Metering

光圈先决 Aperture-Priority Auto

快门先决 Shutter-Priority Auto

连拍 Continuous Capture Modes

远程遥控 Remote

三角架使用 Tripod Mount

自拍 Self-Timer

储存媒体 Storage Media

随机附赠内存 Attached Storage

不压缩格式 Uncompressed Image Format

压缩格式 Compressed Image Format

画质选择 Tuning

观景窗 Viewfinder

液晶屏幕 LCD Display

视讯输出 Video Output

序列接口 Serial Interfaces

USB 接口 USB Interfaces

IrDA 接口(红外线) IrDA Interfaces

自动对焦控制方式 Auto focus Control

闪光灯指数 Guide Number

重量 Weight

尺寸规格 Dimensions

使用电池 / 电池寿命 Power/ Battery Life

对比度对画面的影响

对比度是黑与白的比值，也就是从黑到白的渐变层次。比值越大，从黑到白的渐变层次就越多，从而色彩表现就越丰富。对比度对视觉效果的影响非常关键，一般来说对比度越大，图像越清晰醒目，色彩也越鲜明艳丽；而对比度小，则会让整个画面都灰蒙蒙

18 更改图层混合模式。设置"图层 3"的图层混合模式为"叠加"，图像效果如图 8-32 所示，"图层"面板如图 8-33 所示。

图 8-32

图 8-33

19 建立选区。新建一个空白图层"图层 4"，并将其移至"图层"面板最上层。选择工具箱中的"矩形选框工具"，按【Shift】键在新建的"图层 4"上拖拉选区，如图 8-34 所示。

图 8-34

20 羽化选区。执行"选择"/"羽化"命令，在弹出的"羽化"对话框中设置参数为"10"，如图 8-35 所示。单击"确定"按钮，并填充白色，按【Ctrl+D】快捷键取消选区，效果如图 8-36 所示。

图 8-35

图 8-36

21 更改图层混合模式。设置"图层 4"的图层混合模式为"叠加"，图像效果如图 8-37 所示，"图层"面板如图 8-38 所示。

图 8-37

图 8-38

22 添加图层样式。单击"添加图层样式"按钮，在弹出的菜单中执行"渐变叠加"命令，设置弹出的"渐变叠加"命令对话框，如图 8-39 所示。设置完"渐变叠加"命令对话框后，单击"确定"按钮，得到图 8-40 所示的效果。

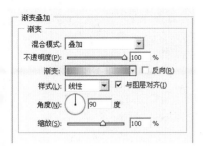

图 8-39

图 8-40

的。高对比度对于图像的清晰度、细节表现、灰度层次表现都有很大帮助。在一些黑白反差较大的文本显示、CAD显示和黑白照片显示等方面都具有优势。相对而言，在色彩层次方面，低对比度对图像的影响并不明显。

㉓ 绘制直线。新建一个空白图层"图层5"，设置前景色为白色，选择工具箱中的"直线工具"，在工具选项栏中单击"填充像素"按钮，绘制图 8-41 所示的直线。设置"图层 5"的图层混合模式为"溶解"，图层不透明度为"50%"，图像效果如图 8-42 所示，"图层"面板如图 8-43 所示。

图 8-41

图 8-42

图 8-43

▲ 这张照片的对比度刚好合适，人物以及周边的景物色彩以及锐度都恰到好处

㉔ 输入电影名称。设置前景色为黄色，选择工具箱中的"横排文本工具"，在图像中输入电影的名称，如图 8-44 所示，得到相应的文字图层，"图层"面板如图 8-45 所示。

图 8-44

图 8-45

㉕ 输入电影的内容简介。设置前景色为白色，选择工具箱中的"横排文本工具"，在图像的右上方输入电影的内容简介，如图 8-46 所示，得到相应的文字图层，"图层"面板如图 8-47 所示。

㉖ 输入装饰文字。设置前景色为黄色，选择工具箱中的"横排文本工具"，在电影名称上方输入一段装饰文字，如图 8-48 所示，得到相应的文字图层，"图层"面板如图 8-49 所示。

▲ 在原有的照片上增加了对比度，使画面显得非常生硬，而且锐度太过，让人感觉不舒服

△ 在原有的照片上降低了对比度，使画面显得有些发灰，给人比较脏的感觉

📷 利用室内自然光拍摄

室内的自然光，随着太阳位置的转变会发生显著的变化。尤其是窗户朝东、南、西的屋子，变化更大。室内亮度在一日之内常会有几倍甚至几十倍的差别，所以在室内拍照，不能像室外拍照一样，把天气简单地划为晴天、多云、阴天等几挡，而应根据太阳光进屋的情况，不时调整曝光量。

△ 在室内用自然光拍摄时要注意窗外光线对室内的影响，同时还要注意室内家具以及被摄物体的反光性能

还要注意周围的环境，在采用自然光拍照时，影响室内明暗的因素很多，如居室的高低、墙壁的深浅、窗户的大小、窗外境域的宽窄等等，都会直接影响到拍照时的曝光。因此，即使室外光线条件相同，在不同室内环境下其曝光值也是不同的。

图 8-46

图 8-48

图 8-47

图 8-49

㉗ 变换文字。按快捷键【Ctrl+T】，调出自由变换控制框，变换文字图层到图 8-50 所示的状态，按【Enter】键确认操作。

㉘ 复制图层。在"图层"面板中拖动文字图层到"创建新图层"按钮上复制图层，将复制的文字图层栅格化，执行"滤镜"/"模糊"/"动感模糊"命令，设置弹出的"动感模糊"对话框，如图 8-51 所示，得到图 8-52 所示的效果。

图 8-50

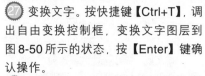

图 8-51

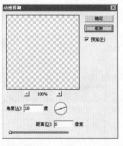

图 8-52

㉙ 更改图层混合模式。设置装饰文字图层的混合模式为"柔光"，得到图 8-53 所示的最终图像效果，"图层"面板如图 8-54 所示。

图 8-53

图 8-54

制作肖像邮票效果

制作时间：12分钟
难易度：＊＊＊＊＊

原图片

本例中我们要学习利用 Photoshop 的各种编辑工具及调整图层等功能进行绘制，制作自己的肖像邮票。

修改后的效果

① 打开文件。执行"文件"/"打开"命令，在弹出的对话框中选择随书光盘中的"06章/09制作肖像邮票效果/素材"文件，如图9-1所示。"图层"面板如图9-2所示。

图9-1

图9-2

② 绘制圆点。选择工具箱中的"画笔工具"，然后单击右上角的"画笔预设"按钮，在弹出的图9-3所示的对话框中进行具体设置。将前景色设置为白色，单击"创建新的图层"按钮，在图的左下角单击一下，然后按住【Shift】键向右拖动鼠标，得到图9-4所示的效果。

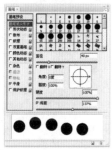

图9-3

图9-4

📷 线条的多种运用

画面上的线条是由相邻两种影调的分界线勾画出来的，具有很强的概括力和表现力，在构图中占有重要的地位。线条的形式多种多样，如直线（包括水平线、垂直线、斜线）、曲线、折线、圆弧线以及重复线等等。不同的线条不仅具有线形、图案的形式美，还能产生不同的艺术感染力，如直线具有挺拔感；水平线能给人以平稳、宁静的感觉；垂直线能强调被摄体的坚实、有力、高耸感；斜线具有不稳当感，特别是倾斜的汇聚线，对人的视线有极强的引导性；曲线、圆弧线则表现一种优美的柔和感，有很强的造型力；重复线（在画面上有规则地重复的线）能使强画面富有层次的节奏感。线条除了在线形上有区分外还有粗与细、实与虚、淡与浓之分。粗线条强，细线条弱；实线条静，虚线条动；淡线条轻，浓线条重。在构图中应尽可能地充分利用线条的形式美和它们的艺术感染力，通过精心设计来提高画面的艺术性。

▲ 利用水平线构图拍摄大海，给人以安静祥和的感觉

▲ 利用水平线构图的方法拍摄建筑群，可以减少因为长广角镜头的畸变引起的不稳

⬛ 把握建筑类题材的基调

把握当今建筑特征的最好方法就是运用特定季节或气候条件的光线和色彩来制造一种相应的情调，日光的变化能迅速改变建筑物的外貌和色彩气氛，因此，认真选择不同季节、不同时间段的日光照射就可以使拍出的画面

③ 继续绘制圆点。对其他三边进行与上面相同的操作，得到的效果如图9-5所示。

④ 设置图层样式。双击"图层1"，在弹出的"图层样式"对话框中选择"斜面和浮雕"复选框，并进行具体设置，如图9-6所示，执行后的效果如图9-7所示。

图 9-5

图 9-6

图 9-7

⑤ 合并图层。将两个图层链接，按【Ctrl+E】快捷键合并链接图层，选择工具箱中的"裁切工具"，在图中拖动鼠标，调整大小后得到图9-8所示的裁切区，完成后按【Enter】键，得到图9-9所示的效果。

图 9-8

图 9-9

技巧提示 ● ◦ ◦ ◦

在这个实例中裁切图片之前一定要合并图层，不然得到的就将是白色圆点向下陷的效果了。

⑥ 制作描边效果。选择工具箱中的"矩形选框工具"，在图中拖动鼠标，得到的矩形选区如图9-10所示。选择工具箱中的"画笔工具"，然后单击"画笔预设"按钮，在弹出的图9-11所示的对话框中进行具体设置。将前景色设置为白色后切换至"路径"面版，右击路径，在弹出的菜单中执行"路径描边"命令，得到的效果如图9-12所示。

图 9-10

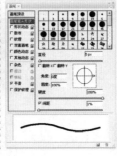
图 9-11

图 9-12

⑦ 输入文字。选择工具箱中的"横排文字工具",在图9-13所示的位置输入文字"我的青春我做主"。

图 9-13

⑧ 调整图像亮度。执行"图像"/"调整"/"曲线"命令,在弹出的"曲线"对话框中进行具体设置,如图9-14所示。执行以上操作后的效果如图9-15所示。

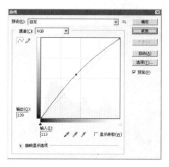

图 9-14

具有一种特殊的气氛。另外,在拍摄蓝天白云衬托下的建筑物时,为了突出蓝天白云下的建筑物的雄姿,可加用偏振镜,并选择夏季较强烈的前测光光线,这样拍出的片子,主体画面在蓝色基调衬托下将显得层次更清晰,质感更强烈,才能更好地达到讴歌新世纪建筑新景观的效果。

▲ 拍摄古朴庄重的建筑,可以使用黄昏时的光线,这样拍摄出的画面非常浓重,能够很好地表现建筑古朴的感觉

▲ 拍摄现代时尚的建筑,可以使用早上的光线,这样的光线比较明亮,给人以轻松时尚的感觉

图 9-15

10 将照片制作成证件照

制作时间：15分钟
难易度：✲✲✲✲✲

原图片

修改后的效果

本实例我们带领大家利用 Photoshop 的钢笔色阶、可选颜色等工具将普通照片制作为证件照，这样打印出来使用就十分方便了。

Photoshop CS3 数码照片修饰与拍摄技巧

📷 用低调手法拍风光

低调照片中的影调绝大部分为黑色和深灰色，是由从深灰到黑的少数等级构成的，整个画面的色调比较浓重深沉。一般适宜表现以深黑色为基调的题材，营造庄严、凝重、静穆的氛围，反映沧桑、沉稳的特性。低调照片虽大部分是深暗影调，但也不排斥小面积的白色亮调。由于大面积暗调的衬托，小块的白色格外明显，形成视觉中心，使整个画面具有生气。

在自然风光拍摄中，多在特殊天气或时段获得低调效果，比如，阴云密布、乌云翻滚下的景物，呈现的就是悲壮、大气、沉重的低调意境。在早晨或傍晚，来自低矮角度的阳光具有明显的方向性，光的投影长，阴影面积大，能把各个景物投影平面分开，突出画面中的某些重要方面，从而呈现立体的、影调深沉的景物照片。这些时段可以充分利用起来拍摄

① 打开图片。将普通图像制作成工作照的效果，对图片没有特殊的要求，只要面部端正就可以了。执行"文件"/"打开"命令，在弹出的对话框中选择随书光盘中的"06章/10将照片制作成证件照/素材"文件，如图 10-1 所示。

② 裁切图片。选择工具箱中的裁切工具，在图片上拖动，如图 10-2 所示形成了一个选区，而不被选择的区域呈灰色，拖动至理想大小时松开鼠标，按【Enter】键确定，裁切后的图片如图 10-3 所示。

图 10-1   图 10-2   图 10-3

③ 选取图片。选择"背景"图层，选择工具栏中的"钢笔工具"，对图像进行编辑。在闭合路径后，选择"通道"面板底部的"将路径作为选区载入"按钮，刚才的路径已经变为选区载入。闭合路径如图 10-4 所示，路径转化为选区后的效果如图 10-5 所示。

图 10-4

图 10-5

④ 更换背景色。选定"图层"面板中的"背景"图层，选择工具箱中的"渐变工具"中的"线形渐变工具"，在工具选项栏中单击渐变条，在弹出的"渐变编辑器"对话框中拖动色标，直到达到自己需要的效果为止，如图 10-6 所示。渐变处理后的图片如图 10-7 所示。

图 10-6

图 10-7

⑤ 添加边缘。在添加边缘之前最好把所有图层都合并。执行"图像"/"画布大小"命令，在弹出的"画布大小"对话框中选择"相对"复选框，将"宽度"和"高度"都设置为"0.3 厘米"，"定位"设置为中间，如图 10-8 所示。执行后的效果如图 10-9 所示。

图 10-8

图 10-9

⑥ 将图像定义为图案。执行"编辑"/"定义图案"命令，在弹出的对话框中单击"确定"按钮，得到定义的图案，如图 10-10 所示。

图 10-10

低调照片，还有，可以借助夜晚灯光拍摄。与白昼不同，夜晚除了微弱的月光和灯光、焰火等外，大面积地面呈现黑暗。借助三脚架和快门线采用长时间曝光，能拍摄到低调效果的夜景照片。

▲ 傍晚是拍摄低调自然风光的最好时间，拍摄者确定好构图和曝光参数，拍摄出来的就是一张很好的低调照片

▲ 夜晚也是拍摄低调风光的好时间，不过这个时候拍摄难度会更大一些，稍有不注意，就会死黑一片，不知道拍摄的是什么。曝光值一定要准确，才能够在夜晚拍摄出成功的低调照片

📷 捕捉瞬间的图案美

在拍摄外景时，要时刻注意观察行驶、漂动的物体，例如船舶等，并适时抓住富有美感的瞬间图案，如船体行进中拖曳的"V"波纹，劳作时泛起的圈圈涟漪。船只形态的造型美与静卧的角度有关，垂直角度或横卧画面给人以僵直呆板、缺少变化之感；以侧向45°左右的角度于画面上，二维空间明显，形体线条流畅，是形态理想的角度。

▲ "静"的景色通过"动"的船只带来美感

▲ 舟船穿梭，是流动的诗乐、变幻的画屏

⑦ 新建文件。执行"文件"/"新建"命令，在弹出的"新建"对话框中对文件进行设置，"预设"大小为"A4"，"宽度"为"18.58厘米"，"高度"为"27.13厘米"，"分辨率"为"300像素/英寸"，"颜色模式"为"CMYK"，"背景内容"为"白色"，设置完成后单击"确定"按钮。如图10-11所示。

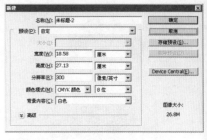

图10-11

⑧ 图案填充。执行"编辑"/"填充"命令，在弹出的"填充"对话框中把"使用"设置为"图案"，然后在"自定图案"中选择刚才所制作的图片，如图10-12所示。一张完整的证件照就制作完成了，执行完填充菜单命令后的图片如图10-13所示。

图10-12

图10-13

11 制作个人专辑

制作时间：28分钟
难易度：★★★★★

原图片

修改后的效果

本实例中我们带领大家学习利用 Photoshop 的各种编辑工具为自己制作一张个人专辑，圆自己的一个明星梦。

---

① 打开文件。执行"文件"/"打开"命令，在弹出的对话框中选择随书光盘中的"06章/01制作梦幻艺术照/素材1、2"文件，如图11-1、图11-2所示，先制作CD的封面。将人物图像拖动到CD图像中，生成"图层1"。

图 11-1

图 11-2

② 绘制选区，删除不需要的图像。使用"矩形选框工具"选取人物图像，如图 11-3 所示。按【Ctrl+Shift+I】快捷键反选，再按【Delete】键删除不需要的部分，得到图 11-4 所示的效果。

图 11-3

图 11-4

📷 **让照片产生影调透视效果**

要让照片获得影调透视效果，可以通过以下几种方法：

（1）选用不同方向的光线。光线方向决定着影调透视效果。顺光时，前后景受到同样光线照射，亮度相同，减弱了透视效果。相反，逆光可加强影调透视，使画面层次丰富。这时远景被光线照亮、影调浅，前景得不到光线照射、影调深，从而分清了前后景距离。同时，逆光下景物边缘形成一圈明亮的轮廓光效果，成为表达景物轮廓形态、区别景物界限的有效手段。

▲ 逆光可加强影调透视，使画面层次丰富

（2）选择不同天气。晴朗的天气，空气透视度好，拍出的画面清晰，不过可能拍不出耐看的效果；有雾的天气透视度有限，拍出的画面清晰度差，然而利用云雾能使景物的影调产生远淡近浓的透视效果。此外，空气透视度好宜拍摄大场景及远景，空气透视度差则拍小景或近景。

▲ 利用云雾能使景物的影调产生远淡近浓的透视效果

（3）适当的前景和影子。树木、篱笆、岩石等都可用来增添前景趣味，使画面具有深度感，但要与整个画面有关。选择深色前景，也会加强透视效果。使用标准或短焦镜头往往前景太突出，后景又太小，必须选用焦距适当的镜头。

▲ 利用岩石来增添前景趣味，使画面具有深度感

③ 复制图层。将人物图层拖动"图层"面板下端的"创建新图层"按钮上，得到"图层1副本"，此时的"图层"面板如图11-5所示。执行"编辑"/"水平翻转"命令，将新图层进行翻转，得到图11-6所示效果。

图11-5　　　　　　　　　　图11-6

④ 添加图层蒙版，单击"添加图层蒙版"按钮，使用"矩形选框工具"选取两个图层的中间部分，保持前景色和背景色为默认值，如图11-7所示。再选择"渐变工具"，利用"黑色到白色"渐变方式在选区内设置渐变，此时的"图层"面板如图11-8所示。

图11-7　　　　　　　　　　图11-8

⑤ 输入文字。使用"横排文字工具"在图像上输入文字，如图11-9所示。将文字进行复制并改变其着色和位置，得到图11-10所示的效果。

图11-9　　　　　　　　　　图11-10

⑥ 再次使用矩形选框工具选取CD盒上的红色部分，如图11-11所示。选择工具箱中的"吸管工具"，吸取封面上的颜色并按【Alt+Delete】快捷键填充，得到图11-12所示的效果，将图层进行合并。

图 11-11

图 11-12

⑦ 制作光盘选区。执行"文件"/"打开"命令，在弹出的对话框中选择随书光盘中的"06 章 /01 制作梦幻艺术照 / 素材 3"文件，如图 11-13 所示，使用"魔棒工具"选取光盘，如图 11-14 所示。

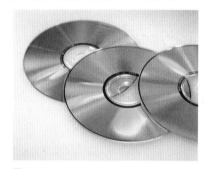

图 11-13

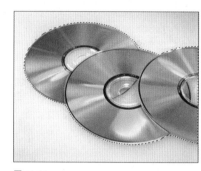

图 11-14

⑧ 新建文档。执行"文件"/"新建"命令 (或按【Ctrl+N】快捷键)，新建一个空白文档，设置对话框如图 11-15 所示。将上一步选取的 CD 盘面拖入到新建文件中，得到"图层 1"，并将其移动到适合的位置，如图 11-16 所示。此时的"图层"面板如图 11-17 所示。

图 11-15

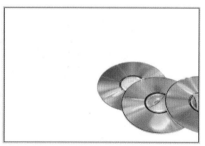

图 11-16

⑨ 选择前面制作好的 CD 封面，使用"矩形选框工具"框选制作好的 CD 封面，如图 11-18 所示。将图像拖动到新建的文件中图 11-19 所示的位置，得到"图层 2"，"图层"面板如图 11-20 所示。

图 11-17

图 11-18

▲ 照片中的前景不仅为整个照片增添了趣味，还增添了可观性

（4）控制景深。开大光圈能使清晰的景物衬托于模糊背景前，前后景物被区分开来，空间透视感增强。

▲ 用控制景深的方法来使背景虚化，增加前后区分的强度，使空间透视感增强

（5）使用滤镜。彩色摄影用偏振镜可减少甚至消除反光，黑白摄影用蓝滤镜加强透视感，红橙黄绿等滤镜则减弱透视效果。

▲ 利用滤镜可以减少水面的反光效果，增添水的透明度

📷 人工光源的特点有哪些

　　补光在摄影领域不仅是一门学问，更是一种艺术。专业的摄影人可以运用专业的补光器材进行拍摄，普通的摄影爱好者可以利用家中现有的灯光来进行拍摄，只要光源和亮度以及方向控制得适宜，仍然可以创造出良好的作品。

　　人工补光与自然光是截然不同的光线，在运用上各有其特色与缺失，不过拍摄者在充分了解了补光器材的特性之后，灵活运用，就能到达预期的效果。

▲ 对补光进行适宜的控制，仍能创造出良好的作品

图 11-19

图 11-20

⑩ 使用椭圆选框工具按住【Shift】键在制作好的 CD 封面上框选，如图 11-21 所示。按快捷键【Ctrl+J】将封面裁切出来，得到圆形 CD 盘面，得到"图层 3"，此时的"图层"面板如图 11-22 所示。

图 11-21

图 11-22

⑪ 将盘面制作成透视效果。执行"编辑"/"变换"/"斜切"命令，对盘面进行斜切变化，如图 11-23 所示。

⑫ 隐藏"图层 3"，选择工具箱中的"磁性套索工具"，选取画面中的光盘，如图 11-24 所示。

图 11-23

图 11-24

⑬ 显示并选择"图层3"，按【Ctrl+Shift+I】快捷键进行反选，然后按【Delete】键删除不需要的部分，得到图 11-25 所示的效果。

图 11-25

⑭ 使用同样的方法裁切得到第二张盘面，如图 11-26 所示。再次执行"编辑"/"变换"/"斜切"命令，对盘面进行斜切，得到图 11-27 所示的效果。

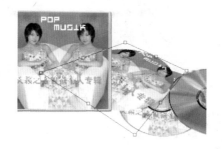

图 11-26　　　　　　　　图 11-27

⑮ 使用与上面相同的方法对第二张光盘进行选取，如图 11-28 所示。选择刚才裁切得到的盘面，按【Ctrl+Shift+I】快捷键进行反选，然后按【Delete】键删除不需要的部分，得到图 11-29 所示的效果。

图 11-28　　　　　　　　图 11-29

⑯ 最终效果。复制"图层 2"得到"图层 2 副本"和"图层 2 副本 2"，此时的"图层"面板如图 11-30 所示。将 CD 进行叠加，此时一张个人专辑就制作完成了，读者可以根据个人情况添加文字，将专辑做得更有特色，最终效果如图 11-31 所示。

图 11-30　　　　　　　　图 11-31

在进行补光时，要注意与环境的搭配是否自然，如果画面当中显露出人工补光的破绽，将会使画面显得虚假，原本美好的自然景物将会显得庸俗。所以，在补光时要注意，光线是否造成画面穿帮或者是不协调。应尽可能地搭配现场环境拍摄，纵然将有些景物带回家拍摄，补光也要符合自然原则，这样作品才能显得自然和协调。

▲ 人工补光不够均匀自然，在图片的右侧留下拉开阴影，补光的痕迹暴露太多

▲ 人工补光效果自然均匀，看不出任何补光的痕迹

数码生活 108招

精彩呈现……

随着时代的发展,数码摄影和 CG 设计已经成为人们生活中不可或缺的部分,体现着人们对真、善、美的追求。为此,我们请专业的摄影师和 CG 设计师精心编写了"数码生活 108 招"系列图书,向读者展现数码生活的无限乐趣。丛书强势推出《Photoshop 数码照片处理 108 招(第 2 版)》《数码照片巧拍 108 招(第二版)》《数码摄像与视频编辑 108 招》《活用 Photoshop CS3 108 招》《Photoshop CS3 平面广告特效创意 108 招》《Illustrator CS3 平面广告创意 108 招》及《After Effects CS3/3ds Max 9 影视包装与片头特效 108 招》。书中实例丰富、面向生活、构思新颖,总结了作者多年的技术经验,让读者在浓郁的艺术氛围中,学习创作出优美的数码、CG 作品。

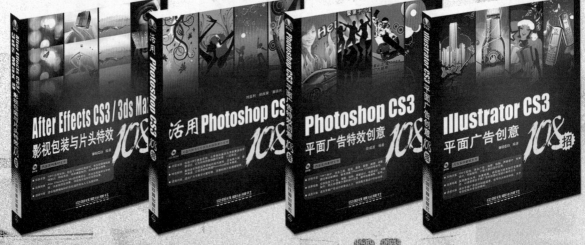